U0107993

咨询工程师的思考与实践

主编　祝兆松

上海财经大学出版社

图书在版编目(CIP)数据

咨询工程师的思考与实践/祝兆松主编. 一上海:上海财经大学出版社,2006.10
ISBN 7-81098-722-4/F·668

Ⅰ.咨… Ⅱ.祝… Ⅲ.投资-咨询服务-文集 Ⅳ.F830.59—53

中国版本图书馆 CIP 数据核字(2006)第 115560 号

□ 责任编辑 李志浩
□ 封面设计 杨 哲

ZIXUN GONGCHENGSHI DE SIKAO YU SHIJIAN
咨询工程师的思考与实践
祝兆松 主编

上海财经大学出版社出版发行
(上海市武东路 321 号乙 邮编 200434)
网 址:http://www.sufep.com
电子邮箱:webmaster @ sufep.com
全国新华书店经销
上海第二教育学院印刷厂印刷
上海远大印务发展有限公司装订
2006 年 10 月第 1 版 2006 年 10 月第 1 次印刷

889mm×1194mm 1/16 15 印张 373 千字
印数:0 001—2 000 定价:35.00 元

咨询工程师的思考与实践

主　编：祝兆松

副主编：陈宇剑

编　辑：卜志明　席小虹　高　原　沈慧娟　赵　敏　蔡晓栋

撰稿人：

何承尧　赵椿荣　汪孝平　陈　海　韩祝斋　耿海玉　陈　立
周鹤群　顾孙平　王　蓬　姚　捷　陈宇剑　洪　力　邵同麟
沈新伟　丁育南　张　谦　李　爽　朱丽蓉　苏　立　孙　蔚
王　勇　卜志明　王　渝　钟晓东　黄　柬　焦　民　金　扬
钟贤宾　诸兆熊　卢以华　罗　乐　王良燕　李晓飞　马念君
王　昊　王寿庚　孙永康　彭　勇　计安平　李永年　方少华
郝　明

装帧设计：徐逸涛

序 言

在上海投资咨询公司成立20周年之际，公司员工论文选编《咨询工程师的思考与实践》正式出版了。

20年来，公司以服务于上海经济建设和社会发展为己任，以创一流咨询成果为目标，以科学、客观、公正为指南，以科学咨询方法和深入调查研究为手段，恪尽职守，博采众长，为上海投资建设贡献了一大批有价值的咨询成果，积累了比较丰富的经验。

20年来，公司一直在员工中倡导开展学术研究，力求营造浓厚的学术研究氛围，引导大家从理论高度关注和思考投资建设领域的热点、难点和重点问题，不断提高突破瓶颈、破解难题的能力。

这本论文集收集了公司员工在公开出版物上发表的一部分论文，内容涉及工程咨询、项目管理、投资经济、财务审计、企业管理等领域。这部分论文是员工们利用繁忙工作间隙研究的成果，是员工们心血和智慧的结晶，在一定程度上反映了公司为上海投资建设所做的工作和大家孜孜以求的钻研精神。

20年风雨兼程，公司从蹒跚学步的童年期进入了快速发展的成年期。按照朱镕基同志在公司成立十周年时提出的“还要继续攀登国际先进水平的高峰”的殷切希望，公司要建设成为与上海国际化大都市地位相匹配、综合实力稳居国内同行前列的一流综合性咨询公司，任重而道远。能否实现这个目标，关键在于人才。公司已经确定以建设学习型、研究型、创新型的咨询公司为抓手，努力造就一支理论扎实、视野开阔、思维活跃、经验丰富的高素质咨询人才队伍，大力培养一批在专业咨询领域内有影响的领军人才。

这本论文集，记录下了公司过去一串成长的脚印，或许这串脚印还有些歪歪斜斜，略显稚嫩，难免贻笑大方。我更加希望，以这本论文集的出版为契机和动力，进一步激发全体员工勤奋学习、刻苦钻研的精神，加强自我学习、自我培养、自我锻炼，多观察、勤思考、常动笔，创造更多的具有宏观和微观相结合、理论和实践相结合、前瞻性和实务性相结合的研究成果，迈着沉稳、坚实的步伐走向公司更加美好的明天！

二○○六年八月八日

目 录

咨询工程师的思考与实践

强电进城　慎微决策

何承尧

1993年7月31日，上海人民广场220千伏地下变电站在完成了72小时试运行后，第一台主变压器首次向其西侧近邻——上海电信大楼变电站送电，标志着我国第一座超高压、大容量城市型地下变电站已顺利建成和投运。

这座总投资为2.5亿元的大型变电站位于市中心人民广场东南隅的地下，为5层钢筋混凝土筒体结构，底深负18.6米，内径58米，整个建筑面积为9400平方米。该变电站的设计容量为72万千伏安，本期安装2台24万KV变压器，主要设备从法国、德国、澳大利亚引进，具有国际上80年代先进水平。它担负着由220千伏电网变电，向黄浦、南市、卢湾、静安、闸北、虹口等市中心区的110千伏及35千伏变电所供电的任务，受益人口达300万，人口覆盖率为全市的四分之一。

人民广场地下变电站建成投运的重要意义不仅在于向上海市中心区提供充足的电力，有效地改善市中心电网的运行质量，促进城市经济繁荣和社会发展，具有更大意义的是：它是我国“强电进城，中心开花”的首例，实现了零的突破，为一大批大、中城市解决市区用电矛盾探索出了一条新的途径。回顾这一重大建设的决策过程，对今后类似重大建设项目的决策是十分有益的。

“周边有电”与“强电进城”

近几年来，随着本市国民经济的迅速发展，人民生活水平的不断提高，市区许多宾馆大楼拔地而起，用电量急剧上升。与此同时，虽然新增了不少发电机组，但多建于市区周边，而市区电网系四五十年代所建，容量不足，线路老化，故障频繁，周边的电能难于送进市区，成为城市发展用电的拦路虎，而解决市区缺电问题已到了刻不容缓的地步。如何从根本上解决“周边有电，中心缺电”的矛盾状况，一个现实的对策是在市中心人民广场建一座220千伏地下变电站，年供市中心严重缺电地区约50亿千瓦时电量(以年运行7000小时计)，即可大大缓解市区的缺电矛盾。为此，“强电进城，中心开花”的战略考虑已是势在必行了。

强电进城干扰弱电

人民广场220千伏地下变电站是我国强电进城首例，但强电直接进入市中心区将会带来一系列难题，其中最棘手的是强电的干扰。特别是市规划部门安排的在人民广场地下变电站的站

• 本文刊登在《上海投资》1996年第10期 第38 - 39页。

址，距新建成的电信大楼的地线仅260米，如此高电压的变电站与通信枢纽楼相距如此之近，很难说没有干扰和影响。上海电信大楼是我国南方的重要通信枢纽，它承担了长江以南华东、中南、西南地区与世界各地通信联系的重要任务，市邮电局对这样一个“强电”的近邻地下变电站是颇具戒心的，担心会不会给电信大楼的通信设施带来影响和危险，为此，不得不向市电力部门提出了三条技术要求。市电力局也认为必须谨慎从事，不可冒昧，为此委托上海交通大学进行模拟测试和计算，向法国电力公司进行专题技术咨询，虽然提出了减少干扰影响的若干技术措施，并作出可以保证三条技术要求的结论，但市邮电局对计算中有些系数的取值仍有不同意见，以至站址长期定不下来，一搁数年，地下变电站建设一直未能最后决策。也曾有人建议，请市规划部门另选新址，远离电信大楼，以避开这个矛盾。但由于市规划部门对人民广场的整个布局也已成定局，任何变动都会造成新的困难和矛盾。此外，重新勘测不但要增加百万元以上的勘测费，而且要耗费更多的时日。

强电弱电难题的论证

在这种情况下，市计划委员会委托上海投资咨询公司组织技术论证。这是一项难度较大的咨询决策任务，难就难在:

（一）**技术要求高。**涉及强电和弱电两大技术领域众多学科的理论和工程问题，国内无先例可循，国际上也无统一标准。

（二）**责任重大。**这一项目是国内“强电进城”的首例，在此之前，北京呼家楼变电站距市电话局250米，因担心强电对弱电的危险影响而最后还是作出了另行选址的决定。上海电信大楼是我国南方的重要通信枢纽，对于人民广场地下变电站对其产生的影响需作全面、深入、科学的分析，必须有绝对的安全保证。

（三）**涉及面多。**分歧面不止是市电力局和邮电局，还涉及到水电部和邮电部，争论已久，难作结论。

组织技术论证既要公正，又要科学。立场公正，才能取得当事双方的信任；立论科学，是解决矛盾的关键。

找准焦点攻克难点

为了精心组织技术论证，上海投资咨询公司进行了一系列艰辛、深入的工作。

（一）**首先把矛盾的具体焦点找出来。**在广泛收集资料、翻译有关技术文件、认真分析研究等案头工作的基础上，分头进行座谈，特别是听取市电力局和邮电局的分歧和论点，明确地找出主要担心之点就是这样一个技术问题：220千伏线路单相接地故障时产生的地电位升对通信设施的危险影响。这个问题也就是技术论证需要解决的重点问题。

（二）**精心组织一个有权威性、代表性、公正性的专家组。**第一轮工作是先将全套资料，包括市电力局和邮电局双方的论点、意见及有关技术文件等，分送给全国各地的33位专家，请专家以书面咨询意见寄回。第二轮再聘水电部、邮电部、铁道部、高等院校、设计科研单位，以及投资咨询公司专家委员会专家和特约专家18位，组成以中国科学院学部委员、上海交通大学张煦教授为组长的专家组。这个专家组成员具有丰富的实践经验和高深的理论造诣，其成员结构为电力系统、邮电系统和科研高教系统的专家各占三分之一，这是一个很有权威性和代表性的专家论证组。

（三）**充分准备，精心论证。**在正式论证以前，专家组作了充分的准备，多次召开预备会议，在吃深吃透实际情况的基础上，决定于1988年4月1日至4日正式召开专家技术论证会。论证的主要原则是“科学、公正、可靠”，与会专家开展了强电、弱电的交叉研究和硬科学、软科学的综合论证，以数据为根据，以实测为佐证，以国内外技术规范为准绳，以技术措施为后盾。对影响地电位升的各个参数逐一进行理论分析和认真计算，结果表明：220千伏线路发生单相接地故障时，地电位升是小于危险电压的计算值的。采用危险电压220伏作为限值，此限值比国际电报和电话咨询委员会(CCITT)的推荐值和国家标准的规定值更严。为了留有充分的余地，计算值可定位150伏，采用“双保险”，使工程具有足够的安全裕量。为了确保电信大楼通信装置的安全性，专家组提出了有针对性的排险八条技术对策措施。同时，还建议市规划部门在人民广场地下整体布局可能的情况下，将原站址尽可能向东北方向偏移，拉开与电信大楼地线的距离。经过充分的技术论证和艰辛的协调，专家论证组达成了一致意见：原定的220千伏地下变电站址基本可行。

决　策

通过技术论证，市电力局和邮电局都同意了专家组意见。一场历时几年的强电与弱电间的矛盾通过专家们公正、科学的论证，获得了圆满的解决。在专家组意见的基础上，上海投资咨询公司提出了技术论证的咨询报告，为市计委的决策提供了科学依据，市政府很快作出了决策的批复，着即开工进行建设。

220千伏地下变电站技术论证取得了两方面效益：

经济效益：节省了另行选址所需的大量时间、人力和费用，仅勘测费用就要节省上百万元。再以该地下变电站全部建成后年供电量50亿千瓦·时、按每千瓦时电力创造3元产值计算，每年就可增加一百多亿元的国民生产总值。

社会效益：人民广场地下变电站是我国强电进城的首例，这一工程的建设不仅为缓解上海市中心区用电紧张矛盾创造了条件，有利于改善投资环境，而且更重要的是该工程作为国内强电进城首例取得了突破，将为全国各大、中城市解决市中心区用电问题提供可资借鉴的经验。

杨浦大桥的成功决策

赵椿荣

杨浦大桥的建成通车，给上海增添了夺目的光采，这是开发浦东，振兴上海的雄伟标志，是众多专家和建设者的心血结晶。

杨浦大桥在市区路网中的地位十分重要，对开发浦东具有特殊意义，它缓解了苏州河以北浦江两岸“过江难”的问题，它的建成有利于疏解市中心交通，减轻蜂腰地区路网的压力，与已经建成的南浦大桥相呼应，把浦东和浦西的主干道连成整体，形成上海市的内环高架线。但是，规划中的宁国路越江工程(即现在的杨浦大桥)，并不是一开始就确定在此建桥，其间经历了建隧道或建大桥的争论过程，卷入这场争论的，有各级领导部门、各方专家和群众，范围十分广泛。

在杨浦大桥建设之前，主管部门和部分专家倾向于建隧道。1989年初，当着手把宁国路越江工程付诸实施之时，市政府领导为了广泛听取国内外专家的意见，责成市计委把这项任务，委托给北京的中国国际工程咨询公司和上海投资咨询公司联合提出咨询报告，供市政府决策参考。

两家咨询公司接受任务后，对组织专家论证桥、隧两个方案、分三步进行工作：

第一步：1989年3月，组织专家从北京来上海，一方面了解越江工程现场，另一方面对已提出的桥、隧两个方案的资料进行查阅，发现隧道方案已有一定深度，而桥梁方案则较为粗浅，因此要求有关方面补充资料，重点充实桥梁方案，使桥、隧两个方案都具有同等深度，为专家的论证提供可靠的依据。

第二步：由中国国际工程咨询公司出面，邀请日本太平洋咨询公司和东光咨询公司的桥梁和隧道专家，于1989年6月上旬来上海进行为期5天的技术交流和咨询。日本专家与北京和上海的专家进行多次交流，到现场踏勘，双方就当今世界和日本的桥梁和隧道建设充分交换意见。当中国专家问及日本专家，从黄浦江及其两岸的实际出发，宜采用何种方案为佳时，桥梁专家认为建桥好；隧道专家则主张建隧道，但他对黄浦江的船舶流量如此之密，大为吃惊，指出，如建隧道，施工时需要对江面交通进行严密管制才行。当被问及，如对桥、隧两种方案的意见大致相等时，应该如何决策？日本专家异口同声说，这就要看决策者的意愿了！

第三步：1989年8月，在为时七天的论证会上，中国国际工程咨询公司和上海投资咨询公

• 本文刊登在《上海投资》1996年第10期 第36 - 37页。

司邀揽了来自全国和上海的交通、桥梁、隧道、管理等方面27位专家参加论证。专家们本着对国家事业负责的精神，用大量的数据，以科学的态度，认真论证，直言不讳。专家讨论的意见，由两家咨询公司整理成咨询报告，提供给市政府领导和市综合经济部门决策。

专家组一致认为，建设宁国路越江工程是十分必要的。在建桥、还是建隧道的问题上，专家们对桥、隧两种方案的优缺点也取得了基本一致的看法，主要是：

1. 交通功能。两个方案都能满足设计要求。桥梁方案中的引桥布置与地面交通无干扰，但线型弯陡，爬坡距离长，油耗增加；隧道方案的线型平直，爬坡距离短，车辆出隧道后，可通过高架桥直驶，便于实现交通分流。

2. 施工与通航。桥梁的施工大多在陆上和高空进行，基本上不影响江中的航运；隧道施工要在江底挖基槽，江中只能维持单航运，在管段浮运、沉放时，对正常的航运都会有干扰。桥梁由于通航净高的限制，根据近几年通过黄浦江货运船测算，通过率达99.2%，而隧道对货船的通过无影响。

3. 总投资。建桥比建隧道要高一些。主要是造桥的拆迁费比隧道多几千万元。

4. 景观。隧道对周围环境影响小，主体埋于江底，难以构成景观；而桥梁凌空跨越黄浦江，能使人们看到现代的宏伟气势。

不难看出，桥的优点，即是隧道的缺点，而隧道的优点，则是桥的不足。一些专家主张建桥，一些专家认为应当造隧道，专家们见仁见智，各抒己见。不少专家还认为，桥、隧方案的选择，在很大程度上还要取决于政治、经济、社会等宏观因素，如城市规划的发展，资金筹措方式，经济政策，城市建设方针，以及人民的意愿等。为此，咨询建议，在桥、隧方案都能满足交通功能、经济效益差距不大的前提下，请市有关领导部门综合宏观方面的因素，权衡得失利弊，果断进行抉择。

中国国际工程咨询公司和上海投资咨询公司的联合咨询报告送给市政府后，市政府领导并没有马上决策，直到1990年4月，李鹏总理来上海宣布了中央开发、开放浦东的决定，市政府在考虑了各种因素后才决定建造大桥，并报国务院同意，国家计委审批立项。

由上海市政工程设计院、上海城建设计院、同济大学建筑设计研究院和上海城建学院勘测设计所四家组成的联合设计组的专家们，在短短的三个月里，以忘我的劳动，提出了厚厚的一大本《可行性研究报告》。市领导部门考虑到像杨浦大桥这样的大工程，关系到上海对外开放的形象，更需要集中全国专家的智慧来共同优化建桥方案，为此，市计委委托上海投资咨询公司组织专家评估。二十多位专家于1990年12月上旬进行了为时五天的评估，评估内容包括：桥型、结构、桩基、跨度、走向、引桥布局、美观、动拆迁、总投资，以及如何与内环线高架工程相衔接等方方面面。已故副市长倪天增参加了会议的全过程，朱镕基市长在百忙之中用了一整天时间到会听取二十多位专家的意见。

专家认为在当前条件下，主桥结构采用悬索桥有许多困难，在上海软土地基上建设大跨度桥梁宜采用斜拉桥桥型，并推荐结合梁结构，由于结合梁具有自重轻、施工方便、工期较易控制等优点，虽然需要多花一些投资，但换来的是安全、可靠、工期短和桥型美观，是值得的。朱镕基同志也同意采用结合梁结构，并指出：杨浦大桥是上海的窗口，是上海的景观，人家看上海，首先看大桥的水平。因此，大桥的建设要好中求快，好中求省。他还着重指出，桥型一定要美观，要从国际一流城市水平着眼，精心设计。

历史宣告这一重大工程决策的正确和成功。

上海航空公司的崛起

汪孝平

根据我国航空运输事业“多家经营”的改革方针，上海航空公司于1985年开始筹建，买了五架波音B707旧飞机，其中一架是运输机，1987年年初开始宣布开航。

这批旧飞机价格虽然便宜，但都已飞行了5万小时左右，可以说是年届退役的年龄了。为了坚持航行安全第一的原则，公司对飞机的地面检查和维护工作花了很长的时间，不仅限制了航班，也导致了公司亏本，尽管如此，对飞机安全总是感到不踏实。

1988年1月18日，重庆发生了空难事件后，民航总局有关部门认为上航的飞机是国内老龄飞机中飞行小时最高的，应该停飞，而民航系统内，像上航这样陈旧程度的飞机都早已停飞了。上航公司决策层也考虑到安全第一的原则，这批B707旧飞机，就是再经过大修，恐也难获准复飞，决定从1988年3月份起停止飞行。上海航空公司陷入了困境，也使公司认识到这是原来决策的失误。

东山再起　变买为租

上海航空公司的决策层吸取教训，为了东山再起，先后同美国的波音公司、麦道公司分别进行了谈判，波音公司建议，可用租买方式引进B757-200飞机，上航公司从技术上和经济上作了分析比较，认为可以采纳这个建议。

B757-200飞机，是波音公司的新产品，载客量为205人，但是，购买一架B757-200型飞机需要四、五千万美元，如果买三架就要一亿多美元，当时的上海航空公司连日常开支都难以支付，到哪里去筹措这一大笔巨款去购买飞机。在缺少资金的情况下，采用租买方式引进先进飞机，以缓解我国航空运输的紧张状况，不失为一种有效的办法。

采用租买方式引进先进客机，需要由上海航空公司和波音公司将飞机的型号，架数、价格和交货时间谈妥，再找一家国内或国外的银行或财团代为购买飞机，然后，上海航空公司与这家中选的银行或财团签订协议，租给上海航空公司使用，这在国际上是比较通用的一种方式。上海航空公司同波音公司多次谈判后，达成了引进三架B757-200型飞机的初步协议，三架飞机的报价为13827.7亿美元，由于飞机的交付时间有先有后，因此每架飞机的报价也各有差异，经过谈判，三架飞机的总价，由一家财团融资购买，租给上海航空公司使用，根据协议，租期为十五年，每半年付一次固定的租赁费，共付30次，期满以后，如果再付一笔相当于当时飞机

• 本文刊登在《上海投资》1996年第10期 第40－41页。

新价 20% 的残值，这架飞机的产权即归上海航空公司所有。

根据达成的初步协议，上海航空公司编制了可行性研究报告，上报上海市人民政府。但是究竟可行不可行，这样做的风险大不大，鉴于上次购买 B707 旧飞机的教训，市领导部门认为还是慎重为好，于是市计委委托上海投资咨询公司对可行性研究报告的经济部分进行评估，提出咨询意见，供决策参考。

咨询评估　基本肯定

上海投资咨询公司接受市计委的委托后，对飞机的买价与租赁费、营运收入、成本支出等方面作了详细的测算，并形成咨询报告。评估认为，采用租买先进飞机的方式，是在本市建设资金紧缺的情况下，发展地方航空事业的新路子。租买 3 架 B757-200 型飞机，在经济上是可行的，关键在于"热线"航班的安排与外宾客况的安排，测算提出客座率的保本点为79.1%，外宾的比例不低于 24.57%，否则外汇不能平衡，每半年要缴的固定租赁费就成了问题。

投资咨询公司的咨询报告，得到市计委的同意，转报给市人民政府后，市人民政府很快作出了肯定的决策。从 1989 年 8 月开始，上航公司租赁的三架 B757-200 型新机，陆续投入了运营，飞行于祖国的旅游热线，对缓解我国航运运力不足的矛盾起到了积极作用。上海航空公司凭借其新机的安全技术性能，营运的适应性和"微笑"服务等方面的优势，度过了 1989 年政治风波带来的影响，1991 年盈利 300 万元。两年半的实践证明，上海航空公司已从低谷走向发展，无怪乎上航公司的总经理见到上海投资咨询公司的董事长时总要表示感谢，感谢咨询公司帮了大忙。其实咨询公司也并非刻意要帮谁的忙，它就是公正、科学地为决策者提供咨询意见。

再接再厉　前景美好

事情到此并未结束，上航公司的决策层在初步尝到"甜头"后，着眼于公司的进一步发展。随着航空运输事业的繁荣，特别是浦东新区的开发、开放，上海航空港运力不足的矛盾更加突出，上航公司 1991 年的旅客运输量 70 万人次，当时按每年递增 13% 估算，到 1995 年将接近 120 万人次。一架 B757-200 客机，按平均客座率 75% 计，一年约可运送旅客 25 万人次，显然，租赁的三架客机将不敷使用。为把握时机，未雨绸缪，该公司于 1991 年又租赁了 5 架 B757-200 客机，用于上海至海口、兰州、武汉、哈尔滨等航线。

一个企业家，如果没有高瞻远瞩的眼光，是成不了大气侯的。近几年，国内外大批客商和旅游者纷至沓来，虹桥国际机场的旅客运输一直处于紧张状态，有关方面预测，至 2000 年，上海国内航线的客运量将达 1800 万人次。面对国内民用航空事业飞速发展的前景，上海航空公司的决策层决定继续引进 10 架波音客机，其中 5 架为 B757，5 架为 B767，准备用于增加国内热线航班。

可行性研究报告表明，与波音757客机相比，波音767的技术更为先进，安全可靠性高，载客量多，有260多个座位，座位宽畅舒适，通过改进飞机机翼的载面可使油耗降低，航程则从4千公里加远到1万公里。该公司考虑到尽早开拓海外市场，因此协议安排先交付5架B767客机投入运行。这10架波音客机将从1994年交货至2000年交完，上海航空公司将可以逐步形成18架客机机队，达到一定的规模效益。

上海航空公司第二批、第三批租赁的客机项目，也是委托上海投资咨询公司先评估、再决策的。

上海博物馆新馆的决策透视

陈 海

上海博物馆新馆是“八五”期间本市精神文明设施重点建设项目之一，经过长时间的酝酿和前期工作准备，已于1993年12月开工，1994年国庆节前夕，一座富有时代特征和海派建筑风格的标志性建筑已矗立于人民广场中轴线的南端。新馆的总面积3.7万平方米，包括地下两层，地上四层，高26米，该馆的建成成为上海重要对外交流场所和新的旅游参观景点之一，也是进行爱国主义教育、促进社会主义精神文明建设的一个重要宣传教育阵地。

上海博物馆始创于1952年12月，陈毅市长亲笔题了馆名，当时的馆址就是现在的上海图书馆。随着规模的扩展，1959年迁至河南南路16号中汇大楼。四十年来，上海博物馆在文物征集、修复、收藏、保护、陈列、展览以及学术、科学研究和国内外交流等方面都取得了很大的发展，成为国内最大的艺术博物馆之一。馆藏历代艺术珍品达12万件，在国内享有“半壁江山”之美称，在国际上也享有很高的声誉。

多年来，上海博物馆事业发展的最主要制约因素是馆舍限制。原中汇大楼建筑总面积为1.78万平方米，其中用作固定陈列展出的场地仅三千多平方米，只能布置4个专馆，绝大多数艺术珍品无法展陈，学术交流场地拥挤，库房面积狭小，先进的保管设施无法使用，安全通道和公用设施不符合对外开放要求，高水平的陈列展品与落后的参观条件形成强烈反差，远不能适应需要。

这就亟需新建一幢符合珍品、文物陈列、展览并有周密安全保护的可供学术交流、科学研究的现代化的博物馆馆舍，以改变现状。要新建博物馆大厦，一要有合适的场地；二要有巨额的资金。上海市人民政府决定将博物馆新馆的建设纳入“八五”期间全市精神文明建设十大工程之一，据此市规划局提出新馆馆址选在人民广场中轴线南端的建议，于1992年2月的一次市长办公会议上得到确认。

接着，上海博物馆抓紧时机迅速编制了项目建议书，得到市计划委员会的及时批复，批准新馆总面积为2.5万平方米，总投资8000万元，其中市财力提供3000万元，自筹5000万元，同时保留老馆。

在此基础上，上海博物馆委托上海投资咨询公司编制《上海博物馆新馆扩建工程可行性研究报告》，建筑设计方案由上海建筑设计院提供。在可行性研究报告的编制过程中，令咨询公司有关负责人感到困惑不解的问题是：未来的上海博物馆为什么要分设两处？一处新馆，一处

• 本文刊登在《上海投资》1996年第10期 第42 - 43页。

老馆的布局具有明显的缺点:

一是分两处陈列展览，观众参观很不方便，看了这里，再赶到那里，很不顺。

二是在人民广场中轴线的南端这块宝地上，仅在地下建一层、地上建三层，既使基地得不到充分利用，又与周围建筑群不相协调。

三是分设两处，不仅不利于管理，而且增加管理人员和管理经费。

四是违背建新馆的初衷，如此众多的文物、珍品理应都有先进的保管和储藏设施，而现在分处两地，在老馆展览陈列的珍品，还需要改进现有的保管条件和采取安全措施，何不两处并一处?

原来，上海博物馆的领导也有难处，当咨询公司同他们交换两处并一处的意见时，他们也有自己的想法。主要顾虑新馆面积再行扩大，投资要增加，资金从何解决？到头来，如果因扩大面积，有关部门不予批复，反把项目吹了。

作为承接该项目可行性研究的投资咨询公司来说，也感到十分为难，编制可行性研究报告理应以项目建议书和批复文件为依据，投资咨询公司承担该项目的领导思之再三，本着对事业负责的精神，决定在研究报告中提出两个方案，提供委托方和决策部门考虑:

方案一：是分设两处的方案。扩建后的新馆将由陈列展览、图书资料、学术交流中心、珍品库房和行政管理五个区域组成，总建筑面积2.5万平方米。同时，老馆也保留珍品展览和库房等设施。总投资为1.24亿元(不包括内部装修)。

方案二：是两处并为一处的方案。地下两层、地上四层，26米高，总面积约4万平方米，总投资为1.86亿元(不包括内部装修)。

方案二的可行程度，投资咨询公司作了认真负责的调查研究:

首先要研究在人民广场建造4万平方米建筑物技术上的可行性。新馆基地东面建有地下变电站，北面是地下商业街，西面有地下车库和地下商场，南面又是地下车库的出入口，新馆基地就处在这样一个环境之下，而市规划部门又对上博新馆的总高度提出限制。在这种情况下，把地下建筑延到两层，建筑面积还不能满足使用要求，咨询公司经与地下建筑专家共同研究后认为，利用建设基地北面与地下商业街之间的间隙可以建造地面无建筑物的单建式两层地下室，加上地面的4层，其总面积可达4万平方米左右。

其次要研究资金的筹措问题。1.78万平方米的博物馆老馆，位于上海外滩CBD中央商务区内，原来是中汇银行大楼，适合商务办公使用，在恢复上海金融、贸易中心的浪潮中，如将这座大楼有偿转让可以得到一笔巨额资金，用于博物馆迁建之用，资金不足的问题自可迎刃而解。第二方案无论从那个方面看，都是一个很有价值的点子，是一着秒棋，引起了市计委的重视。与此同时，有关上海博物馆新馆项目的两个方案的比较，在上海投资咨询公司编的《上海投资咨询简报》1992年第24期上刊登了出来，时任市委书记的吴邦国同志看到后立即作了批示：建新馆，出让老馆是好方案，既可方便观众与管理，又可回收资金。黄菊同志对此也有批示。

1992年10月，市计委正式批准了项目的可行性研究报告，总建筑面积为3.7万平方米，所需资金，仍由市财力提供3000万元，市文管会自筹5000万元，其余在老馆馆址的置换所得资金中解决。

经过多方面的努力，1993年5月，上海市房产管理局、上海博物馆和香港锦发有限公司在上海举行协议签字仪式，香港锦发有限公司以2500万美元的价格获得上海博物馆老馆的建筑所有权和建筑用地50年的使用权。在市委、市政府的直接关心和支持下，置换资金全部用于上海博物馆新馆建设。

上海市实行能源总量控制势在必行

何承尧

自改革开放以来，上海的国民经济发展迅速，特别是进入九十年代，更跨入了快速发展时期。以当年价计算，上海市的国内生产总值1995年达2460多亿元，为1990年的3.3倍。与此同时，上海的能源消费量也扶摇直上，以标准煤计，上海市1995年的能源消费总量达4460万吨，约为1990年的1.4倍。在能源消费总量中，煤炭消费量高居首位，为4150万吨，约占全市一次能源消费量的72%，比1990年增加了6个百分点。据预测，如按此能源消费模式发展下去，至2000年全市煤炭消费量将达6000万吨，至2010年将达9000万吨，分别为1995年煤炭消费量的1.45倍和2.17倍。当然能源结构亦可能变化，如东海天然气、西部长距离超高压输电——煤电、水电进入上海，使上海市的能源结构有所改善，但尚不能在全局上予以优化。一个严峻的问题摆在面前，促使节能工作者思考：如此巨大的能源消费量将对环境、运输等产生何种负面影响？为了实现上海经济、社会发展的目标，应采取什么对策？

以煤为主体，特别是以未经洗选的原煤为主体的能源结构对上海环境保护的压力是沉重的。据统计，1990年至1995年上海市煤炭的供应量年均递增8.68%，在此期间，原煤的的供应量增加1400万吨，而洗精煤的供应量增加400万吨，仅占煤炭供应量的五分之一强。由此可见，近五年间，上海市增加供应的煤炭量主要是未经洗选的原煤。1995年上海市供应的煤炭中。原煤约占四分之三，而洗精煤仅占四分之一。众所周知，原煤中含的硫分、灰分等对环境保护造成的压力是十分沉重的。上海市大气污染的主要污染物为降尘、总悬浮颗粒物和二氧化硫。1995年上海市区的平均降尘量达14.31吨／月·平方公里，市区平均总悬浮颗粒物为0.246毫克／立方米，市区二氧化硫平均浓度为0.053毫克／立方米，全市降水的PH平均值为5.69。今后五至十年，如果全市的能源结构仍以煤炭(特别是原煤)为主，产业结构基本不变，而遍布全市数以万计的用能设备(主要是电厂锅炉、工业锅炉和工业窑炉)又未改进燃烧设备，未增加脱硫设备和除尘设备，可以想见，上海市的环境状况将随着能源用量的成倍增加而急剧恶化，前景是十分令人担忧的。

以煤为主体，特别是以原煤为主体的能源结构，对上海市运输的压力也同样是沉重的。上海用煤的调入主要靠海运，如果2000年全市煤炭消费量达6000万吨，则须相应增加运煤船舶、港口码头设施以及煤场，不仅投资巨大，且在土地资源相当匮乏的上海，选址的难度也相当大。进一步分析，如洗精煤的供应比例不提高，则原煤所占的比例估计可达80%，如原煤中矸石含量平均以5%计，则随原煤运入上海的矸石将达240万吨左右，如用万吨轮运输，需240艘·次，如陆上用5吨卡车运输，则需48万车·次，煤轮和卡车运输矸石的能耗又是一笔可观的数量，

• 本文刊登在《上海节能》1997年第4期 第15页。

而且是完全毫无意义的能源消耗，对原本已十分紧张的上海运输，无异乎“雪上加霜”。

基于以上分析，笔者认为：上海市实行能源总量控制势在必行。要通过调查研究、科学分析，确定环境保护和运输能力等因素的边界条件，从而测算出上海市用能总量的上限，用它作为经济和社会发展的宏观调控总目标，并有计划、有步骤地采取一系列有效措施：

——**调整能源结构**：核心任务是降低煤炭(特别是原煤)在总用能量中的比例。比较现实的途径是以天然气代替煤炭，但由于平湖天然气的供应量有限，因此进口液化天然气理所当然地应提上议事日程，因为天然气是一种清洁而高品质的能源，如果上海市能源消费总量控制不变，则用天然气后可大为改善环境质量，减轻运输压力。如果保持原有环境质量水平，则用天然气后，可使基于原能源结构上的能源消费控制总量提高，有利于上海市经济和社会的进一步发展。

依笔者之见：上海作为一个特大型的城市，而且向国际经济、金融、贸易中心的目标迈进，天然气在全市能源消费总量中所占份额以10%−15%为宜。

——**调整产业结构**：上海市已确定了国民经济按“三、二、一”产业顺序发展的方针，为此应有计划地提高三产的比重，通过产业结构的调整，逐步降低二产的比重，尤其应下决心淘汰高能耗、高物耗、高污染、低附加值的产品，努力降低能源消费的绝对量。

——**大力采用和推广节能新工艺、新技术、新设备、新材料、新产品**，如：采用清洁燃烧工艺、高效燃烧技术、电厂脱硫设备、高效除尘设备等，并从政策上予以支持和鼓励。

大路通天又一桥 ——记鲁班路越江工程

韩祝斋

经济要发展，交通需先行。为把上海迅速建设成为国际经济、金融、贸易中心，经过10余年的努力，已先后建成城市内环线、"三纵三横"城市道路、地铁一号线、地铁二号线、轻轨明珠线一期三条轨道交通线、奉浦、徐浦、南浦、杨浦四座大桥，以及打浦路、延安路和黄浦江人行观光三条隧道等一大批重点交通工程。在中心城区形成了一个完善的空中、地面、地下立体交通网络框架体系。为促使上海经济的可持续发展和浦东新区的进一步开发开放，正在继续加大对交通工程建设的投资，2000年又开展了多项城市道路、轨道交通线、越江工程以及高速公路网的建设工作。

一、浦东开发需要新建越江工程

进入九十年代以来，随着浦东开发开放步伐的加快，居民和单位落户浦东的数量逐年增加，为解决过江难的矛盾，先后建造南浦、杨浦、奉浦、徐浦四座大桥及延安东路隧道等越江设施。目前市区范围内黄浦江两岸的越江交通设施有轮渡15条、车渡3条、隧道3条、大桥3座。多年来，过江交通量的增长速度很大，现有的隧道、大桥建成投入使用后，在较短年份内就接近或达到设计通行能力。据最新统计，如打浦路隧道日均车流量为1.4万辆，每小时车流量达1300辆，已超过设计通行能力，又如南浦大桥年通行量已超过1900万辆，日均车流量为5.2万辆，日最高流量超过6万辆，也已达到设计通行能力，现有的20余处越江交通设施仍不能适应过江交通量增长的需要。2000年5月，车辆通行隧道、大桥取消收费后，车流量出现了急速的增加，隧道、大桥堵车现象时有发生，延安东路隧道堵车现象尤为严重，过江难的矛盾相当突出。这一现象表明，市区范围内已建的二条隧道和三座大桥不能满足两岸交通迅速增长的需要，便捷的过江交通通道数量仍然不足。针对这一状况，一方面通过采取对各种越江设施允许通行的车辆车种作出某种限制，实现越江交通设施的合理分工和车流量的合理分配等有效管理措施，达到各类设施车流量的相互平衡，另一方面也必须着手新建一定数量的隧道、大桥才能满足日益增长的交通量需求。为适应即将到来的浦东新区新一轮经济发展高潮、加强浦东与浦西的交通联系、缓解过江车辆取消收费后出现急速增长的交通车流量对过江交通设施产生的巨大压力，新建一批便捷的过江交通通道已迫在眉睫。

2000年已着手新建的黄浦江鲁班路越江工程就是在过江难的背景下尽快实施的工程项目。工程的建设对有效地减轻和分解现有南浦大桥、打浦路及延安路二组越江隧道的过江交通设施

• 本文刊登在《上海投资》2000年第12期 第40-42页。

的压力，完善浦东新区的交通路网，为浦东国际机场提供又一条连通市中心区的便捷通道都将会发挥积极的作用，对于促进沿线地区企业生产结构的调整及环境治理也有极其重要的现实和长远意义。

二、鲁班路越江工程概况

自1994年开始前期准备工作的黄浦江鲁班路越江工程是继2000年已动工建设的城市外环线黄浦江下游吴淞越江隧道后的又一项越江工程，它是上海中心城区路网“三纵三横”骨干道路中的纵——双向六车道成都路高架路分别往南、北向延伸的二项道路工程之一，北延伸为正在动工建设的共和新路双向六车道高架路结合地铁一号线北延伸段的综合工程，鲁班路越江工程为南延伸工程，工程全长约8.7公里，其中跨越黄浦江的卢浦大桥长约3.9公里、济阳路延伸段道路4.8公里，工程建设总投资约为22亿元人民币。

10多年来，由于上海经济的高速发展和城市规模的迅速扩大，各类建筑层出不穷，现有建筑设施布局状况与1986年规划越江工程线路走向时已发生了较大的变化。从满足设计规范要求及实施的可行性角度综合考虑对原规划线路走向作出了局部的调整。调整后的线路走向虽然线型不够理想，但与规划线路的走向基本一致，既能符合设计规范的要求，又是一个结合周边现实状况和条件经过优化可以顺利实施的线路走向方案，再作进一步优化的可能性也不大。其具体走向为北端起自卢湾区城市内环线高架、成都路高架路交汇点的鲁班路，中山南路立交预留接口，沿鲁班路往南经江南造船厂内的经九路，占用黄浦江北岸的江南造船厂70000吨船码头西端45米处跨越黄浦江，在黄浦江南岸上海浦东钢铁集团有限公司油码头登岸，沿该公司厂区内的三号路东侧向南走雪野路，跨过耀华路与济阳路接平，走济阳路，再往南越过川杨河与城市外环线济阳路(现为沿浦公路)立交相接。其中主要工程有：建造跨越黄浦江的卢浦大桥一座，鲁班路上下匝道一对、左转定向匝道一条，耀华路上下匝道一对，跨越川杨河桥一座，实施规划济阳路至外环线立交段地面道路及扩建原外环线立交等工程。

交通量预测2023年主线12小时双向过江车流量达9.1万余辆，与此相对应卢浦大桥设计为双向六车道，两侧设置观光人行道，引桥分为双向六车道、双向四车道两种型式，匝道一般采用宽度为8.5米的双向二车道。主桥和引桥设计车速60公里／小时，匝道设计车速35-40公里／小时。桥梁设计计算荷载汽车-20级、验算荷载挂车-100。大桥设计通航水位为4米、通航净空高度为46米、通航净宽为340米，其标准同南浦大桥，抗震设防按上海市的地震基本烈度设计。

卢浦大桥线路走向涉及处于黄浦江南岸的上海浦东钢铁集团有限公司的油码头，厂区内的变电站、转炉车间、氧气球罐等主要生产设施及3号路地下管线，线路设计中尽可能地作出了避让，可减少搬迁工程量。对占用位于黄浦江北岸的江南造船厂70000吨船码头西侧45米岸线事宜，有关单位经共同研究协商形成了一个妥善解决的处理方案，实施大桥线路走向方案的条件已经具备。

越江工程济阳路延伸段道路等级为城市主干道，全线规划红线宽度40-50米，地面道路设计荷载为BZZ-100标准车。

三、卢浦大桥及关键交通节点的布置

卢浦大桥位在徐浦大桥下游7公里、南浦大桥上游3公里。桥位处黄浦江基本处于东西走向，大桥轴线与黄浦江流向基本正交，岸线宽度约480米。浦西桥址东侧为江南造船厂码头，西侧建有合流污水泵站，浦东桥址位于浦东钢铁集团有限公司厂区内。鉴于沿江两岸现有密集的驳岸、码头等构筑物，卢浦大桥的主桥基础布置在驳岸结构以内，并预留适当的安全距离，大桥选用主跨跨径为550米的拱、梁组合体系中承式系杆拱桥方案。该桥型方案区别于现有3座清一色的斜拉桥，为黄浦江上增添了一道新的景观线。主跨拱肋采用钢－砼混合结构、中跨桥面以拱肋采用钢箱型结构，中跨和边跨拱肋采用砼箱形结构，主跨、边跨采用钢－砼结合加劲梁结构，从确保卢浦大桥车辆行驶安全考虑，桥梁横断面布置设置中央分隔带。

越江工程沿线有鲁班路立交、规划雪野路路段、耀华路－济阳路交叉口、济阳路－华夏西路立交、济阳路－外环线立交5个关键交通节点。

越江工程北端起始点城市内环线高架路中山南路与鲁班路交叉口的圆环形立交节点目前车辆严重堵塞，反映了该节点在交通能力、确保车辆通行秩序和行驶安全等方面存在许多缺陷，越江工程产生的新增交通量会对该节点造成更大的交通压力。从长远来看，要彻底改善该节点交通现状及满足远期交通量的要求，鲁班路圆环形立交改建为全互通式立交更为合适。由于受到周边环境已有建筑等条件的制约，以及该节点的改建是一项涉及到整个浦西高架道路网和数个类似立交的系统工程，在如何进行改造的研究尚未作出统一的处理意见和方案的情况下，为缓解该节点大量转向车辆冲突的矛盾，目前只能采用在维持使用现有的鲁班路圆环形立交基础上，设计通过增加建造左转定向匝道的途径提高该节点的通行能力的过度方案，并结合交通调查和分析，研究采取相应的对策措施和优化该节点工程方案。

越江线路在浦东走雪野路，由于雪野路路幅较窄，桥墩需设置在人行道上，又需要在路面下埋设为数不少的管线，为此将研究一个综合敷设处理方案予以解决。对线路与沿线城市次干道等级以上的横向道路相交的交叉口作了渠化处理。在线路途径的上海浦东钢铁集团有限公司厂区的路段内，该公司生产中排出的某些有害废气，对行驶的车辆和桥梁的使用寿命都会产生一定的影响和危害，有待通过对有害废气的环境监测分析，确定应采用的保护措施。

主线与耀华路交叉口设置的一对接通匝道，其布置与规划建设的耀华路越江隧道和平行于川杨河的东西干道的车流量等因素有关，已通过综合统筹研究后确定优化方案。

原设计布置在耀华路、济阳路交叉口济阳公园内占用较多绿地的收费站，随着对过江车辆收费的取消而不再建造，公园也不会受到侵占得以保留，仍可还绿于民。

华夏西路是规划内、外环线之间城市辅环道路浦东段的重要组成部分，华夏西路向规划建造通往浦西的越江隧道，规划济阳路在川杨河以南与东西向的华夏西路相交，该交叉口规划建造立交，近期先实施济阳路走地面，远期再实施华夏西路上跨济阳路，该立交用地已作规划控制。

规划济阳路与已建成通车的外环线相交，交叉口位于徐浦大桥浦东引桥落地(原收费站)以东约200米处。济阳路与外环线之间通过平行于外环线的两条地面辅道在跨线桥下以地面平交方式沟通，该立交的扩建是将两条地面辅道改建为跨线桥和增设定向匝道，最终将建成全苜蓿叶型立交。

四、交通功能的发挥尚需深入研究

虽然对越江工程建成后的过江车辆驶入城市内环线、成都路高架道路和主要交通节点的交通量进行了预测分析，初步认为穿越市中心区的车流量不大。根据历年来城市内环线、外环线、成都路高架路、延安路高架等城市道路在建成后的数年内车流量增加很快，已接近或达到设计通行能力的状况，以及目前几个关键的交通节点堵车现象时有发生的现状，随着成都路北端的共和新路高架路综合工程和鲁班路越江工程的建成投入使用，对城市内环线、成都路高架路必然产生较大的交通压力。由于影响交通量的因素很多，工程建成后的实际交通量状况与预测分析结果吻合的可能性不会太大，有待于通过对实际交通量的监测和分析，对各条过江交通设施实施科学合理的规定，对允许通过的车辆车种进行分流，确保城市交通路网的畅通，并为今后黄浦江各条过江交通设施的规划建设制定合理的布局方案提供依据。

上海黄浦江陆家嘴区段的高滩疏浚清理工程

耿海玉

根据上海市城市总体规划及浦东陆家嘴地区的开发规划，从上游东昌路轮渡站到下游泰同栈轮渡站之间建成2.5km长的滨江大道旅游区。经过近几年的开发建设，目前浦东小陆家嘴地区已成为继浦江西岸万国建筑外滩之后上海又一著名的旅游新景点，那里矗立有上海的标志性建筑——东方明珠电视塔及上海国际会议中心。随着陆家嘴滨江大道的建设以及浦江人行隧道的开通，该处景点吸引了越来越多的国内外游客观光游览。

然而附近与浦江两岸优美的旅游景观不相称的是 黄浦江陆家嘴区段的凸岸高滩在低潮时常常出露，使水面垃圾在滩地上堆积，各种水上漂浮物的显现严重破坏了浦江两岸的景观，尤其是从陆家嘴旅游交通船码头到泰同栈轮渡站之间，露滩情况更是突出。

浅滩形成的主要原因是：陆家嘴河段上连董家渡弯道，下接汇山直段，浦西侧的深泓弯道曲率半径为620m，浦东侧的凸嘴浅滩曲率半径仅为300m，由于弯道的水力结构特殊，凹岸和凸岸的河坡均陡深，浦东侧尤其是陆家嘴轮渡站—泰同栈轮渡站之间，枯水时常常出露，愈向下游滩地愈向外涨出。为避免黄浦江陆家嘴区段的高滩出露现象，除加强水上卫生环境的管理外还需要实施必要的工程措施。

早在1997年6月，为配合上海迎接香港回归的庆典活动，有关单位曾对陆家嘴轮渡站下游370m岸线的凸岸高滩进行过疏浚，取得了一定的效果。其后1年，对该疏浚区段的回淤量、回淤深度、回淤速度及断面的回淤形态进行了定期观测，通过观测资料的统计、分析，认为泥沙的回淤速度和淤高面积与边滩的开挖深度有较大关系，同时泥沙的回淤速度和平面分布与水流的挟沙条件、水流的动力条件等有关，破坏滩面平衡的程度小、回淤速度也较小。该结论基本符合弯道凸岸边滩的淤积机理，所实施的疏浚工程不仅破坏了原有滩面的动力平衡，疏浚区还与邻区之间产生相互影响。因此各区段的分析结果不能简单地套用于其他区段。实际的观测分析结果为黄浦江陆家嘴区域凸岸高滩的疏浚治理提供了一定的依据，对疏浚工程基建实施方案及陆家嘴凸岸高滩的维护性疏浚治理方案的确定有一定的帮助。

黄浦江陆家嘴区段之间约1km岸段的岸滩较窄，主航道十分繁忙，出露的高滩基本上分布在江边码头内侧及码头栈桥边，不适合用水上施工机械施工，可采用陆上施工机械配合人力清理高滩垃圾。陆家嘴轮渡站下游侧到泰同栈轮渡站之间区段的疏浚清理工程可分阶段地实施，先进行基建性疏浚工程，然后周期性地实施维护性清理工程。

• 本文刊登在《水运工程》2001年第4期 第44 - 45页。

基建性疏浚方法即按设计疏浚深度，采用抓斗式挖泥船进行一次清淤施工。将陆家嘴轮渡站下游的设定区段分成若干个施工区段，参照回淤分析成果，按照设计疏浚深度采用吃水较小、施工噪声小的抓斗挖泥船施工以清除垃圾、沉船等水底污染物；由于疏浚施工破坏原有的滩面平衡，为恢复平衡，河床将在水流作用下自动调整达到新的平衡，因此疏浚深度不宜过大，应较少地改变河床形态，按尽可能少挖又基本满足需求的原则优化疏浚施工方案。挖出来的疏浚土，全部由挖泥船直接装入泥驳，再由施工船拖到吴淞口外缺泥区或市政排泥场抛泥。

随后周期性的维护性疏浚工程即是按照滩面的回淤周期，定期实施疏浚工程，据区段疏浚的回淤特性分析，回淤在滩面的垂直和水平两个方向的发展均较快，但随着回淤厚度的增加，垂直方向低流速的回淤空间逐渐减少，回淤速度率减小；水平方向的回淤速度也类似减小；这样就形成回淤速率前期快，后期慢的规律。参照1998年的观测成果分析，1年中前4个月的累计淤积厚度为0.8m，而后10个月的累计淤积厚度仅为0.6m，因此维护性疏浚工程可利用滩面这种后期回淤慢的回淤特性，适当延长维护周期，这在技术和经济上是有利的。

为有效科学地实施疏浚工程和缓解滩面泥沙的回淤，基建性疏浚工程实施以后对疏浚区域水底滩面的回淤状况及水流条件需要跟踪观测，为确定下一步维护疏浚工程实施方案提供依据。

维护期间采用其他简单有效的机械方法进行水下扰动，改善水流条件，以达到延长维护性疏浚工程实施的周期，减少疏浚工程量。由于疏浚土中含有微量污染物质，及时处理疏浚土是非常必要的。

由于沿岸高滩本是缓流区，或是岸线走向形成的回流区，再加上船行或波浪的横向推移作用使高滩沿岸形成了垃圾浮面，疏浚工程只能降低滩面的高程，但不能改变垃圾浮面的水流动力条件，不能彻底解决江面的垃圾污染问题，在基建维护性疏浚工程实施的同时，要考虑采取有效的环境卫生管理手段，比如在关键位置设置浮式拦污设施，定期清除，同时对岸边多余或废弃的码头设施进行调整或清除，以减少沿岸缓流、回流区的形成；施工阶段应加强港监、船舶的航行管理；严格控制江边垃圾的倾倒，及时清除水面垃圾等。专题研究延长黄浦江高滩形成的周期和清除水上垃圾的有效方法，保持黄浦江岸的美丽、清洁，符合可持续发展的基本国策。

黄浦江中的新隧道——吴淞沉管隧道

韩祝斋

为在2010年把上海基本建成国际经济、金融、贸易中心，自20世纪90年代开始，根据上海市城市总体规划，开展了上海市规划骨架道路网“三环十射”的建设。其中城市外环线工程是处于中心城区与郊区(县)结合部的一条快速道路，是“三环”道路中郊区环线和城市内环线之间的一条重要环线。城市外环线工程由浦西、浦东两部分道路工程组成，二次穿越黄浦江的越江工程使其形成一个整体环路，并把浦西、浦东紧密地联系在一起。其上游越江工程是位于浦西徐汇区龙吴路与浦东新区的三林塘之间的徐浦大桥，并已建成通车。下游越江工程是位于浦西宝山区吴淞镇与浦东新区三岔港之间的吴淞越江通道，目前正在开展工程的实施建设工作。

一、吴淞越江通道交通功能

城市环线是上海市规划道路网中又一条重要的环路，在整个城市道路交通中承担分流、集散交通的调节作用。具有完善城市交通路网和集散分流城市对外交通、减轻中心城区的交通压力，以及对中心城区发挥交通保护壳的功能。与此同时可促进中心城区内、外环线间的土地开发利用和疏解市中心城区的人口，并为浦东新建中的外高桥、五号沟港区的建设提供又一条进出浦西的通道。城市外环线的建设为整个上海市的经济快速发展，推动长江三角洲和整个长江流域地区经济的发展创造了条件。

黄浦江下游吴淞越江工程是城市外环线工程中连通浦西、浦东的重要组成部分。它又是一条避开浦西老城区、穿越黄浦江下游、通过城市外环线及规划建设的郊区环线高速公路为浦东新区提供直接与外省市沟通的便捷通道。

通过交通量预测分析，黄浦江两岸的日均双向越江车辆总流量2000年达到30万辆车次、2010年将达到65万辆车次、2020年将达到115万辆车次。吴淞越江通道在2010年的交通流量将达到9.6万辆车次，2020年交通流量将达到13万辆车次。据此，可以判断在黄浦江两岸最终规划建成的16处越江通道中，随着越江通道建成数量的逐年增加，吴淞越江通道承担的交通量占越江车辆总流量的比例由19%逐渐变化为10%以上，其承担车流量的绝对值在不断增加，因而在分流整个上海市的越江交通流量中具有举足轻重的地位。同时具有出现各种越江通道设施按越江车辆车种分类分流承担车辆通行措施的适应性，具备应对上海市机动车辆拥有量的不断上升和分流承担大量大型重载车辆通行增加的大量车流所需的通行能力。对郊区环线高速公路建成后出现的新增车流，以及规划中的崇明越江工程东线或西线的最终建设所产生的大量车流，

• 本文刊登在《上海投资》2001年第1期 第51 - 53页。

吴淞越江通道也能发挥和承担重要的分流作用。

二、吴淞越江隧道工程概况

建设作为上海市外环线组成部分的黄浦江越江工程之一的吴淞越江工程,可以采用在黄浦江下游建造桥梁的方案，也可以采用建造隧道的方案。但从黄浦江下游两岸水面宽阔、岸线宽度较大的现状，以及规划占用土地的合理性、船舶航行进出方便、确保车辆的全天候通行、相关工程实施的协调处理、交通的防空安全性能强等因素考虑，吴淞越江通道采用隧道方案。根据对城市外环线和规划建设的郊区环线高速公路汇流过江车流量的预测分析,吴淞越江隧道设计为双向8车道。隧道工程西端起自城市外环线同济路立交桥主线连接处，经宝山区吴淞镇吴淞邮电局、泰和路南侧，在宝山供电局大楼及长江口商城之间通过，从吴淞海滨公园下穿越黄浦江至浦东三岔港，全长2.88公里。鉴于越江隧道宽度大，采用盾构法掘进施工建造较难一次性实施完工，为能在较短的时限内建成隧道，又能确保工程质量，采用沉管法施工建造隧道较为合适。国内在广洲珠江和宁波甬江中的隧道都是采用沉管法施工建造的。吴淞越江隧道采用沉管隧道方案，其中江中沉管段0.724公里、暗埋段0.646公里。在浦西侧设降压变电所一座、雨水泵房1座、消防泵房1座，浦东侧设降压变电所2座、雨水泵房1座、消防泵房1座，另设江中排水泵房2座等。

沉管隧道设计过程中曾提出了多个沉管段横断面布置方案。经过多次的反复分析比较，从适应越江隧道承担外高桥、五号沟等港区交通运输进出车辆的不均衡性和可能出现的过江车辆潮汐式交通特征，并能根据车流量的变化及时增加或减少各方向通行车道数量的灵活性，以及为车辆行驶提供一个开阔的视野和提高车辆行驶能力，推荐采用3孔2管廊横断面布置方案。

隧道沉管段横断面布置采用3孔2管廊方案中，设计中孔廊为双向2车道、车道净空高度为5.5米、车道宽为3.75米，二个侧向边孔廊均为单向3车道车、车道净空高度为5米，3条车道分别由2条宽3.75米和1条宽3.5米的车道组成，隧道计算行车速度80km/h，隧道沉管管段埋深满足规划航道水深不小于-12.5米、航道宽度不小于350米的要求，并确保两岸防汛墙满足防洪设计技术标准。按上海市抗震技术标准规定的抗震烈度设防，对隧道和其他工程采用不同的重要性系数，工程建设总投资约20亿元。

三、沉管隧道走向和江中设置

根据上海市城市总体规划，外环线主线走泰和路，隧道的西端起始点在外环线同济路立交主线。浦西越江点选址受到泰和路北侧的上钢五厂、吴淞邮电局、吴淞中学、上海市供电局大楼、500KV高压走廊及铁塔、国际客运中心码头、吴淞自来水厂取水口，南侧警备部队宿舍、长江口商城及设备用房等建筑设施的制约。为确保北侧建筑基本不受影响及满足500KV高压走廊及铁塔要求的间隔距离，浦西岸边段隧道轴线偏向南侧。在与同济路立交主线接坡隧道引导段内设置同济路地面道路车辆进出的加速段及减速段，隧道在东方疏浚公司码头处通过进入黄浦江至浦东处于凌桥建筑材料厂与上海港职工疗养院之间的三岔港登岸，与城市外环线浦东段衔接。

上海港黄浦江港界内，浦江两岸有各类用途的码头泊位1041个，岸线长度64.8公里。隧址上游码头泊位1036个，其中万吨级以上泊位58个、岸线长度64.4公里。隧址下游码头泊位5个，岸线长度384米，全部位于浦西岸线。而隧址上游至杨浦大桥岸线为深水泊位，是大型船厂、集装箱码头、外贸货物吞吐码头集中区。

越江隧道隧址距吴淞口约2公里，由于黄浦江上游水受到长江南支、南港和蕴藻浜水势的综合影响，在工程轴线上游已形成一个最深处22.2米、面积为10800平方米的深潭。根据1986年、1993年、1995年、1998年的侧图比较，蕴藻浜下游河段(越江工程处)的0米、5米等深线变化甚微，主要变化在10米等深线和深槽。处于浦东侧的10米等深线1986年至1993年朝浦东方向扩展了约200米，1993年后相对稳定。落潮形成的15米等深线，1993年至1995年向下游延伸了约230米，1995年至1998年又回缩了约110米。1994年在工程轴线上游形成的深潭，最深处达20.9米、面积为3000平方米，1995年最深处达21.4米、面积为4500平方米、1998年最深处达21.9米、面积为1994年的3.6倍，深潭主要向上、下游及浦东侧扩展。据此初步判断，自1995年后，断面面积、平均水深除深潭处有所增加外，其余断面已处于相对稳定的状态，深潭的冲刷、下切已趋平缓，再变化的幅度不会太大。由于深潭的变化与稳定直接关系到沉管隧道的运行安全，对深潭变化已进行了动床模拟试验。

隧道穿越黄浦江的平曲线，可以采用直线隧道和曲线隧道二种线型，线型的选取取决于江中地质等因素。针对江中工程轴线上游形成中有深潭这一现状，如要求隧道避开深潭只能采用曲线隧道方案，曾拟定了四个越江隧道的走向方案。其中一个方案远远避开深潭最深部分，其余三个方案都有部分管线落在深潭中。从平面线路顺直、与上海市外环线的线路规划设计参数基本接近、对车辆通行便利和行车安全有利、满足线路周边各种制约条件、线路长度较短又能不设超高保证行车速度等方面综合考虑，采用由曲线半径为1200米和10000米二个曲线构成的线型，该线型走向沉管段落在深潭18米至20米等深线内。

隧道纵剖面的设计直接关系到隧道长度、实施难易程度、与城市外环线道路的顺畅连接、坡度大小、对河势演变的影响、工程投资的大小等工程技术参数、工程性能和通航条件。参考香港地区跨港公路沉管隧道，通过对工程轴线河床和深潭的定性分析、定床潮流物理模型试验、二维和三维潮流数学模型研究，以及对国外沉管隧道埋深的分析，曾对提出过的五个纵剖面线路设计方案进行了比选。结合有利于缩短隧道长度、节省工程投资、减少车辆爬坡、节省能耗考虑，对沉管途径深潭区域的管段采用高出河床敷设的方法，最低点处管段顶标高 −17.59 米、管段露出河床3.61米，在管段顶上回填覆盖层与原河床接顺。

四、关键问题的分析

采用沉管段操作时，在深潭区域高出河床敷设对河势的影响，沉管段长度、分节数和节管长度的确定，以及施工期间的通航管理等都是沉管隧道建造中的关键问题。

该隧道位于黄浦江口北港咀湾道处，隧址浦西处为凹岸深槽中，浦东处为凸岸浅滩区。对深潭部位的管段采用高出河床敷设的方法，回填1.5米的覆盖层与原河床接顺后，恰如在深潭中局部区域增加了一个截头锤体。经对深潭部位的挖槽、沉埋、覆盖等工况的模拟试验表明，对工程区域的流速没有影响。浦西侧码头前沿流速略有增加，这对减少码头前沿的泥沙淤积有利。浦东侧浅滩区流速增加可使区域内水深加大，扩大了−20米的等深线范围，对船舶航行有利。江中挖槽、开设辅助航道的施工对减小水流的平均流速的量很小，由于施工时间短，因而影响不大。在沉管顶部形成覆盖层后，对水位、流向的影响很小，在工程轴线附近流速增加，离开沉管区域流速变化很小，通过在沉管顶部采取抛石等覆盖措施，使涨落急流速的增加不影响沉管的安全。

在工程轴线方面，根据浦西规划驳岸线与浦东规划线、新建临时大堤、规划驳岸线、老大堤之间的距离，结合管段制作、管段托运和沉放、接头费用、河道通航条件、沉放设备、航运情况、施工条件、河床形态、剖面的线型拟合、轴向受力情况、工程经济性及工期等因素的综合分析研究确定沉管段长度、分节数和由节管长度。拟定沉管长度为724米，由节管长度为100米、−109米和7节节管组成。沉管外经宽4300mm，高9550mm。

沉管隧道施工中的基槽浚挖、管段出坞托运、系泊、沉放、连接、基础处理、回填覆盖等一系列工序的实施，对航运必然产生一定的影响。为确保施工期间的船舶安全航行，通过由项目公司、有关部门和江中施工单位共同组成水上安全管理指挥部，负责统一指挥江中施工、船舶调度和航道通航安全，使江中施工正常有序、安全、高质、快速地进行。

管段连接、干坞选址及其布置、管制制作、管段起浮、管段拖运和沉放、最终接头设计与施工、基槽基础处理、施工监测技术、沉管隧道抗震设防、沉管施工环境保护、岸壁保护等问题的研究和解决也是确保工程建设质量和进度的重要问题。

树立全局观念，多谋敢言慎断，为上海市政建设当好参谋

陈　立　周鹤群

2005年是上海投资咨询公司(以下简称上咨公司)努力适应国家宏观调空和投资体制改革的新形势，不断提升咨询质量、大力开拓业务市场、深化体制机制改革的不平凡的一年。该公司承担了上百项大型市政工程项目的评估论证工作，包括：高速公路、市政道路、越江工程、轨道交通以及其他基础设施等。该公司秉承“多谋、敢言、慎断”的宗旨，站在全局宏观的角度，牢固树立“局部服从全局，项目建设服从全市整体规划”的理念，大胆果敢地否定了一批建设条件不完备、与城市交通规划和宏观环境建设不相符的项目；同时对一些重大项目在技术标准选用、建设规模确定以及工程建设方案等方面提出了重大调整意见，不但保证了项目的经济效益，而且提高了社会效益和环境效益，更加体现了科学发展观的指导思想。

一、对选址不符合全市或区域战略规划的项目，评估予以否定

一些项目的选址，从其本身的建设需要无可厚非，但如果影响全市或区域的战略规划，则应进行调整。如：《长兴岛生活垃圾综合处理厂一期工程》项目，其建设目的主要是服务于长兴、横沙两岛。项目原选址于长兴岛北侧的圆沙镇规划合作路北端永丰圩以北的滩涂。该处直面长江口南支北港，距上游同侧规划青草沙水源地不到10公里。公司评估认为，青草沙已经被确定为上海宝贵的优质水源地，是上海城市供水的战略储备源，投资约150亿元人民币的青草沙水源工程建设将在“十一五”期间启动，由于北港属潮汐流，在此地建设生活垃圾综合处理厂，涨落潮时存在对水库区域造成污染的隐患。该项目在没有进行多方案厂址比选的情况下，直接确定在距青草沙水源地规划不到10公里处新建生活垃圾综合处理厂的方案不妥，存在很大的环境风险。为此，评估明确否定该项目的选址方案，建议另择新址进行比选。

二、对仅解决局部交通矛盾，忽视对全市或区域整体交通影响的项目，评估予以整体或部分否定

在道路新建或改建工程中，有些项目的提出是因现状条件或近远期不适应需求而引起。但是，如果工程仅着眼于缓解或满足局部的交通服务功能显然不够，尤其当这类工程对全市或区域的交通产生不利影响时，评估予以否定。

• 本文刊登在《中国工程咨询》2006年第7期 第5-7页。

如浦东机场高速公路是连接浦东国际机场和浙江申嘉杭高速公路的一条快速通道，上海境内全长83公里，全线设11个互通立交。在对设置浦星公路立交的必要性进行论证时，上咨公司对与之相关的路网和重要节点进行了全面的调研，了解到相关路网和重要节点的交通流量已经十分饱和。卢浦大桥在2005年1季度实际平均交通流量为94500辆／日(混和车)，高峰小时交通流量为7200辆(混和车)，已经超过2010年的预测流量。同时，随着浦江镇的开发建设，浦星公路的交通流量将有更大增长。从路网结构看，浦星公路通过卢浦大桥直接连接市中心区域，若浦东机场高速公路设置浦星公路立交，不仅进一步增大卢浦大桥的交通压力，而且将对市区中心交通产生较大冲击。评估认为，浦星公路立交的设置虽然有助于浦东机场高速公路交通功能的进一步发挥，也可为浦江镇内外交通提供一定便利，但由此对城市综合交通造成的不利影响更大。因此，评估对该立交工程的设置提出了否定的意见，并建议将立交调整至林海公路。

又如，《A20公路增设金昌路匝道工程》是为解决西北物流园区和普陀区桃浦镇地区对外交通困难而提出建设的，设想通过建设匝道连接外环线，使地区对外交通更畅通。但经评估分析研究后，上咨公司感到仅单独依靠加强与外环线的交通联系并不能从根本上解决该地区的对外交通问题，反而将给处于超饱和状态的外环线主线西部交通增加新的负荷，从全局考虑是非常不恰当的。因而，评估提出，要从根本上解决该地区对外交通的出路问题，应着眼于对区域范围内现有道路的梳理并进一步优化，同时加快实施相关规划道路建设，在区域路网上找出路，切忌将交通矛盾简单处理，应充分考虑外环线交通承载能力，结合工程及交通管理措施，尽力减少对城市总体交通的影响，上咨公司建议现阶段该匝道工程不宜建设。

三、对不符合技术标准或与客观实际不相统一的项目，评估提出重要调整意见

在桥梁及轨道交通工程建设项目中，选用合理可行的技术标准，对桥型选择、工程量、动拆迁量、建设投资以及节能与环保具有至关重要的意义。

《沪闵路越江工程(闵浦二桥)》的工程可行性研究方案根据港务主管部门和有关通用规范的要求，即主通航孔按双向3000吨船舶通行要求，通航净宽采用215米标准。上咨公司经过对该工程桥位处的实际情况以及有关通航净空尺度技术研究资料的综合分析后提出：该工程下游距已建成的奉浦大桥仅1.7公里，而奉浦大桥的通航净宽105米；工程桥位距上游港航分界处仅5.4公里。依据2004现场观测统计资料，通过规划桥址处的船舶绝大部分在500吨级以下，每昼夜1000吨－3000吨级船舶仅占总艘次的1.8%，其中3000吨船舶通航量仅有3-4艘次，该处3000吨级船舶的通行量很小，没有双向通航的需求。据此，评估提出在加强与港务管理部门沟通协调并取得认可的前提下，为改善原标准对桥梁设计的制约，降低工程投资，应研究将通航净宽调整为105米。

在《浦东机场高速公路闵浦越江工程(闵浦一桥)可行性研究报告》的评估中，上咨公司对该工程桥位处的通航状况及需求经过细致调查以后发现，该工程上游码头中对通航净空高度要求较高的仅两家单位，一家是上海长江轮船公司闵南船厂，但该厂码头处于5000吨级航道，闵浦越江段可不考虑该厂大型船只空载进出的需求；另一家是中英海底系统有限公司，该公司常

年有电缆施工船进出，其代表船型(日本海联号)水线以上高度为36.5米。上咨公司认为，项目建设既要保证现有船只的通行安全，又要尽力降低通航净空高度，以提高经济与社会效益。建议该工程越江段水线以上净空高度按36.5米+2米(安全富裕高度)+0.5米(今后五十年水面平均上升值)，即39.0米，考虑将该工程可行性研究报告提出41米的通航净空高度降低2米，按照39米通航净空高度标准进行桥梁设计。这样不仅节约了大量的建设投资，而且使引桥可以在龙吴路交叉口之前落地，提高了桥梁的使用功能。

在《高速磁浮沪杭线(上海机场段)工程方案》的前期论证咨询过程中，针对《方案》提出的“因磁浮线路大部穿越建成区域，为避免磁浮列车高速运行所产生噪声对环境的影响，需按环保部门要求及标准控制建筑物拆迁距离”这一问题，上咨公司经过细致分析研究后认为，列车行驶将受“到站、转弯、线路路况”等诸多因素的制约，整条线路是不可能全部按最高设计车速200公里／小时实现的，因此建议噪声控制距离宜根据具体不同车速路段分段掌握；同时减轻噪声对环境的影响也并非只有消极控制建筑物退让距离一条路可走，应注重加强技术上的优化改进措施。评估要求设计单位继续研究优化技术措施，配合环保部门进一步确定线路噪声控制距离，合理确定建筑拆迁范围，从而在满足符合相关噪声控制规范的前提下，尽可能减少动拆迁工程量，降低工程投资，提高社会及经济效益。

四、对与城市总体道路规划不相符的建设项目，评估提出重大调整意见

上海市城市规划管理部门已制定了相关道路发展规划，明确了道路性质、等级等相关要素，但一些项目，尤其是地区性道路建设项目存在道路技术标准与规划不相符合的情况，评估予以纠正并提出重大调整建议。

如《剑川路工程项目(补充报告)》的评估，该项目由于浦东机场高速公路闵行段线位调整后，剑川路不再成为其组成部分，其主要功能也调整为闵行区内一条贯穿东西向的地方性道路，由此该项目原“工可”按一级公路建设的前提发生改变，相应的主要技术方案必须进行调整。评估认为，该项目需征得规划部门调整批复后，重新开展项目可行性研究工作，原“工可”方案不可行。

又如《蒙山路下穿铁路立交扩建工程》的评估，蒙山路是一条地方性道路，也是远期上海城市规划中的一条城市次干道，“工可”提出为充分利用原有道路条件，近期改建工程仅对非机动车道实施辟建。评估认为该设想虽然可以节约投资，缩短建设工期，但改建后的道路条件不符合城市次干路的技术标准，是一项不达标的工程，而且远期二次改建所付的代价很大。根据现有城市路网规范相关要求，该工程的原改建方案不可行。

五、对因建设时机不成熟或与相关工程建设时序不协调的项目，应充分考虑避免成为废弃工程

路网工程是一个系统工程，此类项目涉及工程量大、建设周期长，具有多个单项及相关工

程组合的特点。对相关工程建设规划及建设时序考虑得不周密、不全面的项目应明确不予建设或暂缓建设，以避免成为废弃工程和投资浪费。

《宝杨路拓宽工程跨线铁路（北杨支线）立交调整方案》是宝杨路主线跨铁路北杨支线的立交工程，其建设目的是部分封闭与铁路的平交道口，用立交形式解决部分路面转向交通。评估经充分调查研究后认为，该工程的建设虽然可解一时的燃眉之急，但作为该节点综合立体交通工程的组成部分，在对该区域经济和交通发展规划尚未充分了解、铁路北杨支线（规划浦东铁路二期组成部分）线位及通行标准尚在研究中的情况下先行建设，很可能在建成后不久就会变成废弃工程和重复投资，上咨公司明确提出现阶段实施该项目不可行的结论，同时提出该节点交通问题分近、远期实施：近期首先确保宝杨路跨铁路(北杨支线)工程主线贯通并保证铁路行车安全；远期根据规划与技术标准的具体情况，依据流量预测的研究结果，再对立交的形式、规模和匝道布置重新论证后予以实施。

南芦、南六公路立交工程是为了解决两条公路交叉口交通拥堵而计划实施的。评估认为，该交叉口拥堵的原因是由于周边道路尚处建设阶段未能投入使用，而地区经济迅速发展所引起的大量车流汇集至两条公路所致。随着南汇区规划公路网建设的推进，该地区在“十一五”期间将有多条与南芦、南六公路平行及相关道路建成交付使用，届时该节点交通状况将会得到很大改善。因此，邻近相关工程的建设对该立交工程建设的必要性起到了决定性作用，评估建议可以通过对现状路网的梳理分析，对交叉口平面交通组织进一步优化设计，充分挖潜以解决暂时的交通拥堵矛盾，而该立交工程可不予建设。

六、对工程实施后效果不明显、交通改善不到位的项目，评估提出暂缓建设或调整意见

市政道路工程建设周期长、社会影响广、建设投资大，如果经咨询评估，工程实施后并不能达到预期效果或没有解决关键问题，则不应实施。

《A20公路同济路立交西向北匝道工程》是为解决A20公路由西向北转入同济路高架桥的交通增设匝道工程。同济路立交是上海市北部地区重要的交通枢纽，牵涉到地面、高架、越黄浦江、跨蕴藻浜等多方向多形式的交通需求，现状交通十分拥堵。而要彻底解决该节点交通问题，需进行综合全面的规划，立交完善工程应由立交改建、周边道路扩建、调整路网交通组织等组成。从现状交通量分析来看，A20公路同济路立交西向北交通流量及交通矛盾并非最为突出，工程实施后，对整个节点交通状况的改善效果也不十分明显。况且在整个交通枢纽改建方案尚未确定之前，单独实施西向北匝道，反而会对目前立交规模已相当大、空间资源相当匮乏的枢纽地带造成城市景观及交通安全的不利影响，甚至可能制约远期总体改建方案的实施。该工程建成后的实际效果不明显，对综合解决近远期交通措施不利，上咨公司提出了该项目缓建的评估结论。

而《延安西路江苏路交叉口改建工程》是为解决延安西路、江苏路交叉口交通拥堵状况，提高该交叉口服务水平，改善江苏路交通条件，确保干线路网畅通。由于受客观条件的限制，

工程可行性研究报告提出了江苏路下穿延安西路的地下双向 2 车道方案。评估分析认为，该方案不能满足相应服务水平的需要，工程实施后对交通改善作用有限，并可能造成新的交通瓶颈，建设意义不大。上咨公司认为，要真正提高该交叉口的通行能力，应重点研究双向 4 车道方案实施的可行性，因此必须对“工可”进行调整。

450吨钢筋是如何省下来的？

陈　海　　顾孙平

上海市普陀区一项重点工程，总建筑面积74507平方米，基础底板长约108米，宽约64米，厚为1.9米，其东端为24层商办综合楼，西端为21、24层两幢住宅楼，中间为6层裙房，地下室2层。基底埋深8.2米，综合楼、住宅楼下为直径800，长48.5米钻孔灌注桩，裙房下为直径600，长29米钻孔灌注桩，共计516根。底板由两条后浇带分成三块，综合楼一块、住宅楼一块和裙房一块。设计要求后浇带在土建结构封顶沉降趋于稳定后浇注，后浇带作为施工缝处理。

上咨建设监理公司现场监理组在接到施工图纸后，经估算，发现底板的配筋不尽合理，配筋量折算为525kg/m²，与类似结构相比约高出近一倍。监理人员带着疑问到设计单位查阅有关计算结果，了解到设计配筋计算的一些指导思想不尽合理，如：后浇带作为临时沉降缝，仅作为底板设计中的安全储备；底板计算出的内力，取其峰值的50%作为配筋依据等等。

为此，我们首先与设计单位探讨了底板可否按后浇带设计为三块，按永久性沉降缝考虑，这样底板的配筋量可以大大降低，而且裙房底板的厚度也可以减下来。但设计者认为，设置永久性沉降缝，将给地下室止水、建筑、结构设计带来很多问题，且业主也要求采用整块式底板。随后，监理公司再次召开有关专业技术人员会议，大家认为业主的意愿应当尊重，整块式底板形式不作改变。会议重点对整块底板配筋的经济合理性进行了分析，认为在设计问题上仍有以下几个可优化之处：

1. 从采用的钢筋来看，以使用Φ28为好。因此按规范规定Φ32的钢筋比Φ28的钢筋其允许应力降低了5.9%。

2. 设计认为后浇带调整的先期沉降差不予考虑，全部作为安全储备。但在设计时已按正常设计考虑了安全系数，这样的安全储备过于保守。

3. 由于底板总长约为108米，厚度仅为1.9米，设计认为底板的刚度相对较小，在定性分析上利用定量增加钢筋来增加底板的刚度，这是不合理的或不够科学的，如果确定存在问题则适应增加底板厚度。

4. 在6238平方米这样一块大底板中，各个区域的荷载和弯矩大不相同，底板厚度如果必须一致，其配筋的划分区域还可细分，在内力和弯矩较小处可减少配筋。

• 本文刊登在《建设管理》1996年第6期 第32页。

根据以上情况，监理公司会同业主与设计单位多次讨论底板配筋问题，在业主的积极推动下，设计单位副院长、总工程师亲自对设计计算进行了研究和复核。很快对底板钢筋的配筋进行了修改。将底板底层局部配筋四层Φ 32@ 120加二层Φ 32@160改为六层Φ 32@180。经计算节约钢筋450吨，与原配筋量相比底板部分的钢筋用量减少了27.27%。与整个底板钢筋用量相比减少了14.12%。

按成型钢筋加上费率价格为4500元／吨计算，则节约费用202万元，为业主节省了投资，缩短了工期并方便了施工，加快了工程进度。

大型工业项目建设的监理实践

王　蓬

笔者有幸参加了上海市某重大工程工业项目的建设监理工作。该项目位于市郊的工业园区，占地15万余平方米，建筑面积约6.6万平方米，属市区三废治理易地生产项目。该项目是建设一座现代化的工业加工厂区，设计起点高，结构类型多样，有砖混、钢筋混凝土框架、预应力钢筋混凝土框架、单层单跨、单层多跨轻钢等结构形式，此外厂区内还有1座60米高的钢筋混凝土烟囱，1座25米高200立方米储水量水塔，1个由20余个构筑物组成的污水处理站，以及厂区道路与管网总成。

1　工程项目特点

工程占地面积大，单位工程多，项目单位功能性强，结构类型丰富，要求特殊，工期紧。

土建单位结构种类多，比较分散。设备基础复杂，施工投入相对较高；安装工程量大，有大量的通用、专业设备的安装与调试，还有区域内管网的调试和整个系统试生产调试，是一个专业要求高、较复杂的项目。

2　监理工作实践

2.1　明确岗位，落实职责

针对该项目的特征，公司组成了一支十余人的监理组，实行总监负责管理，按土建与安装分成二个大组，分别由二位副总监负责。

土建、安装组又依据专业特点，对其内专业监理工程师岗位进行了安排：

土建一组：钢结构工程；
土建二组：钢筋混凝土工程；
土建三组：厂区总体、道路、围墙及测量。
安装一组：厂区能源供应设备、通用设备的安装；
安装二组：水、电、管线网路的安装。

监理组还对十余个单位工程中的分部分项工程，落实了各监理工程师的岗位职责。同时依

• 本文刊登在《火电施工》2001年第5期 第12 - 14页。

据公司贯标工作要求安排了二名监理工程师负责内业资料工作。

内部管理机制的建立，落实了监理工程师的岗位职责，是搞好项目监理工作的基础和保障。

2.2 加强协调，掌握主动

监理组建立了协调工作制，明确协调工作层次，要求在工作中，各自加强与业主和工地参建各单位间的沟通与协调。及时了解各方信息，并组织各种形式的专门讨论，遇到问题能迅速做出应答，使监理工作能始终保持主动，做到预控预测与过程控制相结合，掌握了对工程实施监督管理的主动权。

与业主及参建单位的协调，还可以创造良好的工作氛围，尤其是面对大型工业项目专业化要求高的特点，可以优势互补，提高工作效率。

2.3 不断学习，不断提高

工程建设过程中，监理组始终将学习放在重要的位置。学习内容主要有：国家强制性执行规范与标准；与监理业务相关的标准、规程、规定等安全知识、法规的学习；监理工作的交流学习；通过制度性的学习，提高了监理的理论水平和监理素质。同时，亦将我们学习的内容，不断地向业主和参建单位进行宣传，以得到他们对监理工作的理解和支持。

2.4 定期检查，狠抓落实

工地每周召开工程例会，监理主持召开每周的质量工作会议。

工程例会主要强调计划的落实和实施要求、方案。注重宏观控制管理，确保总目标的实现。会风泼辣，问题说透，目标明确，职责到人，不留尾巴。

质量工作会议则是针对一周质量检查工作中所发现的问题，提请施工单位注意，研究解决措施，落实解决问题的具体时间和责任人；质量会议亦常常进行技术方案、技术措施监理细则的探讨和交底。质量会议保证了质量要求的贯彻，完善了质量保证体系，是质量目标不断细化、不断明确的过程，成了多单位项目监理工作的一个重要环节。

2.5 突出重点，抓住环节

由于项目单位工程多，单位工程阶段性核验工作十分繁重。众多桩基础的单位工程，仅一个单位工程的基础分部核验就达二～四次(占地面积大的区域，桩、基础各分二次核验)；污水处理站单位工程，各种构筑物就有20余个，常常一周核验二、三次，每次核验一至四个项目不等，按每单位工程近十个分部划分，粗略统计，核验项目百余个。

阶段性分部或重要分项的核验，又直接影响施工进度，所以核验工作在某阶段内十分繁重，核验工作亦是对施工质量、内业资料和监理工作的考核。

监理组首先拜访了县质量站，了解了政府监督部门对核验工作的具体要求，适时地提出组成核验工作小组，监理委派专人，全力配合核验小组的工作。

监理组根据核验计划的安排，在核验前，组织力量对工程实体进行仔细检查，对检查中发现的问题，要求施工单位组织力量予以及时整改。在监理评估报告编写过程中，对监理日记、监理备忘录和监理通知单的内容进行检查；对提出过的问题要求进行封闭。同时依据项目负责监理工程师的实测数据，客观地对工程质量等级进行评价；在内业资料检查过程中，我们要求全部到位，全部合格。资料以核验为阶段，核验一段，完善一段，减少了后补资料和资料不完整对后续核验和竣工资料的编制造成不便，使整个项目的资料能系统、完整和有序，给后续工作带来了很大的便利。

2.6 既重经验，更重数据

现场管理，需要丰富的实践经验，同时又必须以理服人，一切按程序办事，一切用数据说话。

我们的业主阵容庞大，均是十分熟悉生产工艺的行家，他们工作深入，注重细节，钻研勤奋，敬业爱厂，他们的工作既使我们感动，又使我们感到压力。

监理组认识到，在不断提高监理工作水平的同时，必须要求监理人员勤下工地，尽管点多面广，但仍要面面俱到，不能顾此失彼。另一方面，要改变“监工”式的监理方式，在处理问题时，抓住管理环节，从管理的角度去控制，用规范来衡量，以实测数据来说明，由点及面，力求事半功倍。

3 一些体会

3.1 计划目标

工业项目单体众多，单体间建筑面积、难易程度存在着很大的差异，而且土建与安装工程穿插进行，计划安排显得十分重要。它不仅涉及单体工程开工的先后，更主要涉及各单位工程施工资源的合理安排与调配。

工业项目进度计划应是一个周密、细致且便于操作的网络计划。各单位工程亦应按总体网络编制其独立的网络计划。通过网络计划，把握关键线路，关注非关键节点的穿插与衔接，合理配置资源，它将对项目在管理和效益上带来很大的收益。

管理总承包与施工总承包在计划安排上，应该也必须发挥更多、更大的作用。

3.2 质量管理

工业项目参建单位众多，类似“大会战”。分包单位施工质量水平参差不齐，工地上一些不良施工习惯，若不及时予以制止，就会蔓延发展，成为“大混战”。许多不规范的操作行为，需要制定有力的措施，予以杜绝。

监理人员应具备丰富的现场施工管理经验，不仅要善于发现问题，更要有解决问题的能力和手段。监理人员应加强相互间的交流，不断丰富监理工作的方法，以达到对工程质量控制的目的。

3.3 投资控制

由于本工程投资主体的特殊性，项目投资的监理工作由业主委托专业投资监管单位出任。

在我们进驻现场后，即向业主与投资监理协调，要求在每月施工单位向业主申报工程费用时，我们将对施工的形象进度与施工质量填写监理意见，得到了业主和投资监理的支持，使我们在对现象的管理中，增加了管理力度和丰富了管理手段。

3.4 沟通协调

业主、施工、监理各自看问题的角度不同，认识问题亦存有差异，尤其是在单位工程众多的项目管理上，协调、沟通是重要和不可或缺的。

监理工作必须得到业主的理解与支持。监理人员应不断地宣传监理工作的内容和工作方式，同时亦应以自己的实际作为来赢得理解和尊重。

3.5 监理资料

工业项目监理工作，由于单位工程众多，且规模功能构成不同，其建设过程中资料的形成存有差异，整个体系庞大，复杂。监理单位在工程实施过程中，应注意区分各单位工程所处的阶段，把握节点，以点带面，以部分工程为节点，核验一段，完善一段，做好项目单体的分解与合成工作，以达到监理资料的完善。

3.6 完满服务

监理单位应重视工业项目建设的监理工作，加大对项目人员和资源配置的投入，关心支持监理组开展工作，成为监理工作的后盾。

工业项目建设的监理工作，点多面宽，相对复杂程度高，无论从体力和智力上，相对支出较大，应充分调动监理人员的积极性。

监理组本身亦存在着优化组合、合理分配调整的问题。由于工作繁重，严肃、认真和积极主动的工作，是做好监理工作的基本要素。监理应具备较高的道德水准和管理水平；监理要努力学习，提高认知能力；监理要勇于工作，有较强的应变能力；监理要善于沟通，协调，尊重别人，以德感人。

工业项目建设监理工作，亦使一批监理人员得到培养、提高和经验积累，有助于监理公司的发展和壮大。

由某工程案例引发的思考

王　蓬

我公司数年前受某房产公司委托，对其开发的市区一颇具规模的房产项目建设进行监理。一年多以后，该房产公司“因资金筹措发生困难”而破产。项目已完成约万余平方米基础桩基、深基坑围护及开挖等工作。该项目由某建筑公司(称之为甲公司)总承包，为此蒙受了巨大的经济损失(后因其他公司接盘，该公司仍为施工总承包单位)，当时该项目的桩基及围护工程是由甲公司委托另一家单位(称之为乙公司)完成的。

整个工程运行中，甲公司欠乙公司工程款230余万元，乙公司在向甲公司多次催讨未果的情况下向法院起诉，要求甲公司向乙公司支付拖欠工程款。

甲公司与乙公司签定工程分包合同时，曾写明完成项目工程桩516根，工期80天；同时双方约定，若乙方提前完成，甲向乙方支付提前奖每天3万元；若工期拖延，乙方将向甲方支付罚款每天3万元。

甲单位在答辩中称，依据与乙公司的施工合同及其制定的施工组织设计，依据当时的现场具体情况，监理单位对施工过程的详细记录，该项目从第一根工程桩打入至最后一根工程桩完成，历时182天，施工延期102天，扣除自然因素、停水、停电等影响，实际工期延期83天，按合同乙公司每延期一天罚款3万元计，乙公司还应向甲公司缴罚款240余万元。

针对甲的答辩，乙公司提出在工程桩施工后，又增加了围护工程的工作量(合同另定)，施工过程中遇停水、停电、地下障碍物，设计变更等情况，称“甲公司的要求是无理的赖账行为”。双方各执一词，官司从区法院上诉至市中院，后又至区法院重审，各自均耗费了大量的精力和财力。

笔者在这例案例中，发现这样一个问题，尽管在当时施工期间，监理单位通过口头和书面(会议纪要，汇报)等形式，告知工期拖延，甲公司亦向乙公司书面催过工期，但乙公司在此施工期内从未以书面方式说明过其因工程量增加、设计变更或其他因素而不能按80天工期完成任务，显然，乙公司在此问题上存在着失误。

我们知道，对工程进度管理的主要依据是：

1. 工程施工承包合同；
2. 工程施工组织设计或施工方案；
3. 其他有关进度的有效签证。

• 本文刊登在《中国采购与招标工程建设与施工》2001年第26期 第23页。

对工期进行核定的主要依据是:

1. 施工文件资料中对进度情况的详细记录和描述;
2. 工程实施过程，对进度有影响的有效签证;
3. 施工合同对工期的承诺及对工期提前或延误的有关说明;
4. 竣工报告及验收证明;
5. 其他有关进度的文件、资料等。

对于一个有经验的承包商，其在工程承诺中，必然会考虑工程进展中诸多不确定因素，承诺工期 = 实际工期 + 风险余量，这是一般工程承包商应具备的常识。

任何一个较大的工程，在其运行过程中出现补充、调整、变更，都属正常现象，为此监理的进度控制程序图中就明确有“实际过程分阶段提交详细计划和变更计划”一项;上海市监理实施细则(沪建建管(95)第200号)中，亦有监A—04表《工程进度计划(调整计划)报审表》和监A—11表《延长工期报审表》，因变更或其他原因不能实现其承诺目标时，完全可以通过正当手续提出延期要求。

整个施工过程中，尽管监理组及甲公司对乙公司延误工期屡有提醒，但乙公司似乎早已忘记了其合同承诺，从未向监理组或甲公司提出过任何书面的合同不能如约的要求，试想，倘若当时乙公司能将这些情况和要求以书面形式报告，今日的官司恐怕就用不着耗费如此多的精力、时间和财力了。

本文仅欲通过此案例，提醒我们的签约单位，合同的承诺一定要慎之又慎；合同的履行过程中，亦应经常想想自己的承诺。在我们工作的环境中，重资质，轻信誉；重签约，轻承诺的现象也十分普遍，甚至已形成一种习惯或惯例，这样的案例难道对其没有警示作用吗?

上海重大项目后评估方式

姚 捷

上海市的重大项目建设多年来成绩斐然，建成了一大批符合现代国际大都市形象、实现经济可持续发展、提高人民群众生活质量的重要工程，为上海经济持续增长和城市发展提供了强劲的动力。但上海市重大项目一直存在着“立项难、交账易”的现象，对项目的后评估工作比较忽视。

国际上有关评估与后评估的许多经验值得学习和借鉴。世界银行的项目后评估工作20多年的实践已形成一套相对固定的工作程序：大致分五点，一是自我评价(项目的执行情况报告)，由世行的项目贷款局完成，世行规定所有贷款项目都要做项目执行报告；二是对项目执行情况报告评审，由世行的后评价局完成；三是世行后评价局在审计的基础上选择40%的项目做执行情况评价；四是世行后评价局每年选择10%～15%的项目做影响评价工作；五是项目后评价成果的反馈，即任何应用后评价结果，借鉴世行贷款工作经验，改进世行项目贷款工作。

后评估的内容

上海市重大项目后评估范围包括从决策到生产运营(使用)的全过程评估。具体包括目标评估、决策评估、勘察设计评估、建设实施评估、效益评估、发展前景评估、可持续性评估等。

建设项目的目标评估：主要评估项目确定的目标是否按计划要求实现；有无变化及其原因等。

建设项目的决策评估：主要评估决策的正确性、决策依据的可靠性、决策过程的科学性等。

勘察设计的评估：主要评估勘察设计工作的程序和依据；总体设计的指导思想和设计方案的优化情况，以及设计的科学性、技术上的先进性和可行性、经济上的合理性；概算编制的准确性等。

项目建设实施的评估：评估项目投资的控制情况，项目的资金落实、到位和使用情况；评估设备采购及技术引进是否先进可靠，是否进行合理比选，是否按规定进行采购，技术、设备使用效果及使用效率如何，设备、材料采购质量及对工程的影响；评估施工组织、工程进度与质量，以及招标投标等情况。

项目效益评估：主要评估项目设计所确定的技术经济指标的实现程度。根据项目特点，可

• 本文刊登在《上海经济》2005年第3期 第34－36页。

采用财务评价、国民经济评价、社会效益评价、环境影响评价等手段，综合分析、评价建设项目的盈利能力、投资清偿能力、相关产业带动的间接经济效益、项目的社会效益是否达到预期效益、项目对区域环境的影响是否在预期可控的范围内等投资效果。

项目发展的前景评估：根据项目的现状，找出项目实施中存在的问题，提出改进措施，对项目的下一步工作提出建议。

项目可持续性评估：项目的建设资金投入完成后，项目的既定目标是否还能继续，项目是否可以持续地发展下去。对各阶段咨询评估单位评估意见的采纳情况：主要评估在项目建议书和可行性研究报告阶段咨询单位提出的评估意见，各部门、单位的采纳、执行情况。

后评估方式

上海市重大项目后评估采用的基本方法是对比法，即宏观分析和微观分析相结合、定量分析和定性分析相结合的对比，主要包括有无对比法、逻辑框架法、综合评价法等。

1. 有无对比法

在一般情况下，投资活动的“前后对比”是指将项目实施之前与项目完成之后的情况进行不同时点间的对比，以确定项目效益的一种方法。在后评估中则是用来将项目前期的可行性研究和评估的预测结论与项目的实际运行结果相比较，发现变化和分析原因的一种对比方法。这种“前后对比”能够揭示计划、决策和实施的质量。

“有无对比”与“前后对比”不同，是在后评估同一时点上，将项目实际发生的情况进行对比，以度量项目的真实效益、影响和作用。对比的重点是分清项目作用的影响与项目以外作用的影响。这里的“有”和“无”指的是评估的对象，即计划、规划或项目，通过项目的实施所付出的资源代价与项目实施后产生的效果进行对比得出项目的好坏。对比的关键是要求投入的代价与产出的效果口径一致，也就是说，所度量的效果要真正归因于项目。实际上，很多项目特别是大型项目，实施后的效果不仅仅是项目的作用，还有项目以外多种因素的影响，简单的前后对比不能得出项目效果的真实结论。

2. 逻辑框架法

逻辑框架法(Logical Framework Approach,LFA)是美国国际开发署在1970年开发并使用的一种设计、计划和评估工具。目前已有三分之二的国际组织把该方法应用于项目的计划管理和后评估。逻辑框架(以下简称LFA)是将几个内容相关、必须同步考虑的动态因素结合起来，通过分析其间的关系，从设计策划到目的目标等方面来评估一项项目。LFA为项目计划者和评估者提供一种分析框架，用以确定项目的范围和任务，并可通过对项目目标和达到目标所需的手段间逻辑关系进行系统分析。

应用LFA进行计划和评估时的一项主要任务是对项目最初确定的目标必须作出清晰的定

义。为此，在做逻辑框架时对项目的以下内容应清楚地描述：1. 清晰并可计量的目标；2. 不同层次的目标和最终目标之间的关系；3. 成功与否的测度指标；4. 项目的对象群(目标群)；5. 计划和设计时的主要假设条件；6. 检查项目进度的办法；7. 项目实施中要求的资源投入。LFA的核心概念是事务的因果逻辑关系，即“如果”提供了某种条件，“那么”就会产生某种结果。这些条件包括事务内在的因素和事务所需要的外部因素。

LFA 的垂直逻辑(Vertical Logic)把目标及因果关系划分为四个层次：

目标：通常指高层次的目标，即宏观计划、规划、政策和方针等方面的目标，该目标可由几个方面的因素来实现。目标一般超越了单个项目的范畴，往往是指国家、地区、部门或投资组织的整体目标。

目的：指“为什么”要实施这个项目，即项目的直接效果和作用。一般应考虑项目为受益目标群带来什么。

产出：指项目“干了些什么”，即项目的建设内容或产出物。一般要提供项目可计量的直接结果。

投入活动：指项目的实施过程及内容，主要包括资源的投入量和时间等。

LFA的垂直逻辑分清了评估项目的层次关系。每个层次的目标水平方向的逻辑关系则由验证指标、验证方法和重要的假定条件所构成，从而形成了LFA 的4 x 4的逻辑框架。水平逻辑的三项内容主要包括：

客观验证指标(Objective Verifiable Indicators, OVI)各层次目标应尽可能地有客观的可度量的验证指标。包括数量、质量、时间及人员。在后评估时，一般每项指标应具有三组数据，即原来的预测值、实际完成值、预测和实际间的变化和差距。

验证方法(Means of Verification, MOV)包括主要资料来源和验证所采用的方法。

重要的假定条件(Important Assumptions,IA)

重要的假定条件主要指可能对项目的进展、成果乃至项目成败产生重要影响，而项目实施者又无法控制的外部条件。这些外部条件是多方面的：首先是项目所在地的特定自然环境及其变化；其次是政府部门在政策、计划、发展战略等方面的失误或变化给项目带来严重的影响等等。项目的假定条件很多，一般应选定其中几个最主要的即可。通常项目的原始背景和投入／产出层次的假定条件较少，而产出／目的层次间所提出的不确定因素往往会对目的／目标层次产生重要影响，由于宏观目标的成败取决于一个或多个项目的成败，因此高层次的前提条件是十分重要的。

建立项目后评估的LFA应依据有关资料，确立目标层次间的逻辑关系，用以分析项目的效率性、效果性、影响和持续性。

效率：效率主要反映项目投入与产出的关系，即反映项目把投入转换为产出的程度，同时也反映项目实施者的管理水平。效率分析的主要依据是项目监测报表和项目完成报告(或项目竣工报告)。项目的监测系统主要是为改进效率提供信息反馈而建立的，项目完成报告则主要反映项目实现产出的管理业绩，核心目标是提高效率。分析和审查项目的监测资料和完工报告是后评估的一项重要工作，也是用LFA进行效率分析的基础。

效果：效果主要反映项目的产出对目的和目标的贡献程度。项目的效果主要取决于项目对象群对活动的反映。对象群对项目的行为是分析的关键。在用LFA进行项目效果分析时要找出并查清产出与效果间的主要因素，特别是重要的外部条件。效果分析是项目后评估的主要任务之一。

影响：项目的影响估价主要反映项目的目的与最终目标间的关系。影响分析应评估项目对外部经济、环境和社会的作用和效益。应用LFA进行影响分析时要注意分清并反映出项目对当地的影响和项目以外因素对当地的影响。一般项目的影响分析应在项目的效率性和效果性评估的基础上进行。可持续性分析主要通过项目产出、效果、影响的关联性、找出影响项目持续发展的主要因素，分析满足这些因素的条件和可能性，提出相应的措施和建议。一般在后评估LFA的基础上需重新建立一个项目可持续性评估的LFA，在新的条件下对各种逻辑关系进行重新分析。

3. 综合评价法

项目后评估的综合评价方法很多，通常使用成功度评估(Rating)的方法。成功度评估依靠评价专家或专家组的经验，综合后评估各项指标的评估结果，对项目的成功程度作出定性的结论。成功度评估是以逻辑框架法分析的项目目标的实现程度和经济效益分析的评估结论为基础，以项目的目标和效益为核心所进行的全面系统的评估。项目评估的成功度可分为五个等级：

1. **完全成功**：项目的各项目标都已全面实现或超过，相对成本而言，项目取得了巨大的效益和影响。

2. **成功**：项目的大部分目标已经实现，相对成本而言，项目达到了预期的效益和影响。

3. **部分成功**：项目实现了原定的部分目标，相对成本而言，项目只取得了一定的效益和影响。

4. **不成功**：项目实现的目标非常有限，相对成本而言，项目几乎没有产生什么正效益和影响。

5. **失败**：项目的目标不现实，无法实现，相对成本而言，项目不得不终止。

后评估的实施

目前我国后评估工作尚无统一的程序办法,而是由各有关部门和一些机构分别计划和组织实施的。一些部门和单位也相继建立起一些后评估机构,专门从事项目后评估工作。上海市重大项目后评估应按照谁决策投资由谁分工负责后评估的管理和组织实施。建立项目后评估管理和执行机构应符合以下原则:一是同投资决策部门保持紧密联系,能将项目后评估结论及时反馈到有关决策部门,吸取经验教训,有利于提高再投资效果。二是后评估的管理职能与执行职能适当分开,后评估管理机构的职能主要是制定后评估工作的有关办法,管理、指导和协调有关部门的后评估工作,制定年度后评估工作计划;后评估的执行机构应保持相对的独立性,以保证后评估结论的客观、科学、公正,根据具体情况,可以建立有相对固定工作关系的后评估执行单位,也可以选择有资格的咨询单位来实施。

项目的环境条件与选址

耿海玉

在进行项目的前期评估过程中，不仅要分析项目建设的必要性与产品的市场接纳性、项目技术工艺的可靠性与投资的经济回报率，项目的建设条件也是项目能否最终实施的非常重要的前提之一，它直接关系到一个项目的可持续性与生命力。为保证项目顺利实施，减少在运行过程中不必要的麻烦，我们对项目的建设条件必须逐一进行深入细致的分析与评价，这是我们进行项目评估工作中不可忽视的重要环节。对于一个新建项目，其建设条件包括自身系统内部的条件和为项目协作配套对项目的实施产生较大影响的外部条件。我们经常提到的项目外部条件主要是资源条件、水文条件、交通运输条件、能源条件、工程地质条件、环境条件等，对于不同地区、不同性质的项目，有着不同的侧重点和不同的要求。如资源条件往往决定着项目的生产规模，是项目的物质基础，评估时需注意资源的供应数量、质量、服务年限、开发方式、利用条件等，达到经济开发的目的和要求。对可再生资源的开发利用需注意保证资源的再生性，达到资源连续补偿的要求。对稀缺资源和供应紧张的资源要注意寻找替代产品，达到满足项目生产连续性要求等。畅通的交通运输条件是项目正常生产和投入产出有效运输的主要保证，正确选择运输方式和运输设备，需充分注意装、卸、运、储等环节上的能力协调和组织管理。对供水、供电等能源条件的评价，需根据项目不同的供水、供电条件分别对待，尤其是在北方缺水地区应考虑选用节水型的生产工艺、设备，节约用水措施需考虑与项目的主题工程同时设计、同时施工、同时投产。

评估工程的地质及水文地质条件时需准备地质勘察报告，避开地震强度大、断层、严重流砂等地段，保证项目构筑物的稳定性。对水的质量有特殊要求的项目需作水质分析与评估，根据项目所在地全年不同时期的水位变化、流向、流速和地下水等因素，分析建设项目是否建在洪水泛滥区或已采矿坑塌陷区范围内及滑坡地区，分析场址位置的地下水位是否低于地下建筑物的基准面，以及可靠的措施及治理方案。

对项目的环境保护进行评估时，要考虑建设地区的环境现状，分析主要的污染源和主要污染物，项目设计所采用的环境变化标准、控制污染和生态变化的主要措施、环境变化投资估算与落实、环境影响评价结论分析、存在的问题及建议等等。

现就一工程评估实例对项目建设外部条件中的环境条件及选址变化做简单的分析。位于上海市城郊接合部的松江区长年苦于其区内不断增长的生活垃圾与市政污泥无处排放，因此下决心建设生活垃圾、市政污泥卫生填埋场，处理规模为400万吨／日。填埋场工程实施后产生的

• 本文刊登在《中国工程咨询》 2001年第7期 第23页。

主要污染是臭气、渗沥液、“四害”等。项目确定选址时制定的原则为交通运输方便且市政基础设施完善；人口密度低且与居民点、污水处理厂保持合理距离；生活垃圾收集点、污水处理厂到填埋场的路程短 与地区总体规划及相关专业规划协调一致，选址区要满足处理生活垃圾、市政污泥的容量要求等。根据这些原则项目初步确定了二个选址方案：选址一，位于规划中新城区与松江佘山风景旅游区中间地带。选址二，位于松江区的茸北镇与洞泾镇交界处。但经过项目评估后认为两个选址都不可取。因为上海市人口密度大，平均地下水为-0.5米左右，松江位于上海市区的上游，地下水位更是高于上海市平均值，要完全符合国家环保局关于生活垃圾填埋污染控制标准(GB16889-1997)及国家建设部关于城市生活垃圾卫生填埋技术标准(GJJ17-88)中的相关条款非常难，上述二个选址虽然交通便利、有利于垃圾的运输位置，但选址还必须注意环境保护和生态平衡，项目的实施不能对周边居民的日常生活产生不利影响，不能产生二次污染，考虑到周边居民的居住环境和城市总体规划，尤其是处于积极筹建中的松江区大学城。在进行项目评估时，我们认为该项目二个选址的周围环境条件非常不利，权衡利弊后最终还是放弃，并敦促建设方进行另外的选址。后来经实践证明，这种选择是明智的。

在进行各类项目选址的过程中，除了充分考虑环境保护与生态平衡因素外，对于不同的项目，选址还须不同对待。比如对消耗原料大的项目应选择靠近原料产地，原料的外运成本比建在消费地而大量运输原料要合算；对耗电大的项目应考虑选择在动力基地附近建厂；对属于劳动密集型、资金有机构成低、人工费在产品成本中占绝大部分的项目，应在劳动力供应充足的地区建设；对知识密集型、技术密集型项目应考虑技术协作条件在靠近科技中心建设等等。在项目的评估过程中，可行性报告往往提出二个或二个以上的备用选址供评估选择技术上可靠、经济上合理的最优方案，方案比较法、评分优选法及最小运输费用法等都是我们可以使用的选址比较方法。

关于改革政府投资公益性项目建设管理模式的思考

陈宇剑

建立政府投资的责任约束机制，完善政府投资的控制管理体制，让有限的资金发挥最大的经济和社会效益，是投资体制改革所要解决的重要问题之一。对此，本文拟根据政府投资项目的分类对公益性项目的投资控制问题进行探讨。

目前，政府投资主要集中在公益性项目和基础性项目上。基础性项目如港口、机场、电厂、水厂、煤气、公共交通等设施，仍属经营类项目范畴，建成后有长期、持续、稳定的收益，项目自身具备一定的融资能力，除政府投资外，还可吸收企业和外商投资。所以，这类项目在建设管理上有条件实行项目法人责任制，法人不仅负责项目筹划、设计、概算审定、招标定标、建设实施，还要承担部分资金筹措、投资控制直至生产经营管理、归还贷款以及资产保值增值的责任。

相比之下，文化、教育、卫生、科研、党政机关、政法和社会团体等公益性项目，是为社会发展服务的，由政府作为单一主体投资建设，建成后由有关单位无偿使用，难以产生直接的回报。显然，这类项目不适用项目法人负责制的建设管理模式，在建设管理上与基础性项目应该是有区别的。

从对政府投资公益性项目现行建设管理模式的分析，笔者认为，推行项目的专业化建设管理，实行建设单位和项目建成后的使用单位的分离，是实现这类项目投资有效控制的现实选择。

一、现行政府投资公益性项目建设管理模式分析

当前，政府投资公益性项目基本上沿袭计划经济体制下的传统建设管理模式，即由建设单位提出项目建议书和可行性研究报告，政府计划部门进行审批，确定投资额度和年度投资计划，财政部门核拨建设投资资金，再由建设单位组织基建班子进行建设。这种建设管理模式有以下基本特征：

（一）投资主体和建设单位分离。政府是投资主体，承担筹措资金和供应资金的责任。但是，政府并未真正行使投资主体的职能，政府的计划、财政和审计等部门不直接介入项目的整个建设实施过程，而是以建设单位为龙头，全权负责项目的动拆迁、设计、施工、监理和设备材料采购，建设投资的支配权和使用权基本掌握在建设单位的手中。

• 本文刊登在《上海投资》1999年第4期 第44 - 48页。

（二）建设单位和项目建成后的使用单位合一。政府投资公益性项目的建设单位普遍就是项目建成的使用单位。这些单位大部分是非盈利性的社会公共管理或服务部门。但是，另一方面，这些单位在项目的建设实施过程中有自身的利益需求。

（三）建设单位的管理经验和技术力量不足。由于不是专业化的建设管理机构，许多建设单位缺乏经验丰富的管理人员和工种齐全的技术人员，往往是为了某一个具体的项目临时从单位内部或其他单位抽调人员组成基建班子，这类基建班子在建设管理经验和技术力量上很难达到正常的要求，同时自身内部需要较长的磨合时间，运作效率不高。

因为上述特征，这种建设管理模式在实际运作中存在很大弊端，主要表现在：

（一）政府对项目投资难以实施有效的控制。政府对项目的投资管理主要是在项目开工前审批估算、概算，在项目竣工后审查决算，没有一个相应的部门或机构代表政府进行动态、全程、跟踪式的投资管理，政府只管给钱，建设单位只管用钱，政府的投资控制在关系到资金合理使用的建设实施阶段出现削弱、脱节现象，为建设单位投资扩张欲望的实现提供了比较充分的空间。因为政府是投资主体，即使决算突破估算和概算，政府最终也只能接受追加投资的事实，难以追求投资突破的责任。

（二）建设单位缺乏控制项目投资的内在要求。对于政府投资的公益性项目，建设单位没有筹措资金和偿还资金的责任，也没有科学、合理、节约使用资金的要求和动力。相反，建设单位作为建成后的使用单位，在建设实施过程中往往从自身利益出发，未经政府计划部门批准，擅自增加建设内容，扩大建设规模，提高建设标准，有的还借政府投资之机，改善办公装备和职工福利，导致项目投资一超再超，造成既成事实后再申请追加投资，视投资突破正常化、调整概算程序化、追加投资必然化，使政府计划部门审定的投资额成为一纸空文。

（三）建设管理上容易走弯路、“付学费”。许多建设单位在项目筹划、设计审定、概预算审查、施工管理和设备材料采购方面缺乏足够的管理经验、技术力量和市场价格信息以及应有的工作效率，往往造成项目工期长、工程质量难以保证、资金利用效益低等问题，从另一方面加重了政府投资负担。

（四）建设单位缺乏实行规范化建设管理的内在制约机制。作为非专业化的建设管理机构，建设单位没有市场规则、行业规范和职业道德的约束。有的建设单位为了单位或个人的利益，在设计、施工、设备材料采购等环节不按国家的有关规定开展工作，使招投标等本应规范化、市场化的管理手段流于形式，致使某些不具备合法资格的承包商或供应商参与项目的建设，为工程质量埋下隐患，同时不可避免地滋长权钱交易等不正之风。

上述分析表明，在社会主义市场经济体制下，随着政府对公益性项目投资力度的逐年加大，现行政府投资公益性项目建设管理模式已经不能适应有效控制投资的要求，还可能对工程建设质量、市场公平竞争等方面产生负面影响。

所以，我们有必要建立一种既不同于经营性项目建设管理模式，又不同于现行建设管理模式的全新的政府投资公益性项目建设管理模式。

二、政府投资公益性项目专业化建设管理模式的内容和实质

现行政府投资公益性项目建设管理模式有诸多弊端的深层次原因主要在两方面: 第一, 投资主体和建设单位分离, 脱离整个建设实施过程; 其次, 建设单位和项目建成后的使用单位合一。从政府角度看, 无论目前还是将来, 政府的计划、财政和审计等管理部门都不可能有足够的力量对项目进行直接的全过程管理。所以, 改革政府投资公益性项目原有的建设管理模式, 有计划、有步骤地探索和建立这类项目的专业化建设管理模式是迫切和必要的。

在专业化建设管理模式下,政府投资公益性项目仍由项目建成后的使用单位负责上报项目建议书和可行性研究报告; 政府计划部门批准项目的建设内容、建设规模、建设标准和建设投资、年度投资计划, 并通过投标方式选择独立于项目建成后的使用单位之外的建设单位; 建设单位按照批准的建设内容、建设规模、建设标准和建设投资、年度投资计划, 自主运用建设资金, 落实动拆迁和市政配套, 组织初步设计和施工图设计, 负责招标选择施工单位、监理单位和设备材料供应单位, 实行建设实施期间的协调和管理; 项目竣工后, 由包括计划在内的政府管理部门组织验收,验收合格由政府计划部门监督建设单位将项目移交给项目建成后的使用单位; 建设单位的管理费按建设投资的一定比例提取, 列入建设投资, 由政府计划部门会同有关部门直接划拨给建设单位。

政府投资公益性项目专业化建设管理的实质是对这类项目实行市场化、法制化的管理, 由政府计划部门按照市场竞争原则择优选定建设单位,建设单位依据政府计划部门审定的建设内容、建设规模、建设标准和投资额, 遵循国家规定的基建程序组织项目建设。建设单位直接对政府承担按质、按量、按期完成项目建设和控制投资的责任, 与项目建成后的使用单位没有经济利益的联系。

这种借助于作为第三者的建设单位实施的专业化建设管理,克服了以往建设单位和项目建成后的使用单位合一的弊端,将政府计划部门对于项目的投资的控制有效地延伸于项目的整个建设实施过程, 强化了政府的投资主体地位, 并以此为龙头, 规范项目建设管理。

三、政府计划部门、项目建成后的使用单位和建设单位在专业化建设管理模式中的关系

明确划分政府计划部门、项目建成后的使用单位和建设单位三者的关系是对政府投资公益性项目实施专业化建设管理的重要前提。这三者之间的关系, 一方面要有利于强化政府计划部门的投资控制职能, 发挥建设单位的建设管理自主权, 兼顾项目建成后的使用单位的正常要求; 另一方面要能够保证政府计划部门建设单位和项目建成后的使用单位的制约, 以及项目建成后的使用单位和建设单位相互之间的制约。从这个角度考虑, 这三者之间的关系具体是:

（一）政府计划部门和项目建成后的使用单位之间的关系。政府计划部门掌握投资决策权，项目建成后的使用单位有项目申请权。项目建成后的单位提出项目建议书和可行性研究报告或者项目建设内容、规模、标准变更报告，由政府计划部门审定。

（二）政府计划部门和建设单位的关系。政府计划部门提出项目的建设质量、建设进度和建设投资控制要求，会同有关部门核拨建设资金，对项目的建设管理进行监督管理。建设单位按照要求自主组织建设，承担按质按量按期在政府计划部门要求的投资范围建成项目的责任。政府计划部门有权选定建设单位，或更换不合格的建设单位。

（三）项目建成后的使用单位和建设单位之间的关系。建设单位直接对政府计划部门负责，与项目建成的使用单位没有直接的经济利益关系。但是，项目建成后的使用单位对建设单位的工作有参与权、监督权、建议权和上报权。项目建成后的使用单位权也有必要参与初步设计和施工图设计的审定、概预算审查，施工单位和设备材料供应单位的选择、工程材料款的支付以及竣工验收等建设实施过程中的重大事项，行使监督权，提出自己的建议。对于持不同意见的重大事项或者要求增加建设内容、扩大建设规模和提高建设标准等重大事项，项目建成后的使用单位无权作直接决定，应报政府计划部门批准后，由建设单位执行。

四、关于政府投资公益性项目建设单位的选择

建设单位在政府投资公益性项目建设管理中起关键作用，是建设管理的实施者和政府计划部门投资控制意志的执行贯彻者，应当具备下述条件：

1. 有法人资格或者系依法成立的其他组织，是真正面向市场竞争、以服务质量和职业信誉为本、自我约束、自担风险和责任的企业实体。这样，建设单位在建设管理过程中会充分顾及自身的信誉和职业规范的要求，切实承担起相应的责任。

2. 有一定的资金势力，能够承担一定的经济责任。

3. 有与项目建设管理相适应的专业技术人员和管理人员队伍以及科学严密的工作制度。建设单位的建设管理队伍应当符合专业全面、经验丰富的要求，其工作制度应当保证对项目的各个环节进行全面、及时、有效的管理，同时在重大利益问题的处理上要有相互牵制，避免职权过于集中的现象。

目前能够承担专业化建设管理职能的单位有工程咨询机构、施工单位或设计单位等。根据独立、客观、公正和专业全面的要求，笔者倾向于由工程咨询机构承担这项职能。因为施工单位和设计单位的主业不在项目建设管理方面，而且设计、施工和项目有直接、重大的利益关系，容易产生关联交易。相比之下，经过多年的发展，相当一部分的工程咨询机构专业人才比较齐全，市场信息渠道比较完善，在项目的前期准备和有关协调工作方面经验比较丰富，并且与项目的设计、施工等重要工作没有直接联系。同时，工程咨询机构作为中介机构主要受职业规范的制约，运作上较少行政色彩。所以，工程咨询机构更具备成为专业化建设管理单位的条件。

政府计划部门在选择建设单位时要贯彻公开、公平、公正的原则，引入竞争机制，通过招投标方式严格、择优选择建设单位。对于技术和管理水平低下或不认真履行职责，致使工作成绩不合格，甚至徇私舞弊的建设单位要及时清除出专业化建设管理队伍的行列，并予以公告。

五、工程咨询机构在项目专业化建设管理方面的实践

近年来，一部分工程咨询机构在项目的专业化建设管理方面大胆探索，进行了有益的实践，积累了一定的经验。

以某咨询公司为例，该公司是上海市最大的综合性咨询机构，过去业务以项目咨询、评估为主。随着业务领域的不断延伸和扩展，该公司先后接受上海商品交易所、上海市统计局的委托，对有关建设项目实施全过程建设管理，工作范围包括选址、规划、可行性研究、组织协调、解决项目外部的协作配套关系，审查项目设计规模，调整设计标准和功能定位，审查概预算造价，对施工总包、子项目分包进行发包代理、签证设计变更、设备采购和提供材和料、签订施工合同等。

在整个建设实施过程中，该公司坚持按国家规定的基建程序有条不紊地开展工作。在施工准备阶段，坚持设计、施工和主要设备材料通过招标，使有合法资格和能力的承包商承接总包和分包项目，把竞争机制引入工程建设；在施工过程中，实施双重监理制度，该公司和专业建设监理公司共同对项目投资、质量、工期进行控制；对工程预算的审核，采取不同于以往其他项目由监理工程师审核施工预算业主付款的审核办法，而由造价工程师独立计算全部工程量并以此审核工程施工预算。

在该公司的科学管理和有关方面的支持下，上述建设项目无论是建设周期、建设质量还是投资控制都取得了明显的效果，建设投资一般都能节约10%以上，另一方面也有力地促进了项目建设过程中的廉政建设。

该公司的实践表明；实行项目的专业化建设管理是可行的，客观上也有积极的效果。这为政府投资公益性项目实行专业化建设管理提供了必要的依据。

六、 加强和完善有关工作，逐步推进政府投资公益性项目的专业化建设管理

改革政府投资公益性项目原有的建设管理模式，实行专业化的建设管理，有现实的必要性。但是，从可行性和可操作性上考虑，还要加强和完善有关的工作。

（一）高度重视项目可行性研究，维护投资估算的严肃性。在政府投资公益性项目实行专业化建设管理的情况下，政府对项目投资的控制要求就是实际发生投资不超过可行性研究的投资估算或在其上下一定范围内增减，这也是建设单位明确自身责任，约束自身行为的首要依据。因此，与项目有关的各方面都要高度重视项目可行性研究，维护投资估算的严肃性，改变以往

重可批性、轻可行性和可行性研究走过场的状况。

项目建成后的使用或其委托的单位在编制可行性研究报告时，要以严肃认真的态度和科学的方法，对项目建设的必要性、建设规模、建设内容、使用功能、建设标准作出明确的阐述，对项目的投资额作出准确的、实事求是的估算。政府计划部门在审批项目的可行性研究报告前，要提交有资质的机构进行评估论证，评估机构应对包括投资估算在内的有关内容提出客观科学的评估意见，供政府计划部门参考。总之，可行性研究报告的投资估算要能真正反映项目的投资额，并对初步设计概算起到指导、约束作用。

（二）建立政府投资公益性项目专业化建设管理的招投标制度。以政府计划部门为主，对政府投资公益性项目通过公开、公平、公正的招投标方式选择建设单位。政府计划部门依据可行性研究报告对中标单位要提出明确的建设内容、建设规模、建设标准、建设进度、建设质量和投资控制要求以及奖惩措施，建设单位自愿接受委托后要自觉地通过限额设计、科学管理等措施切实履行责任。

（三）积极规范和扶持工程咨询业的发展。改革开放以来，工程咨询业有了长足的发展，但是普通存在着机构规模小、人员水平低、行业或部门垄断、运作不规范等问题。这在很大程度上成为实行政府投资公益性项目专业化管理的障碍。建议政府加强对工程咨询业的统一管理，对一部分具备一定基础的工程咨询机构加以扶持，逐步形成几家或一批实力雄厚、管理规范、符合市场需要的工程咨询机构群体。

（四）从试点起步，有计划、有步骤地推进政府投资公益性项目的专业化建设管理。由于原有建设管理模式的惯性以及符合条件的工程咨询机构与项目数量、规模的矛盾，建议从试点起步，有计划、有步骤地推进这方面的改革。首先选择少部分专业技术比较简单、投资规模不大的政府投资公益性项目委托有关工程咨询机构负责建设。在积累了一定经验和工程咨询机构在质和量上基本符合要求时，可制定相关的条例或规定，全面推行这种建设管理模式。

推行代建制需解决的若干问题

洪　力

近年来，为进一步深化固定资产投资体制改革，充分利用社会专业化组织的技术和管理经验规范政府投资建设程序，推进“阳光工程”建设，各地政府部门依据国家发改委起草、国务院原则通过的《投资体制改革方案》相继试点推行代建制。2004年7月16日国务院又颁布了《关于投资体制改革的决定》，再次明确对非经营性政府投资项目加快推行代建制，即通过招标等方式，选择专业化的项目管理单位（以下简称“代建单位”）负责建设实施，严格控制项目投资、质量和工期，竣工验收后移交给使用单位。

推行代建制的必要性

代建制是随着市场经济的发展和社会分工的扩大以及社会经济发展水平的不断提高，项目实施的专业化要求和技术含量日益增加，而逐渐被世界发达国家广泛应用的一种工程建设项目实施管理方式。推行代建制，通俗一点说，就是将原来的政府拿钱自己建变成请专业公司来建。毋庸置疑的是，非经营性政府投资项目实施代建制，对于加快实现政府职能转变、遏制腐败行为、提高投资效益、解决投资超标等无疑具有重要的意义。但在代建试点工程的具体实践中，难免会出现这样或那样的问题，需要在今后的实践中不断地加以改进和完善。

长期以来，我国各级政府对直接投资的项目管理方式多实行“财政投资、政府管理”的单一模式，即投资、建设、管理、使用“四位一体”的模式，该模式在特定的历史条件下发挥了一定的作用，但也存在着许多弊端：

（一）政府部门既负责投资审批监管建筑市场，又直接组织工程项目的建设实施，存在着政企不分、责任不明、监管不力、效益不高等问题，有的甚至还滋生腐败。

（二）政府投资工程大多由临时组建的基建班子负责组织实施，普遍缺乏建设所需的工程管理、技术人员，不完全清楚投资规律和基本建设程序，不能完全掌握并运用先进的项目管理方法。项目结束机构随即撤消，造成了人、财、物和信息等社会资源的浪费。

（三）政府投资工程由建设单位自建自用，致使所有者（政府）和使用者的责任与利益分离，使用单位受自身利益的驱动，极易造成争项目、争资金，导致了“钓鱼”工程和“三超”等现象的发生。

• 本文刊登在《上海住宅》2005年第8期 第66－69页。

（四）政府投资工程各自组织建设，难以实施有效监督，并及时纠正建设过程中的违法违规问题。

（五）政府投资工程项目的建设行业垄断现象严重，难以适应建筑市场化改革的需要。

推行代建制需解决的若干问题

（一）代建各方的风险问题

首先，实施代建制后，并没有完全解决政府投资项目实施过程中各自的风险承担问题。作为发包方的建设(使用)单位，仍然承担了一部分由法律法规赋予的责任和义务，并没有因为实行代建制而发生根本性的转移。作为使用单位仍将直接面对在工程投入使用后难以避免的各种问题投诉，而不得不投入一定的精力来处理这些问题。其次，由于我国早已在1996年开始实行了项目法人制度，按理代建单位应为代建项目的项目法人，但作为工程管理机构从自身的客观条件上是不完全具备法人条件的，并且现阶段各地普遍不合理的代建收费也一定程度上抑制了代建单位承担更多责任。因此，为了有效地推行代建制，应首先使代建单位具备成为项目法人的条件，以解决其独立承担建设项目投资安全责任的问题。由于国家目前关于代建项目的履约担保尚未形成制度，建议可否由政府出面协调来解决此类问题，并不断补充和完善代建制项目和项目法人责任制度。此外，建议调整一般情况下竣工备案验收后工程随即移交使用单位的做法，可适当延长代建服务的周期，协助使用单位完成一定时间内的工程保修工作，以消除使用单位在工程投入使用后的后顾之忧，并对所代建的工程终身负责。同时从代建单位对项目所承担的较大风险和责任看，建议由政府来制定相对比较合理的代建收费标准，以尽可能地保证代建单位利益，从而提高代建单位从事代建制项目的积极性。

（二）如何选择代建单位的问题

政府投资项目代建单位的组建或选定，目前试点项目主要有以下两种方式：一是组建常设的事业单位性质的建设管理机构，如隶属政府建设主管部门的项目管理公司，一般采取直接委托方式。二是选择社会中介性质的项目管理公司，其中包括采用名单有限选定和通过招标形式选定代建单位两种方式。从去年国务院颁布的《关于投资体制改革的决定》中，已经明确表明对代建单位的选择一般情况下应通过招标方式，选择专业化的项目管理单位负责建设实施。也就是选择那些具备相应投资项目管理条件的单位，并通过招标方式（除国家规定的抢险、救灾、保密工程可直接委托外）确定代建单位，以打破可能存在的新的行业垄断现象。同时，由于代建单位提供的是综合性的智力服务，作为代建招标单位在招标时不应单纯从报价角度来加以选择，而应偏重考虑代建单位以往的经验、投资、信誉、技术和管理等综合因素。此外，有必要由政府来确定代建项目的项目管理单位和人员的从业要求，为代建制加紧培育综合性的项目管理企业。

（三）代建项目管理机构问题

到目前为止，实施代建制项目的管理机构还没有统一固定的模式。一种是采用代建单位与建设(使用)单位双方共同派员组建项目基建班子的模式，从实施情况来看有利有弊：有利的是双方可互相监督，便于相互沟通；不利的是由于人员均系临时搭成，内部关系比较难以处理。此外，采用这种模式应尽可能减少使用单位参与基建班子的人数，笔者认为以控制在1−2名为宜。理由是如参与人员较多，容易造成多头管理和形成各种小集体，不利于发挥各方人员的工作积极性。另外一种模式是委托单位和代建单位直接签订委托代建合同，以合同形式来明确各方的职责和约束各方的行为，代建单位独立成立项目基建班子并对外承担其委托合同赋予的权利和义务。采用这种模式比较容易划清各方的责任，并真正做到了建、管分离。但在实际操作过程中应注意建立各项沟通、协调和监督机制，以确保代建各项工作顺利推行。笔者比较倾向于后一种模式，理由是前一种模式作为代建制的试点过渡未尝不可，但由于仍或多或少的留有计划经济的痕迹，并且使用单位过多地干涉代建单位的工作，既不利于培养代建制这个是市场主体，也不利于代建单位的健康发展。

（四）代建形式和阶段问题

实施代建制，各地代建形式和阶段各不相同，如划分得细一些通常可分为前期代建、后期代建和全过程代建。前期代建，是指代建单位根据批准的项目建议书，对工程的可行性研究报告、勘察、初步设计等前期工作实行代建管理；后期代建，是指代建单位根据批准的初步设计，对项目施工图设计、施工、监理、竣工验收实行代建管理；全过程代建，是指政府投资项目委托一个单位进行全过程代建管理。投资控制贯穿于项目建设的全过程，这一点是毫无疑义的。据统计，影响项目投资最大的阶段，是约占工程项目建设周期1/4的技术设计结束前的工作阶段。一般在初步设计阶段，影响项目投资的可能性为75%～95%；在技术设计阶段，影响项目投资的可能性为35%～75%，在施工图设计阶段，影响项目投资的可能性则为5%～35%。很显然，项目投资控制的重点在于施工以前的投资决策和设计阶段。大家设想代建单位若不是从影响投资最大的前期阶段即参与投资决策，而仅仅从对投资影响相对较小的施工图设计和施工阶段开始项目的投资控制，难以想象最终的建设投资将会得到有效的控制；而后期代建单位也将可能面临由于非自身原因的前期决策失误而带来的风险。因此，不应提倡对项目代建阶段进行细分并分别发包，建议宜由一家专业单位采取全过程代建的方式。这样做，既有利于代建单位对整个项目全过程的统筹规划和安排，以充分发挥代建专业管理的作用。也有利于强化对政府投资项目的管理，一旦项目出现了问题，也可以追溯相关责任人的责任。

同时建设政府部门也切忌在使用单位已完成大部分的前期工作后，中途提出介入代建单位。这样既可避免使用、代建单位双方从开始就产生矛盾，又可避免由于专业管理单位对前期重要决策无法介入而产生的隐患。实施全过程代建的代建单位应努力争取在项目可行性研究阶段就介入工作，尤其是需要切实加强与建设(使用)单位在前期阶段的沟通和协调，明确项目的各项使用功能和标准，做到对设计概算不漏项、不甩项，并科学合理地确定项目总投资，才能真正使项目做到零缺陷启动。

但是项目前期阶段的征地、拆迁和一些需要政府出面协调的工作，由于并非代建单位专业技术管理的内容，代建单位作为公司而非政府出面也难以有所作为，故建议一般情况下不要纳入代建单位的工作范围内。

浅议《建设工程监理规范》中的几项规定

邵同麟

《建设工程监理规范》(以下简称《监理规范》)的颁布与实施顺应了监理行业发展的要求,符合新生事物"在发展中规范,在规范中发展"的成长规律。它的颁布与实施使监理行业在法制化、标准化、规范化建设道路上向前迈了一大步。

《监理规范》对照以往的一些监理规定在有的方面出现了一些新的提法,提出了一些新的要求。及时了解这些新变化,理解这些变化的内涵将有助于监理单位和监理从业人员提高执行《监理规范》的自觉性,从而进一步规范自己的监理行为,提高监理水平。现将本人对一些规定的理解浅述如下:

1 关于总监的资质要求

《监理规范》第3.1.3条规定:总监"应由有三年以上同类工程监理工作经验"的监理工程师担任。从中不难看出《监理规范》对总监的要求强调的是执业资格和工作经验。而以前的一些监理理论或地方法规则规定总监资质的首要条件"必须是本单位的在职人员"。现在的《监理规范》则取消了这一条件。笔者认为这个变化是有积极意义的。它将引导监理单位在考虑总监人选时更加注重其执业资格、工作经验和组织管理决策协调等综合能力,从而抓住了人才使用的本质。在另一方面,它也将拓宽监理单位在人才使用上的思路,以便吸引更多有真才实学的人士加盟监理行业,从而有利于监理从业人员整体素质的提高,有利于建设监理事业的发展。如果继续在从业人员编制上设置条件框框,既不符合当前我国劳动用工制度改革的方向,更不能适应我国加入WTO后咨询服务行业必将面临的冲击。更何况具有社会中介服务性质的监理单位其本身的体制改革也势在必行。所以《监理规范》对总监资质要求的规定其意义是十分深远的。

2 关于总监的任命程序

《监理规范》第3.1.4条规定:"监理单位应于委托监理合同签定后十天内将项目监理机构的组织形式、人员构成及对总监理工程师的任命书面通知建设单位"。结合《监理规范》第二章术语的有关条款可以知道,监理单位在总监任命程序上应做两件事:一是由监理单位法定代表人书面授权;二是在十天内将总监任命书面通知建设单位。至此总监任命程序即告完成。而

• 本文刊登在《建设监理》2001年第6期 第30-31页。

以前我们执行的监理地方法规时曾规定监理单位任命总监需经过建设单位的“认可”。现在《监理规范》则明确否定了这条规定。笔者认为这个变化的意义是深刻的。首先是充分尊重了工程监理单位作为建筑市场的三大主体之一所拥有的主体地位。我们知道，民事法律关系中的一个重要原则就是主体平等原则。由监理单位法定代表人任命总监是监理合同当事人一方主体意志的体现，应属其内部管理事务，根本无需别人来“认可”。其次，如果另一方一定要“认可”的话，似乎有把自己的意志强加于他人之嫌，形成了双方当事人法律地位的不平等，这明显违反了我国现行法律的有关条款。从这个意义上说《监理规范》的这条规定在一定程度上规范了业主行为。当然监理单位在监理过程中需要更换总监则应另当别论。

监理单位应充分理解这条规定变化的含意，准确把握自己的主体地位和权利，真正按照“公正、独立、自主”的原则开展监理活动，公平地维护各方利益。

3 关于总监的职责

《监理规范》在第3.2节中详细地规定了总监应履行的各项职责。在3.2.4条中又规定其中的五项工作不得委托给总监代表。这也是一个新的要求。这五项工作的主要内容是：主持编写监理规划，审批监理细则；签发开工令、复工令、工程暂停令、工程款支付证书、工程竣工报验单；审核签认竣工结算；调解合同争议、处理索赔、审批工程延期；调配监理人员等。这些工作涉及工程项目的质量、造价、进度控制、合同的履行，工程协调和监理目标及机构组织建设等主要内容。它是落实总监责任制的重要环节，包含了工程目标系统控制可采取的主要措施，其中有的工作原本就是国务院《建设工程质量管理条例》的有关内容。总监的这些工作的执行情况将决定监理机构在项目监理活动中的工作成效，因而是总监工作的重中之重，必须由总监亲自完成。对此，总监务必充分注意，万万不可粗心大意。

4 关于隐蔽工程验收

《监理规范》第3.2.5条第五款中将隐蔽工程验收列为专业监理工程师应履行的职责。我们知道隐蔽工程验收是监理机构进行工程质量控制的基本工作，它的特点是面广量大，涉及工程的各个分部和各个专业，隐蔽工程质量一次性的特点决定了它的重要性。

我们知道，以前的监理培训教材中都将隐蔽工程验收规定为监理员的职责。而现在《监理规范》对此作了调整。这个新的调整将使工程现场的监理机构对隐蔽工程验收的重要性要有一个新的认识，从而进一步加强对隐蔽工程的质量控制。

笔者也认为在当前的情况下，对于一些中小项目的监理机构来说，要真正做到这一点是有难度的，在他们那里隐蔽工程验收往往是由监理员完成的。因为一些监理单位出于各种原因，在中小项目的监理机构中不可能配齐相关的专业监理工程师。但是，作为国家标准的《监理规范》已明确作出了规定，各监理机构必须充分注意到这一点，努力规范自己的监理行为，提高执行《监理规范》的自觉性。而各监理单位则应加强具有一专多能的复合型监理人才的培养，以适应《监理规范》的新规定。

5 关于旁站

旁站、巡视和平行检验是监理机构对工程质量进行控制的基本形式。自从中央领导同志肯定了旁站监理以后，国务院办公厅在加强工程质量管理的通知中，也要求监理人员运用旁站等手段加强质量控制，2000 年 1 月颁布的国务院《建设工程质量管理条例》第 38 条规定监理人员应采用旁站形式实施监理。按照上述精神各监理单位都在现场质量控制中加强了旁站，确实收到一定的效果。但不容忽视的是对旁站始终有两种不全面的认识。一是任意拔高旁站的作用，认为监理人员哪一天不旁站就是工作不到位，似乎工程质量是监理人员旁站出来的，把旁站作为评价监理工作的唯一标准。持以上观点的以业主居多。另一种观点则否定旁站的积极作用，少数业内人士认为旁站就等于监工，根本体现不出工程监理的“高智能”性质，并且引经据典称欧美工程咨询、项目管理发达的国家根本没有旁站一说。

《监理规范》又是如何为旁站定位的呢？第一是重视旁站。《监理规范》在第二章术语中为旁站下了定义，即在工程关键部位和关键工序必须旁站。这说明旁站是针对工程的关键部位和关键工序而进行的监督活动，两个“关键”说明旁站工作是重要的监理手段。特别是在当前我们的建筑市场、建筑活动还不很规范，工程质量不能达到有效保证的条件下，旁站是监理人员进行质量控制的有效手段。第二是《监理规范》在第 3.2.6 条中又规定旁站是监理人员应履行的职责。这是一个新的说法。这说明旁站工作应以监理员为主，并非监理人员都必须去旁站。旁站次数的多与少，旁站时间的长与短是由工程项目的复杂程度和其特点以及施工单位质量管理水平和技术水平所决定的。旁站不能替代其他的监理工作，更不能把它作为评价监理工作的唯一标准。所以笔者认为《监理规范》对旁站的定位是实事求是的。

《监理规范》的颁布与实施是我们工程监理行业的一件大事。作为监理从业人员，应该认真学习《监理规范》，掌握《监理规范》，执行《监理规范》，并在实践中不断总结，加强交流，为提高监理水平而共同努力。

工程监理在控制工程造价中的作用

沈新伟

在市场经济条件下，如何控制建设项目的工程造价？实施全过程工程监理是一个有效途径。建设监理制作为科学的建设项目管理方法，主要是以国家政策、技术规范、定额、合同等为依据，跟踪控制设计过程和施工过程的投资、工期和质量，确保三大目标的实现。监理的特殊身份，决定了其行为的客观性、科学性，决定了其实施投资控制的合理性、有效性。工程监理可以在项目建设的各阶段，通过科学的管理和有效的控制来实现业主控制工程造价的目标。我公司多年来的监理实践表明，要使工程监理在控制工程造价中发挥关键作用，必须分别从设计、招标、施工、竣工各个阶段入手，持续、全面地进行严格而有效的监理。

一、设计阶段合理把握投资控制

加强设计阶段的监理，确定合理的设计方案、成熟的工艺，减少在施工阶段重大设计变更和方案变化的发生，对有效控制工程造价将起到重要作用。据资料统计，影响项目投资的最大阶段是设计阶段，影响项目投资的可能性为75%。设计阶段如能以经济效益为中心，精打细算，则节约投资的潜力要比施工阶段大得多。所以搞好设计阶段的工程造价控制是有效控制“投资失控”的首要任务。

设计阶段投资控制的主要方法：1. 采用设计招标形式选择最合理的设计方案，促使设计单位采用先进技术，降低工程造价；2. 对扩初设计的总图方案及单项设计方案进行评价，通过技术经济指标的计算、比较与分析，选取最合理的方案；3. 推行限额设计。在整个设计阶段，把技术、经济统一起来，贯彻“先算后画”，把钱用在“刀刃”上。彻底改变目前设计过程中不算账，设计完了概算见分晓的不良现象。

专家人士称，一项工程的设计，如果工程监理参与进去，一般可排除80%的错误，而施工开始后充其量只能节约投资20%。加强设计阶段的监理，从全面质量管理的意义上讲，事前管理，预防为主是科学合理的。因此，加强设计阶段的监理和投资控制是很关键的。我公司某项目现场监理组在接到施工图纸后，经估算发现底板配筋不尽合理，在会同业主与设计单位多次讨论后，对设计计算进行了研究和复核，对底板配筋进行了修改，节约钢筋450吨，既节省了投资，又缩短了工期。

• 本文刊登在《建筑时报》2003年9月1日。

二、招标阶段协助业主选择最佳承包商

严格以批准的设计概算为控制目标，编制施工招标文件，起草施工合同条款，作出工程量清单和工料说明，协助业主通过招投标选择承包商，这是工程监理在招标阶段的重要任务。如某工程，我公司担任财务监理，参与了玻璃幕墙的评标工作，严格按批准的扩初设计图纸，要求该工程总价不得超过批准的设计概算的相应造价。发包代理单位提出工程造价预计要2400万元，而我公司测算的相应造价仅1200万元，缺口1200万元，即向业主提出：一要分析原因；二要控制造价。业主立即召开多方会议，分析其原因是外墙铝板代替了原扩初设计中的外墙涂料，面积大量增加，且标准提高，引起造价大幅度提高。会议讨论结果是在保证基本外观和功能的基础上，将幕墙工程造价控制在1600万元左右，缺口400万元由已谈判好的设备合同中节约费用来补充。

三、 施工阶段科学实施质量、工期、费用三大控制

首先是坚持招(投)标，确定合理的合同价款

要加强对施工队伍的资质审查。施工队伍的素质，将直接影响到工程的质量和工期，对工程的经济效益起决定性的作用。同时确定合理的工程合同价款。坚持招(投)标，确定合理的合同价款，对施工阶段的进度控制和结算工作起到一定的积极作用。监理工作必须符合合同要求，必须在国家法规政策的范围内，保证每一笔工程赋予的支付都符合合同的要求。在工程施工活动中，监理工程师处于主导地位，承包人与业主的货币收支行为是否准确和合理，取决于监理工程师所签认的工程费用是否公正。合同管理是控制和协调的依据，也是经济的法律手段，因此增强合同管理意识，完善合同条款十分重要。合同签订须交有关管理部门审查，并进行公证，以保证合同合理合法，保护双方权益条款的完备和内容的严谨，有利于减少合同纠纷，避免日后违约。实践证明，项目法人与承包单位一定要加强合同管理，及时纠正合同中存在的问题，保证合同的全面履行，提高投资效益。作为建设监理，确保合同条款的切实履行，是义不容辞的职责。

其二是设备、材料价款的控制

设备费、材料费在建筑安装工程中约占整个造价的70%左右，是工程直接费的主要组成部分。因此，在监理过程中，不可忽视这一部分，要引进竞争机制，开展设备、材料的招(投)标工作，保证产品的质量，以降低工程造价。

其三是施工阶段工程进度的控制

实施合同管理，总的是质量、工期、费用三大控制。工程进度涉及到业主和承包人的重大利益，是合同能否顺利执行的关键。为此，在工程进度监理中，一定要把计划进度与实际进度之间的差距作为进度控制的关键环节来抓。除满足工期要求外，还应满足合同规定的工程质量

及费用要求。质量、工期、费用三大控制，缺一不可，不能偏废。必须全面抓紧、抓好，从而达到高效、经济的工程施工的目的。

四、竣工阶段严格审核工程结算

在项目竣工阶段，对承包商提交的竣工结算书进行审核，编制工程审价报告，并进行财务审计。工程结算的审核是一项非常繁琐的工作，但又是工程投资控制的最关键部分。如某工程，建筑面积4.2万平方米，我公司对施工单位提交的桩基、围护、地下室、上部结构及建筑、总体结算进行了严格审价，施工单位上报总额为83,200,432元，审定总额为77,433,893元；其中建筑、总体上报额为30,806,167元，审定额为28,267,035元，核减额为2,539,132元，核减率为8.24%。实事求是严格审核的结果，既维护了业主的合法权益，也未让施工单位吃亏，真正体现了建设监理的公正、公平。

监理项目全过程控制是一个有机整体。但是从工作内容来看又由若干环节组成一个整体。根据各个环节的不同特点和工作内容，采取相应的措施与手段，环环扣紧，条条落实，是监理工程师实施项目施工全过程控制的重要职责之所在。建设监理工作是一项需要各种专业技术、经济、法律、综合管理等多学科知识和技能的智力密集型服务工作，这就要求监理人员具有控制投资，管理合同和信息，调解经济纠纷的能力，不断提高自身素质，增强法制观念和合同管理意识。监理工程师只有不断提高自己，坚持实事求是的精神和认真负责的态度，严格监理，一丝不苟，才能有效地对施工全过程的每一个环节把好关，真正有效地为业主控制好建设项目的工程造价。

项目交底——监理进场前应重视的重要环节

王　蓬

项目建设是属于一次性的工作，它是在规定的时间内，由为之而专门组织起来的、不同分工人员来完成的预期的目标任务。项目的实施需要各类专业人员共同运作完成。不同的建设项目存在着一定的差异，尽管我们的监理人员具有丰富的应对能力和工作经验，但毕竟没有一个现成固定不变的工作模式可完全套用。因此若能在项目监理组进驻现场前，由公司管理层把已经接到的监理项目的背景、特点和难点、监理合同、施工合同、管理制度等等主要情况，向项目监理组作个交底，将会给项目监理组进场后的工作，提供极大的便利。本文拟就监理公司在项目监理组进场前的工作交底问题谈些认识。

公司对项目监理组的交底，一般应包含以下几项内容(其中大多数内容也可以在交底前经过沟通时加以明确):

1　项目背景概况

一般情况下，监理公司为获得项目，都要经过一段比较复杂的程序。公司管理层有必要将项目的背景情况向项目总监进行交底，使其能预先对该项目的性质、规模、特点、参建单位构成、资金来源、组织机构、管理模式，甚至业主主要管理人员的一些情况、业主对项目的期望与要求有所了解，包括有些业主还提出对监理方的要求。如对总监及专业人员的资格、经历十分敏感，有些业主十分强调人员到位率，也有些业主提出要对监理工作情况“进行考核”，而且考核的结果要与监理费用挂钩等等。对背景情况介绍得越详细，准备工作就能做得越充分。充分的准备工作，往往可以获得一个良好的开端。在背景情况介绍的同时，还可以让项目监理组人员阅读招投标文件和合同文件。

2　项目的特点和难点

项目监理工作的水平，主要体现在监理组人员结构和素质上。鉴于目前的实际情况，公司管理层的有关负责人应向总监及监理组主要专业人员介绍技术和安全方面的重点与难点，提醒其在专项方案审核及编制实施细则时应予以关注，使总监在项目的组成人员的时间安排上有所侧重。对有些特殊项目，公司还会成立与之相应的专家咨询组或顾问组等机构，配置资料库(软件)，专门的检验、检测、测量器具，增加监理组的硬件配备，以提升监理组的技术含量，丰富

• 本文刊登在《建设监理》2005年第6期 第10－11页。

监理工作的方法和手段，以便监理组进场后能较快地进入角色，并能在较短的时间内得到业主和各参建单位的认同。

3 监理合同

监理合同是监理公司与建设单位签署的委托监理的正式合同文件(包括监理的招投标文件)。监理合同明确了双方的责任与义务，也体现了双方的利益与风险。公司管理层有义务将监理合同文件的主要内容向总监和项目监理组进行透彻的解释与分析，总监也应选择适当的时机，组织监理组人员对监理合同进行学习与讨论，以明确监理工作的目标和统一的工作方法。

监理合同中附有的监理招标文件有两种 一种是建设单位委托招标代理单位编制的招标文件；另一种是建设单位自行编制的招标文件。委托编制的招标文件一般虽比较规范，但往往缺乏针对性，建设单位会依据项目自身特点，加入一些体现特殊要求的专用条款。总监对此应有充分认识与准备。建设单位自行编制的招标文件，一般都有明显的项目专业特色，因为这类建设单位一般具有较强的实力，有一套专门的管理人才和制度，故对于此类文件中的条款，须认真分析，加深理解，必要时还需组织专题讨论，做到心中有数，在项目实施之前也须仔细应对。

4 施工合同

施工合同是监理对施工单位实施过程控制的主要依据文件。施工合同有时是在监理合同签订之后，也有一些项目是在监理进场前已经签订。

对于前者，监理往往会受业主委托，参与施工合同的谈判或对施工合同的条款进行拟定，有的甚至在监理前还参与施工招标工作并协助业主进行施工合同条件的拟定。对此情况下公司已用不着再做详细交底，只需稍作提示即可。

对于已经签订了施工合同的情况，公司交底时应作为一个重点内容。施工合同内涵丰富，条款复杂，公司管理层在有条件的情况下，可帮助监理组对施工合同进行解读，分析出合同中的关键点，以便监理在过程控制中，能比较自如地运用合同条款，对有关质量、进度、安全、文明施工、环境保护和投资目标予以关注。这些目标，是对整个工程实施控制的基础。而这些条款，将为监理审核施工单位提交的施工组织设计提供控制依据。在有条件的情况下，监理还应熟悉施工招投标文件，以便对施工合同的形成，有一个比较全面的认识。

5 项目管理制度

任何公司都有其配套的管理制度。但这些管理制度是针对公司内部全体组织机构和人员的，是监理单位统一的基本工作要求，亦是最低工作要求，是反映企业基本素质的重要标志。

建设项目的独立性决定了针对不同项目应有不同的管理要求。这种须有针对性和独立性的要求，往往高于企业自身的要求。企业管理层应努力地将这一概念灌输给项目监理组，对进驻现场的监理组织，应该适应项目管理的要求，建立起一套与现场项目管理相融的、有针对性的管理制度。它体现了企业派驻现场人员的认知水平和工作态度。

6 其他内容

项目监理组是公司派驻项目现场、对工程项目实施控制管理的独立机构。监理组工作的质量，反映了公司的水平，影响到公司的对外声誉。为此，监理公司在对项目监理组的管理方面，总有一些基本要求，监理组应将监理工作的主要流程、组织机构、保证体系、项目目标、工程概况、主要的管理制度作为监理组形象标化的内容，布置在现场办公室的醒目位置；对不同的项目，形象标化的内容要求，布置方式、规模可能有些差异。但作为公司的基础管理，应该规定公司的基本要求和对项目的专门要求，以凸现企业的文化特征；另一方面，监理公司在人员管理方面，还应将其管理程序与制度对监理组进行交底。它包含：监理组人员组成、岗位与待遇、资源与配置、风险和利益。由于项目的不同，有些制度很难量化，需要公司管理层有较高的智慧来处理和解决这些问题，认真而务实地向项目监理组进行交底。这是完成监理工作，调动监理组成员积极性，体现企业文化，增强企业凝聚力的有效手段。

上述内容，是笔者对项目交底在监理工作开展之前重要性的一些认识。俗话说："万事开头难"，而我们的企业管理层和现场操作层，往往因为工作繁忙，而忽略了这项工作，由此会给监理组进场后的工作带来一些麻烦，或是增加了"磨合期"。

另一方面必须指出的是，交底工作应该是互动的。交底过程中，管理层应充分听取被交底者的反馈意见，加强沟通交流。总之，愿我们的监理工作能有一个良好的开端。

浅谈“平行同步”的施工测量方法

丁育南

在浦东国际机场的施工建设中，我公司负责主进场路高架Ⅱ标的建设。针对本工程工程复杂、质量要求高，而测量工序又事关该工程能否顺利开展的特点，特别设计了一套“平行同步”的施工测量方法，而此测量方法在实践中确有独到之处，本文将就此进行论述。

一、平行同步的重要性和必要性

（一）工程特点的要求

上海浦东国际机场主进场路高架Ⅱ标合同段包括：高架桥、地面道路、L型钢筋砼墙、路面排水管线、箱涵等单位工程，其中高架工程为整个合同段的关键工程，也是测量检测关键，共有99只桥墩需要定位。

（二）工程施工的要求

平行同步意味着严格的质量管理，是建立在经验教训基础之上的。它的必要性在于传统测量方法已远不能适应重大工程之需。君不见：桩位放错、转角有偏、承台倾斜、盖梁标高失当……这些现象我们见的还少吗？更有甚者，板梁吊装时非长即短，竟要靠凿去板梁两端才能嵌入，既造成工期延误又使经济受损。正是针对传统测量施工方法的种种弊端，提出了“平行同步”的测量施工方法。本文所谈“平行同步”测量方法是指：就某一巨大复杂工程而言，为确保该工程能保质保量按期完工，测量人员根据需要，分成相互监督、相互配合又相互独立的两部分相对独立作业，该独立性以工程正常展开为原则。“平行”：即测量组内两作业组就某一工序(如桩位)独立地以不同测量放样方法工作。“同步”即测量组内两作业组，就某一工序所完成的工作进行对比，找出相同点和不同点，并分析原因，以达到修正失误，确保测量质量的目的。

二、平行同步的事前控制势在必行

平行同步的重要性和必要性是确保质量的关键，决不可以掉以轻心。从承接任务后就积极有序地抓事前控制：组织力量，搭配班子，调拨器材，添置设备。提前进驻高架工地，抓紧时间研讨设计图纸，对图纸中的坐标、高程及注记进行全面核算、复核(发现前后矛盾处即请设

• 本文刊登在《中国勘察设计》2006年第4期 第49-51页。

计确认)。同时由本项目部召集有关测量人员进行开会交底，学习规程规范，明确各项限差要求，统一工作部署，并制订操作中应注意的事项，以及所有施测人员必须遵守的相关条款。另外，在正式开工前完善仪器测具的检验工作，对仪器的使用保管由专人负责，并定期送检。

经过以上各项准备工作安排后，实地对设计单位提供的平面和高程点进行全面复测，基本无误后工作正式展开：（一）布设加密导线网点，为平面放样打好基础。（二）增补加密水准网点，为高程布控做好准备。

三、平行同步的两种手段交相辉映

事前控制基本就绪后，正式转入实施阶段，兹简述如下：

（一）平面点

1. 极坐标法与视准线法同步

当一方用全站仪在直伸基准线上设站于点M，后视N时，用极坐标法放出5、6、7诸点(Q5、S5；Q6、S6；Q7、S7)，紧接着另一方用全站仪平行作业，测出诸点坐标值，其与理论值之差即为放样误差，作为书面检核资料。然后置点于点5(或其他点)上后视M，以视准线法按里程桩号间间距D6、D7及横向位移角δ6、δ7，如前，双方各自计算出一组点6和7坐标，按前法两相比较，详见图1所示。

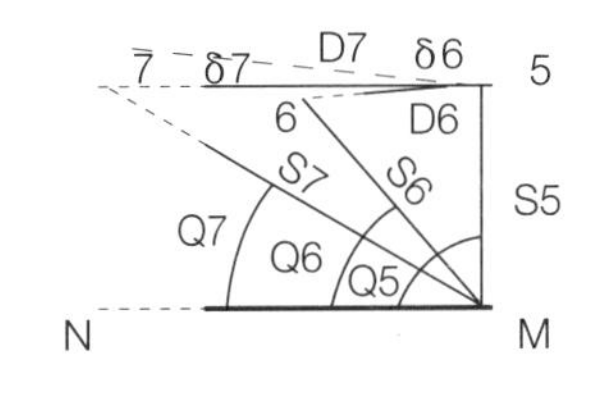

图1 极坐标法与视准线法定位示意图

2. 极坐标法与偏角法同步

如图2，仍按极坐标法放出点3、4，接着置站于YZ(ZY)点上，根据里程桩号分别算出偏角(δ3、δ4)和弦长(D3、D4)，再与实地放样值两相比较。

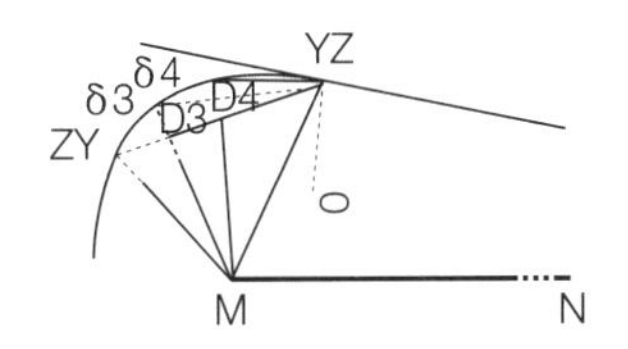

图2 极坐标法与偏角法定位示意图

3. 极坐标法与AC法同步

在施工方和另一方同时放出中心点B后，接着再分别放出点8的A点(或C点)、点9的C点(或A点)，A、C点均为与高架桥曲线正交且为定长的点，也即桥梁分孔中心线上的点(参见图3)。当置测站于8B后即可用8A进行距离和方位校核，同时反算出8B坐标，与极坐标法比较。同理，9B可用9C校核。当点10与M不通视时，也可定出A、C点，再校验AC长后内定B点且可算出B点的坐标偏差值来。

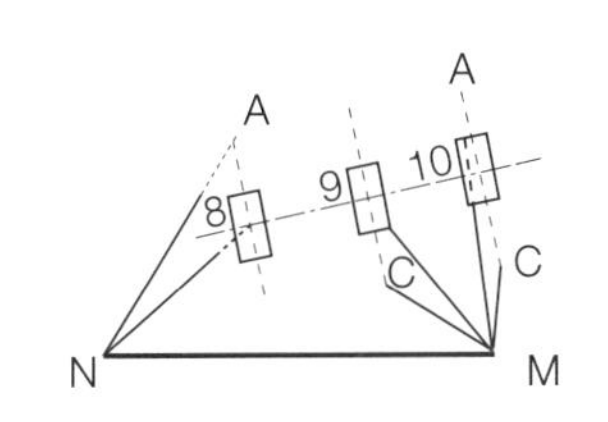

图3 极坐标法与AC法定位示意图

4. 极坐标法与障碍物引点法同步

用极坐标法定出点P、Q、R、S等，这些点均在高架桥的轴线上。为计算坐标方便，通常选择两桥墩位B点连线的中心位置，如图4所示。定出诸点后再测放出15B、16B……18B，并用距离和角度偏差值计算坐标。此法在垫层放样B点时尤为有效。

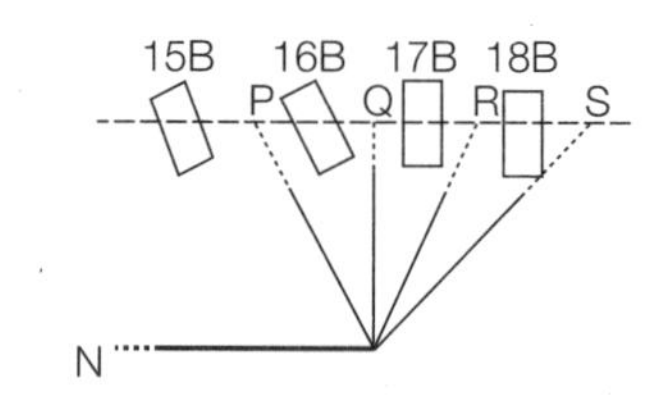

图4 极坐标法与障碍物引点定位示意图

5. 立柱顶中心的网络同步

如图5所示。从图5可以看出此方法类似于图1，不再赘述。

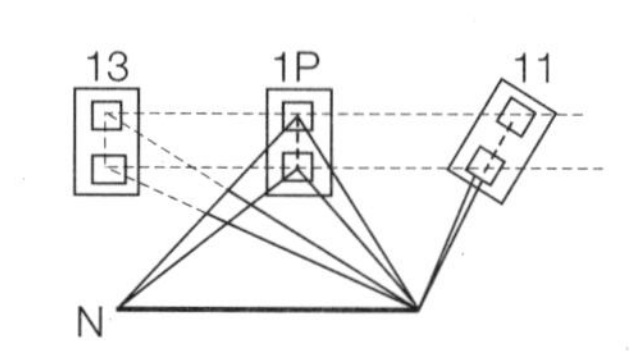

图5 立柱顶中心测量定位网络示意图

（二）高程点

高程点复测采用工程水准点的方法，但必须用两个不同水准点校核以免产生粗差。简述如下：

1. 承台顶面标高测定同步

浇筑承台前在承台骨架上标明高度，作为浇筑承台顶面标高的依据。浇筑前，由水准点直接测至承台顶高，其与在骨架上已标高度之差应为常量。浇筑成承台顶面后再行复测。

2. 盖梁底面标高测定同步

浇筑盖梁前在盖梁排架上标明高度，例如定高为5m，作为浇筑盖梁标高的依据，并以钢尺量取至盖梁模板底的距离是否符合要求。同时采用直接法，由钢尺(最好扣除10cm的)零端对准盖梁底面，钢尺大数朝下悬挂，并用大垂球引张形成一特制水准“标尺”，再置水准仪后视水准点引测出视线高，加上前视“标尺”上的读数，即为盖梁底标高。浇筑好砼后进行复测。

四、平行同步有效杜绝了事故

平行同步作业有效地进行了P(plan)D(do)C(check)A(action)良性循环和质量三控制(事前、事中和事后控制)，强化了监控职能，杜绝了因错误带来的损失，从而将事故消灭在萌芽状态之中。根据高架工程的实践，以下几方面问题得到了根本改善：

（一）杜绝了错误计算

测量工作整天与数据打交道，要求准确而迅速，笔算与心算均要一步到位，不能出半点差错。由于平行同步，在工地上必须争分夺秒。放样前一天均应分别采用编程计算与坐标反算等方法相互验算，施测人员之间在实地平行作业时，双方各自独立地在全站仪显示器上核对。实践证明此类错误(共出现85次)约占差错率的25%。

（二）杜绝了全站仪的读错记错

在全站仪上，既可记下放样的夹角(或方位角)和平距，又可直接测出放样点的坐标，双向核对加上平行作业，其错误趋向于零。实践中通常问题出现在观测员只注意角度的分秒与距离的厘米毫米上面，而忽略了度、米和分米等的大数上，现场纠正这类事故很多。实践证明此类错误(共出现141次)约占差错率的45%。

（三）杜绝了垫层(承台)转角的错误

人们往往有一种视觉“惯性”，当桥梁分孔中心线一直沿着正交位置前进时，突然与其他道路交叉接轨且旋转某一一定角度(ep.13°），此时仍往往按正交位置定位，造成错误。如图5中的点11应为右旋，就很可能误定为正交，而通过平行同步就会被当场予以纠正。实践证明此类错误(共出现50次)约占差错率的15%。

（四）墩位往往不在圆直点YZ(直圆点ZY)上，稍有疏忽就会以曲代直或以直代曲。

如图6所示，104点在曲线上位置为U被误定为直线上位置V，产生δ1偏差，通过平行同步立即得到了纠正。实践证明此类错误(共出现40次)约占差错率的12%。

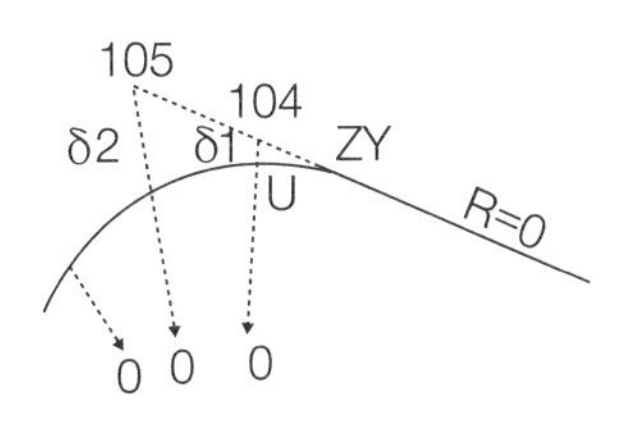

图6　直、曲线变化示意图

（五）杜绝了以弧代弦的错误

曲线上两墩位的弧长，是根据图纸上的里程桩号两两相减而得出的，其与实地放样两墩位的弦长是不同的，稍有不慎即将放出的弦长误当为弧长，距离出错。实践证明此类错误(共出现3次)约占差错率的1%。

（六）杜绝了高程点测定错误

由于在钢尺上读数，一旦距离稍远则该刻度不够清晰，且有排架林立视线不够通畅等影响，在浇筑盖梁砼前测定标高尤为突出。实践证明此类错误(共出现7次)约占差错率的2%。

综上所述，各类差错发生频率初步统计见表1，各类差错率比重参见图7。

表1　各类差错发生频率及其比重初步统计表

错误类型	计算	读错记错	转角	直曲线形	弧代弦	高程测定	合计
发生频率	85	151	50	40	3	7	336
所占比重	25%	45%	15%	12%	1%	2%	100%

主要差错集中在前面四个项目中，而读错记错位居首位，计算错误位列第二。而通过平行同步作业可以迅速得到纠正，在工程实践中成功地规避了因测量放样失误带来的损失。

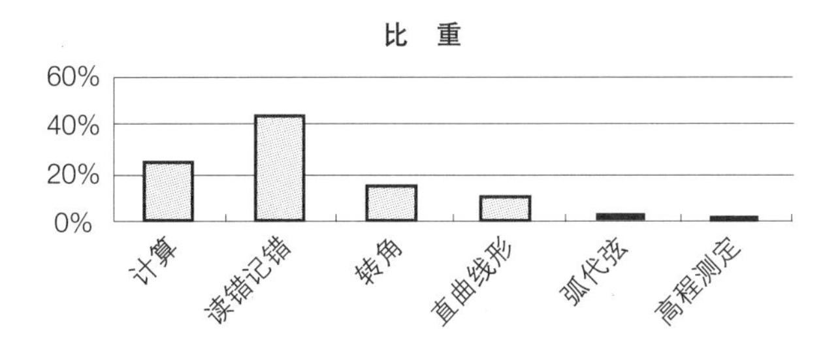

图7　测量放样常见失误统计柱形图

五、平行同步施测的精度评估

两种手段的施测使点位精度提高了2倍以上。当在限差内时，一般取均值作为最佳值。根据高架工地J、C道共99个墩位的初步统计来看，纵横轴线放样精度 ≤ 3mm，个别则稍大些。除观测误差、棱镜误差等外，起算点本身也存在一定的误差影响。限于篇幅仅就承台纵轴线放样精度列于表2。因单位起至毫米，未能绘制直方图而只按个数出现的多少绘制图8，从图8可看出类似于Gruss分布，可信度显著。

表2 纵轴线放样精度统计表

纵轴线放样精度(mm)	-5	-4	-3	-2	-1	0	+1	+2	+3	+4	+5
个 数	0	1	3	10	17	34	16	13	4	0	1

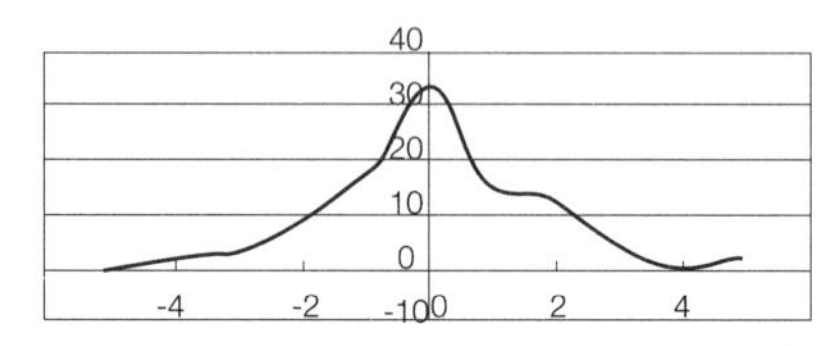

图8 纵轴线测点精度Gruss分布图

年初，上海市建筑质监单位来我工地对承台设计中心点的坐标位置进行随机抽检，结果为:

(南)S: max Δ s ≤ 2mm;

(北)N: max Δ s ≤ 3mm，仅一个 = +5mm。

令人信服地证明，平行同步测量作业是成功的，且作为一种体制是卓有成效的。

六、小结

总之，平行同步作业对我公司来说还是第一次，可以说是“初试牛刀”，还有许多地方(细节)要进行重组细化，使之更趋合理。“平行同步”测量施工方法，能有效提高测量质量，但施测人员的工作量亦要倍增；故必须同时做好协调配合工作，否则影响施工进度，甚至影响工期。

超长泵送混凝土施工技术

丁育南

随着地下盾构技术的不断进步，城市地下隧道施工区间越来越长，最长已超过2300m，这对在隧道中进行混凝土路面施工时能准确及时地将混凝土运输到指定工作面就成为控制工程质量的关键。

一、工程概况

某隧道工程为机动车地下通道，该工程隧道内径为6.0m，隧道区间最长的一段长度超过2300米。路面为钢筋混凝土路面，路面以下为箱梁，箱梁两侧及路面现浇混凝土(图1)。经计算，每延长米需要现浇混凝土3.43m^3，合计共需要混凝土超过7700m^3。混凝土在隧道中的最远运距不少于1150m，如果算上井距以及地面泵送运距，则不少于1200m。

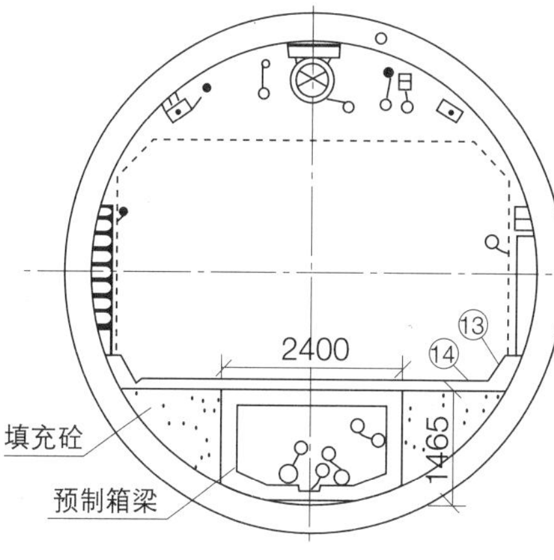

说明：13：预制路侧石，14：现浇砼路面。

图1 盾构断面示意图

二、施工方案比选

结合工程特点，主要考虑以下施工方案(见表1)：

经过比选，决定采用第4种方案即“高压泵输送”进行隧道混凝土路面浇筑施工。

表1 混凝土运输方案

序号	施工方案	优缺点	结论
1	柴油泵车接力	隧道中空间有限，交叉作业人员多，柴油泵车运转时要消耗大量氧气，必须同时增加配备换气设备才能保证柴油泵车运转正常以及相应的作业人员安全。	环境污染严重，对人身健康伤害很大。不安全，不经济。不可行。
2	隧道专用电瓶车驳运	因箱梁之间有现浇带，且必须重铺轨道，每段混凝土浇筑必须在轨道拆除后，用人工驳运到工作面。	费时费工，操作不当，可能出安全事故。不可行。
3	电动泵车接力	必须定型加工或改装，或者从外地项目中调用，均需要30天以上。	不能满足工期需要，不可行。
4	高压泵车输送	在工作井外地面设置高压泵车，配以高压泵管直接敷设到作业面，混凝土一次输送到位。	省时省人工，经济安全。可行。

• 本文刊登在《中国科技成果》2005年第23期 第22 - 23页。

三、超长距离输送混凝土技术要点

混凝土能否在管中顺利流通是泵送工作能否顺利进行的关键，为此应做好：厂家选择、路线选择、配合比选择、管材选择等方面的基础工作。

（1）厂家选择

选择商品混凝土生产厂家时，必须确保：该厂家供应的混凝土质量有保证，并具有混凝土质量控制和检测能力；该厂家有足够的运输工具、足够的混凝土制备力量且供货及时，并以单位泵送混凝土量的1.5倍确认生产厂家；该厂家距施工现场运距在5km～10km之间，且交通方便。

（2）路线选择

在混凝土生产厂家确定后，必须对厂家至施工现场的路况进行调查研究，对所确认的所有可能路线进行比选，以选择受社会车辆干扰最少且最近的路线为原则。同时要确保混凝土在路上运输所需的时间不得超过30分钟，或混凝土初凝时间的1/3，以保证混凝土成品浇筑质量；如果不能满足以上要求，则必须重新选择厂家和运输路线。

（3）配合比选择

为使混凝土在泵送过程中不产生离析和堵塞，具有足够的均质性和胶结能力，具有良好的可泵性，泵送混凝土对混凝土的配合比提出了要求：碎石最大粒径不宜大于20mm，砂宜用中砂，通过0.315mm筛孔的砂应不少于15%，砂率宜控制在38%～45%，并用砂含量的15%粉煤灰替代之，以增加混凝土的可泵送性。水灰比宜为0.4～0.6。适当增加混凝土强度由C30调整为C35，混凝土坍落度由12cm ± 2cm调整为18cm ± 2cm。水泥用量调整为340kg/m^3，以确保混凝土施工质量。同时，为延长混凝土初凝时间，在不影响混凝土质量的前提下，可考虑适当掺量缓凝剂。

（4）管材选择

在本工程中，泵送混凝土运距超过1200m，为确保混凝土能够正常运输到指定工作面，泵送混凝土所用的泵管必须能够承受泵送混凝土时的巨大侧向压力，而且密闭性能良好。为此必须选用最小抗压强度不小于12MPa高压泵管，才能保证泵送混凝土能正常运行。经过研究，决定在本工程中采用浇筑上海东方明珠塔时所用的同类型泵送混凝土高压泵管。

四、超长距离输送混凝土施工要点

为确保泵送混凝土能正常进行，在正式施工之前成立专项工程施工领导班子，下设泵管安装组，维护检查组，混凝土浇筑组，后勤保障组和应急抢修组。其中专项工程领导班子的主要任务是：编制并认真执行《专项工程施工应急预案》；组织协调各专业班组的施工配合以及准备必要的应急物资。

（1）泵管安装

进行泵送管道布线时，应尽可能直，转弯要缓，管段接头要严密，尽可能不用锥形管，以避免压力损失。在不影响钢筋网片完整性的前提下，设置三角形支架以支撑并固定泵管。为确保泵管连接的严密性，泵管连接时安排专人设置并检查泵管密封圈是否按要求设置，泵管密封圈设置的好坏将直接影响泵送混凝土能否顺利。在泵管端部安装同直径尺寸的2m长软管以便于工作面混凝土浇筑。

（2）维护检查

泵管安装完成后，立即组织专人进行检查，检查重点在泵管接头的严密性及其连接的牢固性，以及支撑泵管支架的稳固性。检查泵管连接严密性的行之有效的方法是对泵管进行灌水检查。在确保泵管没有水渗漏后才能组织试泵送混凝土。

（3）混凝土试泵送

为减少泵送阻力，泵送之前先对泵管进行灌水预湿，以复检泵管安装是否符合要求以及避免混凝土在压力作用下强烈吸水而使坍落度降低在管道中堵塞。另外，试泵送混凝土之前，先泵送适量的与泵送混凝土水灰比一致的水泥砂浆以润滑泵管内壁。待水泥浆泵出管口后再进行试泵送混凝土。在确保本工程质量的前提下，试泵送混凝土的坍落度应适当加大。

（4）正式泵送施工

后勤保障组在正式开始混凝土施工后必须对每车混凝土的坍落度进行检测，坍落度不符合要求的混凝土不得使用；同时确保混凝土能及时到位，施工现场必须一直不得少于两车混凝土，不能出现断档现象。如果混凝土供应不足，应间隔2分钟开动泵车泵送3～5下。

维护检查组在混凝土正式泵送后随时处于检查状态，主要检查泵管接头，发现有松动处及时进行加固；现场如出现断管、爆管、或管道阻塞时能及时通知应急抢修组。应急抢修组除准备必要的泵管、扣件，橡皮密封圈等抢修物外，必须随时处于待命状态，接到抢修命令后能及时处理，以确保混凝土能正常浇筑。

五、总结

本工程自2004年12月20开始排管到12月31日完成混凝土浇筑施工，不考虑排管所花时间，混凝土的浇筑工效超过50m³/h。通过本工程的泵送混凝土施工，可以发现：只要准备充分，组织得当，超长距离混凝土输送施工技术对空间有限的混凝土浇筑，可以创造较好的经济效益和社会效益。

应做好工程造价资料的积累

张 谦

工程造价资料的积累指的是对工程项目及其各个环节中具有使用价值的工程投资估算、设计概算、施工图预算、竣工结算、未计价材料等资料收集和整理，它是工程造价基础工作的重要组成部分，也是工成造价从业人员加强工程造价管理所必备的条件。实践中，诸如投资估算、设计概算、施工图预算、竣工结算或是新材料、新工艺、新技术、新设备等工程造价资料，不仅综合地反映了各类工程项目及其各个环节的技术、经济、特点和管理水平，而且是工程技术经济人员在工程建设中经验和教训的分析与总结；因此，工程造价资料积累对有效控制工程造价、提高投资效益均具有重要的作用和积极的意义。

统计资料显示，在项目决策及设计阶段，影响建设项目造价的可能性为30%～75%，而在实施(施工)阶段影响建设项目造价的可能性仅为5%～25%。显而易见，控制工程造价的关键就在于项目实施之前的项目决策和设计阶段，项目决策是决定因素，而设计则是关键因素。在建设项目的前期，通过对所积累的工程造价资料的分析，以类比的方法对典型工程进行分解、换算等，工程经济人员可以对工程项目作出比较客观的投资估算；而在初步设计阶段，工程经济人员通过使用所积累的造价资料，不仅可以深入细致地编制初步设计概算，也为限额设计和方案的优化提供了客观依据，确保了将设计概算有效地控制在投资估算范围内；同时，施工图预算一旦确定后，工程经济人员亦可通过对已收集的工程造价资料的比较和判断，找出偏差的原因，并对可能影响造价变化的不可预见因素进行正确分析和预测，从而把施工图预算有效地控制在设计概算内。在工程项目招投标时，通过对积累资料中类似工程实际造价及其造价变化规律的分析比较，进行比较客观地预测将要发生的造价，从而降低标底的盲目程度。在工程建设过程中，通过对反馈所得的造价信息等资料的分析研究，可以尽早发现影响造价的问题，并及时予以解决，避免不必要的损失。另外，通过对现场计量、进度、质量等方面的资料收集，也是控制施工过程中签证费用的主要依据。

在编制工程造价时，投资估算指标、概预算定额以及工期定额和价差调整办法等资料是计价的主要依据；而当新工艺和新材料出现时，工程经济人员则需要从收集的资料中整理出可利用的数据以获得编制新增定额的有用信息。同样，只有通过对已完工程所收集的造价资料，进行分析和总结，工程经济人员才能发现同类工程造价的客观规律，发现其中存在的问题和错误，分析影响工程造价不合理的因素，进而为预算造价指数、人工、材料、机械费用指数等其他技术经济指标的确立提供最直观的基础资料。可见，单纯的资料积累只是一堆数据，只有经过整理分析才能称为资料。在发达国家，各种造价基础资料，包括人工、材料、机具的消耗量及价

• 本文刊登在《建筑》2004年第11期 第35－36页。

格，甚至土地价格、筹资利率、各方利润等一般不搞统一规定或定额，完全由市场或实际需要来决定，由造价管理专业人员和专业团体来管理。但是，国家却要通过一系列法律法令来规范市场各方面的行为，保护各方的正当利益，达到宏观调控的目的。各个工程造价咨询机构都拥有自己多年积累的、完整的造价资料。它们把造价资料归集起来，并经分析整理存档。一旦需要，随时可以从计算机中调出，再根据具体情况调整，即可用于新的工程。许多工程造价咨询机构或学会及学术团体也坚持多年地公开发行各种最新的造价资料和价格信息，达到造价信息资源的社会共享。其主要内容除各项目的人、材、机等消耗量及价格、费率、利润等外，还有各类工程的年度价格指数及各城市之间的地区价格指数。这些经过发达国家数十年经验证明是行之有效的方法，我们完全应该借鉴并开发出适合我国国情的资料积累分析系统。定额管理部门应根据科学技术发展应用的情况及时编制好相关的概预算定额，打破一套定额管几年的既定框框，尽量缩短使用年限，定额管理部门和有关概预算人员，要密切关注科学技术、材料设备的发展动向，根据新工艺、新设备及时编制或更改相关概预算定额，为工程造价管理提供及时可靠的控制依据。提高工程造价编制水平是一个系统工程，它不仅需要一支高素质的专家队伍，还要有配套的政府政策和社会环境。

在市场经济的条件下，作为商品的建筑产品由于受到价值规律、商品供求规律和货币流通规律的影响和支配，其市场价格千变万化。因此，唯有在积累并占有大量工程造价资料的同时，工程经济人员才能不断地积累和丰富自己的实践经验和实际工作的能力；只有通过对上述积累资料的分析、总结、研究和比较，工程经济人员才能不断地强化和提升自身的理论知识和业务水平，也只有通过对工程造价资料长期不断的积累和运用，才能持续不断地充实和提高包括技术、管理人员在内的所有工程专业技术与管理人员的综合素质和市场适应能力，发现和把握市场规律，从容驾驭市场，客观、准确、合理地编制、管理并有效地控制工程项目的造价，减少、避免，直至杜绝工程建设中建设资金的损失。

由于工程造价管理在建设项目中和各方经济利益密切相关，且对全社会的经济活动起着十分重要的导向作用，我们应该根据市场对造价管理人才的素质要求，促使教育机构开设工程造价专业课程，正规培养工程造价专业的高级人才。目前我们工程造价行业的人员素质离社会的要求还有距离。因此，我们应该抓紧学习，跟上时代的步伐。工程造价从业人员应该是本专业的专家，同时也应该是工程方面的行家。只有高水平的人才才能够编制出高水平的工程造价。专业的地位与专业所起的作用是成正比的。我们应该从提高个人的水平入手，逐步提高全行业的工作水平，为我国现代化建设发挥我们应有的作用。

综上所述，工程造价资料的积累是工程造价控制活动中一项重要的基础工作，做好资料积累工作，特别是通过对这些资料的发掘和运用，是工程造价人员在市场经济条件下编制工程造价、控制工程造价、提高投资效益、进行投资决策和技术经济分析、提高自身业务素质的客观基础、重要依据和有效举措。

浅谈工程建设前期的造价控制

张　谦

所谓建设工程造价控制就是在建设程序的各个阶段,即项目建议书阶段、可行性研究阶段、设计阶段、建设准备阶段、施工阶段、竣工验收阶段及后评估阶段采取一定的方法和措施把工程造价控制在合理的范围和批准的投资限额内,及时纠正发生的偏差,以求合理使用人力、物力和财力,取得良好的投资效益和社会效益。建设前期工作主要包括项目建议书阶段、可行性研究阶段、设计阶段及建设准备阶段。根据有关资料分析,施工阶段和竣工验收阶段对工程造价的影响程度约占10%~20%,而真正影响工程造价80%以上的是建设前期阶段,特别是投资决策阶段和设计阶段。但现在对建设工程造价的控制,主要或者说绝大部分在建设施工阶段,一般只重视施工的预决算而忽视实施前的造价控制:只重视施工而忽视设计;只重视砍价、压价而忽视科学合理的定价:只重视造价控制的形式而忽视其实质。所以造价控制的效果不是很理想,造成建设工程概算超估算、预算超概算、决算超预算(即“三超”)的现象十分严重。因此,作为造价管理人员就应在项目决策阶段和设计阶段参与项目造价管理,实行全面造价控制,以达到降低工程项目投资、提高投资效益的经济目标。

1　投资估算和投资决策对项目成败至关重要

投资决策阶段是产生工程造价的起始阶段,这一阶段耗资约占总投资的0.5%~3%,但能有效提高项目的投资效益。对建设项目进行合理的选择是对经济资源进行优化配置的最直接、最重要的手段,项目投资效益影响到整个国民经济的效率和效益。发达国家对投资决策阶段工程造价的控制十分重视,不惜花大本钱、大力气进行投资决策阶段的造价研究,作出相对比较准确的工程造价并进行控制,科学编制投资估算。投资估算是一个项目投资决策阶段的主要造价文件,它也是项目建议书和可行性研究报告的重要组成部分,对于项目的决策及成败至关重要。投资估算要求考虑充分,估算合理,充分估计出项目建设过程中及建成后的收益与风险,并提出应对和防范措施,但也要防止高估,尽可能做到全面、准确、合理。一个项目,若出现前期决策失误,则不管后期建设实施阶段如何努力,也无法弥补其损失。我国的工程建设一直存在投资膨胀严重的现象,造成工期越拖越长,工程造价越来越高,其重要原因就是缺乏建设前期确定工程造价的有效依据,只能依据专家、决策者们借鉴已完成的项目工程造价进行估算,但又往往因为诸多因素影响,导致“三超”现象相当普遍。具体原因主要有:(1)人为因素造成概算降低。有些项目在申请立项阶段,为了能使项目尽快通过批准,有意压缩工程投资,预留

• 本文刊登在《建设管理》 2004年第6期 第49-50页。

资金缺口。(2) 在初步设计阶段达不到国家规定的深度，存在较多设计上的漏洞，设备和材料价格不按市场行情制定。(3) 在项目实施过程中，建设单位提出超过设计标准的过高要求。因此，在投资决策阶段造价工程师就应参与项目管理，审核投资估算，尽可能使投资估算做得全面、准确、合理，使建设项目的投资决策建立在科学的基础之上。

2 设计阶段是建设项目工程造价控制的关键

在投资估算得以合理确定，通过投资决策建设项目得以合理确定以后进入设计阶段。设计是把技术与经济有机结合在一起的过程。在项目做出投资决策后，控制工程造价的关键就在于设计。设计单位应根据建设单位提供的设计任务委托书的要求和设计合同的约定，努力将概算控制在投资估算内。设计阶段又可分为四个小阶段：(1) 方案阶段：根据方案图纸和说明书作出含有各专业的详尽的建安造价估算书。(2) 初步(扩初)设计阶段：根据初步(扩初)设计图纸和说明书及概算定额编制初步设计总概算书。概算一经批准即为控制拟建项目工程造价的最高限额。(3) 技术设计阶段 根据技术设计的图纸和说明书及概算定额编制初步设计修正总概算，这一阶段往往是针对技术比较复杂且工程规模比较大的项目而设立的。(4) 施工图设计阶段：根据施工图纸和说明书及预算定额编制施工图预算，核准施工图预算造价是否超过批准的初步设计概算。以施工图预算为依据的招标工程价，则是以施工图预算作为基础，通过招投标竞争确定的中标价以经济合同形式确定承包价的依据，同时也是作为决算工程价款的依据。由此可见，设计阶段造价控制是一个有机联系的整体，各设计阶段的工程造价(估算、概算、预算)相互制约、相互补充，前者控制后者，后者补充前者，共同组成工程造价的控制系统。

设计阶段的设计费用支付虽然只占建设工程总投资费用的很小部分，但对工程造价的影响程度占工程造价的75%以上。为了避免施工阶段不必要的修改，减少设计变更造成工程造价的增加，应把设计做细、做深。所以在没有开工前把好设计关尤为重要。一旦设计阶段造价失控，必然会给施工阶段造价控制带来很大难度。目前我国大部分设计单位对工程项目的技术与经济进行深入分析不够，在设计中重技术轻经济，设计人员似乎只对工程设计的质量负责，对工程造价的高低并不关心，以致工程上出现的“肥梁、胖柱、厚板”现象久久不能消除，无法通过优化设计方案，使编制的初步设计概算起到控制工程总造价的作用。由于工程设计图的质量和深度等不够，因而也无法有效控制工程造价。加上目前的工程设计取费是根据工程造价比例提取的，这就使设计单位普遍存在提高造价的倾向。对此，笔者认为应采取以下措施：一是建立设计图纸审查机构。审查机构不能形式主义、走过场，避免边设计、边施工、边变更的情况发生。二是放开设计市场和采用限额设计。当前我国的工程设计也实行招投标制、公平竞争，把设计阶段工程造价指标作为选择中标单位的主要标准之一。建议改革设计取费只根据造价比例提取的做法；在项目设计过程中，按照工程概算，采用限额设计。三是完善相应的处罚措施。对设计过程中工程造价突破的情况，应查找原因，追究相关负责人的责任，把设计行为和设计责任落到实处。

实例介绍。在我公司承接的一些全过程造价控制的项目中，造价工程师从项目立项和可行性研究阶段就介入，参与项目前期的造价控制工作。造价工程师对工程的投资估算进行审核，对投资估算中的投资额是以平方米指标来体现的，这就要求造价工程师运用长期积累的经验和专业知识，根据本工程的方案图纸和说明书，审核是否指标偏高或偏低的内容，是否有漏项，并出具审核意见。在初步设计阶段审核设计概算。因初步设计图纸已经达到一定深度，设计概算有详细的分部分项的子目内容，造价工程师根据初步设计图纸及说明的内容对设计概算逐项进行审核，审核是否有漏项，是否有多算和少计的工程量，然后出具审核意见。因初步设计阶段总的设计思路已定，故对设计概算的审核尤为重要。在一些财政拨款的政府投资项目中，以前常常出现“钓鱼”工程，即在立项、可行性阶段，按照业主或长官意志先把投资额故意压低，等项目批准后再提高标准及投资额，造成预算超概算，决算超预算的现象。现在政府投资的项目概算一经批准就作为投资的最高限额，超过投资部分政府将不再承担追加投资额，这就对造价工程师的概算审核工作提出了高要求。例如，我公司承接的某个政府投资项目，在审核投资估算过程中发现以下问题：(1) 漏掉了配套工程中的外配套及管线费用；(2) 针对该办公楼标准，弱电系统造价远远不够；(3) 装饰标准按投资估算中的标准偏低。根据以上情况，并就装饰标准的高中低三种情况，造价工程师提出了修正估算的几套方案，供审批机关参考。最后建安投资额由原来的3.1亿元提高到3.8亿元。后在设计阶段的概算审核过程中发现：(1) 漏掉了外墙干挂花岗岩架的费用(因此部分造价在干挂花岗岩定额中未包含)，(2) 漏掉了钢筋超定额含量部分的量(因定额含量偏低，可调整)。(3) 钻孔灌注桩工程中钢筋笼含量过高(下段桩钢筋可考虑比上段桩减少)，基础底版偏厚及上部结构中某些部位梁、柱偏大。希望设计方在保证安全的前提下，适当减少混凝土及钢筋的含量，尽量减少“肥梁、胖柱、厚板”程度，达到节约投资的目的。根据以上情况出具了审核意见。最后设计院根据造价工程师的意见优化了图纸，修改了设计概算，达到了很好的效果。又如，某政府投资项目的投资估算及设计概算通过我公司造价工程师的审核，投资额由原来的10亿元降低到9.1亿元。因此，投资估算、设计概算通过有经验的造价工程师的审核，能如实反映投资的真实情况，真正起到事前控制的目的。

3 认真开展招投标工作

建设工程招投标在我国全面推行后，在缩短建设工期、确保工程质量、降低工程造价、抵制不正之风方面作用明显，也有效地保障了招标人和投标人的合法权益。在承发包市场推行招标投标制，并与国际接轨采用实物工程量清单进行招投标，招标单位提供实物工程量清单或完整施工图，投标单位根据实物工程量或施工图纸按招标文件要求及企业自身情况采用综合单价法进行报价，由技术、经济方面的专家采用合理低价评标法进行评审，提出书面评审报告供招标单位确定中标单位。这一方法能够反映出投标企业综合的技术实力和价格的竞争水平。造价工程师应根据现行规范、市场信息和取费标准、施工图纸、现场因素、工期等认真编制标底，并使标底控制在概算或预算内。合理的标底造价是工程质量的保证。高价承包使业主蒙受损失；低价承包会造成承包商的不规范施工，安全缺乏保障、延误工期、导致施工质量隐患重重，增加工程项目使用期间维修费用。

由此可见，工程建设前期的造价控制真正体现了事前控制的思想，起到事半功倍的效果，达到花小钱办大事的目的。只有真正把控制造价的关键确立在建设前期，才能有效降低工程造价，合理利用资源，提高工程质量。

建设项目的造价控制方法初探

李 爽

建设项目的造价控制工作就是在建设实施阶段，通过开展建设项目的造价管理，随时纠正建设项目投资发生的偏差，把实际造价努力控制在既定的投资限额内，保证项目投资管理目标的实现，以求在项目建设中合理使用人力、物力、财力，取得较好的投资效益和社会效益。

造价控制的目标与理念

一、目标

以批准的总概算及其分项概算为投资控制目标，在工程实施全过程中，采取动态控制措施，将总投资最终控制在概算范围内。

1. 设计阶段投资控制目标：按业主和批准的设计概算为目标控制施工图预算费用。

2. 施工阶段投资控制目标：按施工图预算及中标标价为目标控制工程建安造价。

二、理念

推崇并实行主动控制和事前控制。其主要思路是：以工程批准的总概算为目标，根据工程类型切块分解总概算，细化概算目标。运用控制论的基本原理，采用动态控制方法，定期分析、预测最终结算投资数额。掌握跟踪概算执行情况，严格结算并审查各类费用，依据概算执行情况向业主提供充分、客观并经过分析的资料及信息，提供控制投资方面的报告和建议，以促使工程在人力、物力、财力方面得到最合理的使用，取得最大的投资效益。

造价控制的主要方法及相关措施

一、设计阶段

设计阶段的投资控制工作是造价控制的源头环节，对整个项目的投资控制具有决定性作用，为此可采用如下方法和措施：

1. 全面准确地领会和掌握工程初步设计文件，准确把握初步设计文件的设计标准和技术经济指标，并与承担该项目设计工作的设计单位建立沟通机制。

• 本文刊登在《上海经济》2006年增刊 第142页。

2. 参与项目扩初设计和概算预算审查。审查项目建设内容及投资超计划或漏项投资等情况，合理确定项目总投资计划控制目标，并出具审核报告。

3. 对初步设计概算分项进行分析、测算各类费用，协助业主确定各单项投资控制目标的投资控制措施：① 投资控制专业人员应首先完成总投资项目内容的分解，同时对概算造价进行分析归纳、预测后形成“目标控制值”，并专题报告给业主审批；② 概算造价分解一般不改变概算的项目分类，尽可能在概算分类项目下将对应工程经济合同进行细分，细分时按项目管理单位提供的工程标段号，项目造价分解将贯穿整个项目不同时期的动态分析；③ 项目概算造价分解后，进行单项投资控制目标的确定，将按操作程序实施；④ 确定单项控制目标时，势必要进行必要的预测分析，预测要有充分的依据，计量计价预测要符合专业性、科学性、合理性的要求，在确定各分项项目的目标控制值后，报业主审批执行。

二、施工阶段

1. 重大合同管理的投资控制实施步骤

(1) 投资控制专业人员对工程经济合同的投资控制实施要分三个阶段进行，即合同签订过程、合同履行过程、合同结束清算；

(2) 针对项目建设中采取公开招标或直接发包的不同的工程承包合同形式，参与到项目的招标工作或直接发包谈判；

(3) 其他的工程经济合同的签订重点控制合同造价的确定，同时对合同条款提供专业咨询意见；

(4) 对已签合同，进行跟踪投资控制，定期和不定期地分析合同履行情况，对违约行为的出现，及时提供分析报告；

(5) 合同履行情况的投资控制分析采用定性与定量相结合的方式与投资控制目标动态分析工作相结合；

(6) 工程经济合同履行完成后，投资控制专业人员应进行合同的清算审核，确保合同清算的准确、及时。

2. 工程进度款支付审查

审核已完成工作量：

(1) 投资控制专业人员，在介入工程投资控制工作后尽快会同业主与各承包商协调工作，提供投资控制人员设计的工作量月报审核流转单，在接受业主和承包商的合理意见后，确定表式内容，明确流转程序；

(2) 根据业主与施工方签订的承包合同的付款约定内容，确定每期完成工作量报表审核的计量计价方式，确定审核的内容；

(3) 审核当期应付款时，应针对不同施工单位计算应扣的预付备料款、甲供材料及设备款、相应比例的工程预留款及其他应扣款项，形成实际应付款的金额数据；

(4) 对以合同约定的比例按施工的形象进度来计算付款金额的项目，应重点核对实际完成施工的进度形象，同时核对其计算的比例和口径的准确性；

(5) 按实际完成施工的形象进度工作量，按合同约定的计价依据计算付款金额的项目，要按施工设计图和投资控制的现场记录等资料进行计算核实，按合同约定的计价依据进行核价。

3. 工程变更

对“设计变更”的投资控制实施程序：

(1) 通过现场办公、工程例会等建设过程的投资控制工作，及时、准确了解工程建设“设计变更”的情况；

(2) 针对“设计变更”的具体内容，尽可能在事先向业主报告因“设计变更”因素所导致的工程造价变动程序；

(3) 投资控制总监工程师或分部负责人，将及时组织相关专业技术人员，对“设计变更”的方案进行分析，如投资控制人员依靠自身的实践经验，发现“变更”存在会导致不合理造价产生的情况，应及时向建设单位提出意见和建议；

(4) 设计变更正式生效，投资控制应及时进行计量和计价，确定由此引起的造价变动，作为竣工结算的原始依据。

三、竣工结算阶段

参与拟订工程结算方案和程序，审核竣工结算报告，编制概算执行情况报告和投资控制总结报告：

1. 参与拟订工程结算方案和程序，使编制的结算方案和程序符合国家规定的专业要求；

2. 按业务操作指导规程及时完成竣工结算报告的审核工作，并出具规范的审核报告；

3. 协助业主编制竣工决算报表和交付财产报表，配合审计工作顺利完成。

关于滩涂促淤，围垦造地的对策建议

朱丽蓉

随着城市经济特别是房地产业的不断发展，土地作为有限的资源，将越来越成为资源争夺的焦点。为此，市政府已明确发文规定，自2004年8月1日起，对土地实行储备制度的办法。该办法指出，市、区(县)政府委托土地储备机构，依据土地利用总体规划、城市规划和土地储备计划，对依法征用、收回、收购或者围垦的土地，先通过实施征地补偿安置、房屋拆迁补偿安置或者必要的基础性建设等予以存储，再按照土地供应计划交付供地。而滩涂促淤、围垦造地作为唯一能使土地总量增加的方式，也是其中的重要一环。同时，现行的《上海市土地利用总体规划》也提出了“到2010全市要完成滩涂促淤110万亩、围垦造地60万亩”的战略目标。但是，滩涂促淤、围垦造地作为一种前期投入大、建设周期长、财务效益差而社会效益显著的投资项目，在相对于城市总体发展而言的有限的政府财政能力的条件下，只有逐步建立滩涂滚动开发的良性循环机制，才既能如期完成《上海市土地利用总体规划》的战略目标，又能配合市府关于土地储备方法的有关要求，保障有效储备。为此，本文拟通过对近年滩涂促淤、围垦造地操作过程的调查和研究，对确立有关滩涂资源开发的良性机制提出相关的建议。

一、问题症结分析

通过对有关部门及现行相关的政策的调研，笔者发现近年来，本市滩涂开发利用方面存在的主要问题，就是市政府对围垦成陆的土地使用权的管理相对薄弱，突出表现在，围垦成陆的土地在不符合规划发展要求下即已转让给了单位或个人，造成土地综合使用及统一管理的困难。经过初步的分析，笔者认为，造成该问题的主要症结有两点：其一，在于企业资金实力有限，促淤围垦的投入产出跨度大，为了更好地滚动开发，采取了多渠道、多层次、多元化的投资方式。根据《上海市滩涂管理条例》中规定的“谁投资谁受益”的原则，有可能造成在投入之初即已将未来土地的使用权提前分配的情况。其二，在于滩涂的开发利用及管理与围垦成陆后的土地的开发利用及管理的脱节，土地规划的滞后。调查显示，目前本市的滩涂资源开发利用由市水务局主管，土地的开发利用主要由市房地资源局主管，滩涂资源的规划由市水务局的有关部门制定，土地规划由市规划局制定，但由于滩涂从促淤到围垦成陆的时间跨度较长，而在成陆之前该土地的规划尚未确定，造成土地使用权转让与以后制定出的规划要求可能不符。

二、相关对策与建议

一个好的开发机制，应该达到既能有利于加大滩涂资源开发力度，又能有利于国家对土地

• 本文刊登在《上海房地》2005年第2期 第42 - 44页。

资源的集中控制。要达到良性循环的目标，必须有利于引入竞争机制，通过市场竞争来促动。结合以上分析，提出两种对策与相关建议。

2.1 对策一

2.1.1 对策内容

为鼓励对滩涂资源的开发利用，采取多渠道、多层次、多元化的资金筹措方式。但同时，为了便于国家对围垦成陆土地的集中管理，事前控制是最为关键的，有必要分清滩涂开发与土地开发的节点。市政府应承诺在滩涂开发围垦成陆并经竣工验收后进行土地使用权的收回，再根据规划的要求进行全市耕地平衡及土地使用权的转让，由此确保土地的综合利用和统一管理。

2.1.2 相关建议

(1) 收回土地使用权价格的确定。由于滩涂资源地理位置及自然条件的特殊性，个体差异性较大，造成开发利用的技术要求及投资成本的极大差异，所以，围垦成陆的土地使用权价格也不能一概而论。因此，采用招投标的方式对不同的标的进行分别招标是较为合理的方式。由市水务局根据滩涂开发规划及年度实施计划开展招投标工作，以确定促淤围垦工作的建设主体，其中，围垦成陆的土地使用权价格作为竞标的主要参考因素之一，当然，标底价格的制定可以会同有关技术、经济专家共同商讨，并考虑一定的投资回报及资金的时间价值来确定。这样，既能引进市场竞争机制，又能确保国家对土地进行统一管理。

(2) 收回土地使用权资金的来源、投资建设及回收方式。该资金来源主要由以下几部分构成：一是市财政收取的耕地开垦费；二是已开发的围垦成陆土地的收益；三是该部分土地转让的收益。

考虑到滩涂资源开发利用工作投资较大、建设周期较长这一特点，中标的企业可以凭借政府承诺的信用向银行贷款以开展促淤围垦工作，待竣工验收合格后政府可视财力回收土地使用权；对于暂未回收的部分，应在竣工验收后至回收时止这段时间内，根据企业对该部分滩涂开发的中标价，参照同期银行利率或国债利率来支付利息。

(3) 修订现行的《上海市滩涂管理条例》。滩涂开发利用工作必须在市一级有关部门的审批、规划管理下开展，中标建设主体在围垦成陆工程竣工验收合格后，不能直接取得土地使用权，而应由市政府先收回，再统一进入现行土地开发利用的操作程序。但在同等条件下，该建设主体有优先对该围垦成陆土地的开发权。

(4) 为确保用于政府收回已围垦成陆土地使用权资金的顺利到位，进一步加强围垦成陆土地的规划工作，并提高其严肃性及预期性，加快围垦成陆土地的土地使用权转让进程，以确保市政府资金能及时到位，从而，更好地促进本市滩涂资源开发利用的顺利进行，使之进入良性循环。

2.1.3 运作流程

方案一的运作流程见图1

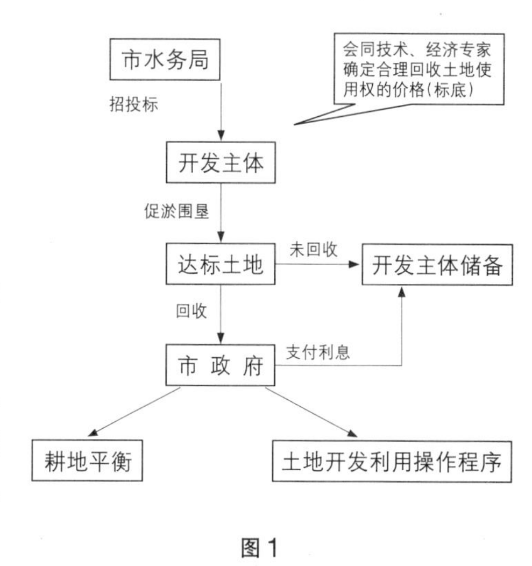

图1

2.1.4 优缺点分析

优点。该方案注重于事前投入产出的控制，将政府回收土地使用权的价格在招投标工作阶段即已确定，既有利于政府对未来土地的集中控制和统一规划，又有利于政府更好地安排和落实资金。同时，由于全部通过招投标的方式确定开发主体，能更好地引进竞争机制，促进投资成本的节约。

缺点。在围垦成陆后政府应支付的土地使用权的回收款数量较大，可能造成财务困难；同时，开发主体凭借政府信用进行贷款，最终可能将给政府造成一定的财务压力。

2.2 对策二

2.2.1 对策内容

目前，本市滩涂资源开发已有专业的公司，从引进市场竞争机制出发，可以考虑组建由市级国有投资公司为控股方的新的造地公司，这样，既能形成竞争的格局，又可通过国有资产的控股来达到增强政府对促淤围垦土地集中控制的力度。

为了更好地促进滩涂资源的开发利用，政府应将本市的促淤围垦工作尽量交由现有的或今后新组建的同类性质的造地公司去完成，并在已知未来土地规划用途的情况下，将未来有收益和无收益的、收益大和收益小的滩涂开发，合理搭配、平衡，以提高公平性。

2.2.2 相关建议

在已知未来土地规划用途的前提下，对所开发利用的滩涂资源，其投入与产出可根据不同的规划用途采取不同的政策。

(1) 用作耕地总量平衡的土地。建议其建设资金由市财政给予周转贷款并享受低息优惠，具体数额由市财政视实际情况而定，还本付息在以后市财政收取的耕地开垦费中平衡。

(2) 用作郊区造林和绿化的土地。建议在完成绿化造林总投资量的一定比例后，可在片林范围内按照规划要求，开发低密度、高品位商品住宅或建设少量的体育、休闲等设施。滩涂资源开发主体可以自行开发，也可与其他单位合作或转让，以平衡绿化造林资金。

(3) 用作工业、旅游等经营性项目土地。建议可由滩涂资源开发主体自筹资金或以未来的土地使用权转让收益作为质押向银行贷款，围垦成陆土地转让后所得收益，经市有关部门核定，自留一定比例，其余上缴市财政作为耕地开垦专项资金，统一安排用于全市滩涂资源的开发。

(4) 用作市政交通等基础设施项目的土地。建议可由滩涂资源开发主体自筹资金或以未来的土地使用权转让收益作为质押向银行贷款，围垦成陆土地经市有关部门核定成本后，按“成本加同期银行利息和合理利润”确定的价格由政府收回，再出让给基础设施项目建设单位，所得收益归市财政，由市政府统一掌握。

同时，对造地公司在经营、税收等方面给予一定的优惠。如其对可经营性项目土地进行自主经营的，土地出让金可在项目盈利后再缴纳等。

2.2.3 运作流程

对策二的运作流程见图2

2.2.4 优缺点分析

优点。通过几家市级国有投资单位控股的造地公司开发建设，有利于政府对土地的集中控制，同时，公司资金力量较为雄厚，使政府在财政上的压力较小。企业在土地形成后拥有一定时期的使用权，并能在合法的条件下自行转让，给企业带来一定的收益，有利于提高企业继续进行滩涂资源开发利用的积极性。

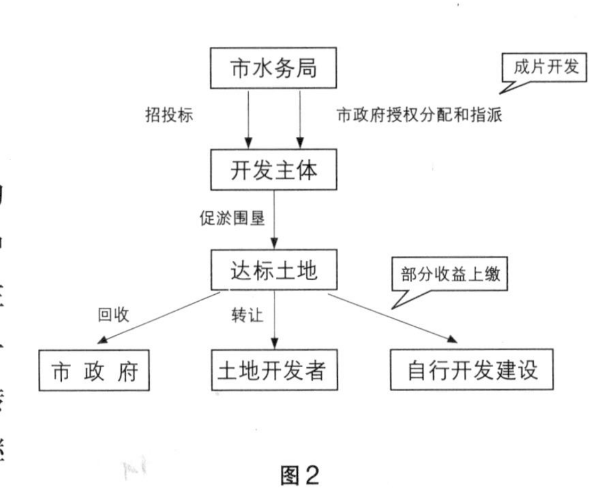

图2

缺点。由于规划的滞后性，使未来土地的规划用途不能预先得知，在开发工作的分配上将带来不公平性；即使在规划预知的情况下，也可能造成企业间的不公平竞争，从而，影响滩涂资源开发利用的规划进程。同时，由于“谁投资、谁得益”，开发主体在竣工验收后拥有一定时期的土地使用权，也将造成政府对部分未来土地使用权上的失控。

三、结论

以上两种对策各有利弊，关键主要在于管理以及相关部门和政策之间的衔接。随着我国“入世”以后多种经济成分的引入，在滩涂促淤、围垦造地方面，也将引入更多新的投融资方式及运作模式，其有利因素将促进本市滩涂资源开发机制的完善，并能更好地保障政府土地的有效储备。

从上海市畜禽粪便综合治理工程谈投资决策

苏立　孙蔚

上海市1999年GDP为4035亿元，其中农业产值为207亿元，畜牧业产值为86.3亿元仅占全市GDP的2%。然而，其在全市人民生活中的作用却不容忽视，同时其对整个环境的影响也同样不容忽视。仅以苏洲河流域为例，据调查，畜禽粪便的排放对苏州河六条支流的整体污染的贡献率为15%。因此，如何解决畜禽粪便的污染成为上海市政府非常重要的一项工作。早在1996年，上海市政府就开始了综合治理工作。1999年又制定了新一轮治理计划，将在四年内投入4亿元，彻底解决全市范围内的畜牧场对环境的污染问题。

为了更好地对这一工作进行分析，先作一个简要的回顾及评价。

(一)

1999年，上海市政府提出了“畜禽粪便治理计划”，并列入当年的实事工程及市重大工程。随后，上海市农委下属的畜牧管理办公室成立“畜禽粪便治理指挥部”，为更好地管理工程实施及竣工后的验收及治理工作，设立两级法人，指挥部作为一级法人，下属区县成立二级法人，具体实施治理工作，工程验收及产权所有人由上海市农业投资公司承担。为更好地实现工程的预期目标，上海市有关部门委托一家咨询公司在治理计划之初进行了公开的治理方案招标，从各地提供的上百个方案中由专家评出9个，作为备选方案，由区县畜牧办及畜牧场自主选择，确定适合自身情况的治理方案。最后，工程建设过程由专业单位实施全过程的监理。

1999年，全市对110家畜牧场实施了治理。2000年4月，由室环境院牵头的畜粪综合治理技术评估金额课题组对其中10个进行了抽样检查。

2000年，在第一期治理工程的基础上，结合经验，采用综合治理的方式，实行畜禽污染还田，实现资源的有效利用。真正解决畜禽场附近河流等水源的畜禽污染问题，并提出在前期报批应签署相应的土地配套协议，落实粪便的出路。由于治理方案的变化，当年治理的畜禽场项目从118个调整为39个。

2001年，第三期的治理工程继续进行，治理73家畜禽牧场，增加了关闭畜牧场的补偿计划，拟搬迁或关闭27家畜牧场(后调整为34家)，进一步推动畜禽污染治理，配合苏州河环境整治工程。

• 本文刊登在《经济纵横》2003年增刊 第142 -144期。

（二）

从整个治理进程的进行来看，其决策可分三个层次，第一是宏观决策，即上海市是否需要保持相当数量的畜禽自给率，第二是采用何种机制来进行畜禽生产并进行相应的管理，第三是畜禽污染产生之后如何治理。

在上述决策中，需要考虑的包括，上海市土地的畜载量、上海市肉禽蛋人均消费量等因素，同时不能脱离目前的实际情况，包括人民群众生活习惯和当时的管理水平。

在治理过程中，从市有关主管部门到项目法人、基层畜牧场，以及参与的设计单位、咨询单位、施工单位等，都立足本职工作，尽可能地做好各自所承担的职责。然而，治理的结果并不尽如人意。2000年，上海市有关部门委托环保部门的专家组成调查组，其结论是对治理效果无法定论，其中有较多的干扰因素。所以不妨思考以下更深层的原因，获得一点启示。

治理工程的提出，源于畜禽污染的严重性。如何对待畜禽场遍地开花的现状，不能不考虑其形成的历史原因(十年前雷厉风行的菜篮子计划至今还使居民受益)，二十年的改革开放、市场经济的发展更是必须考虑的因素。

如前所述，在治理过程中，各个方面的努力其实归根到底集中于第三个决策层次，而更高层次的决策则未经过详细的论证和研究，反映出一定的盲目性。笔者认为，政府各级部门目前正是在低层次的决策中耗费了太多的精力，以致于未能有效地、长效地解决面临的问题。

在什么领域内应依靠政府，政府主管的领域内又该如何决策，这一问题直到目前仍然困扰着许多人，或者在不知不觉中沿用传统的眼光看待事物。20世纪七八十年代，在副食品紧缺的时期，上海市政府花费了大量的时间和精力用于组织货源，并不惜以紧俏的工业品与外省交换，解决燃眉之急。势易时移，今天，商品大大丰富，市场转变为买方市场，农产品也不例外，普遍处于供过于求的状态，农产品企业大多亏损。再来看上海这样一个大都市的具体情况，土地供应紧张，劳动力价格高，城镇化不断发展，各种因素显示上海并不适合搞太多的农产品。

笔者曾在1996年作过一个调查，试图对上海畜禽的自给率进行定位，现在看来当时确定的20%~30%的比例还是过高。保持多大的自给率应该由专家通过综合的分析研究来确定。在发达国家，普遍采用对农产品的补贴方式加强本国农业产品生产者的竞争力，确保一定的自给率，这是从国家的安全考虑的，而上海背靠长江三角丰厚的腹地，是否还需要作同样的考虑呢。

如果一部分畜禽场的存在是必要的，那么，在市场中，有没有能够按时纳税、符合环保要求同时又有经营利润的农产品生产企业呢，有。在调查中，我们发现有相当一部分私人养猪场正在扩大规模或更新改造，而与此同时，另一些养猪场则亏损不止，其中有些并不一定是由于自身经营方面的原因，而是由于其所属村不断抽血和摊派所致，当然也有属于管理不善的。因此，对于这些企业，应该立足于改变机制，投入市场经济的大海。在市场失灵的地方才应是政府大显身手的地方。

（三）

政府如何决策，在哪些领域需要政府决策，这是政府机构改革必须考虑的关键因素。然而，对于这一问题通常停留在理论层面，而真正落到实处，往往由于涉及既得利益，无法推动或不知不觉地有所保留。

在畜禽粪便综合治理过程中，其具体执行部门相当精简，并且同时承担了畜禽生产和畜禽污染治理的责任，而这一行业的特点是点多面广，往往很难面面惧到，在如何保证政府投资的有效性方面，存在着心有余而力不足的难题。以畜粪治理工程一期为例，全市安排110个畜牧场，一天检查一个，也需要三个多月才能过一遍。政府计划部门也有同样的难题，而且同一经办人还要分管其他行业的政府投资，更是分身乏术。因此，政府有关部门委托咨询公司承担了相当一部分工作，从前期调研，实施前的方案征集、招标，工程实施中的监理等工作。然而，对于如何保证工程竣工后的正常运行(这正是项目投资能否发挥效益的关键所在)，却无力监督(环保部门同样存在有心无力的问题)，更令人担忧的是，正是在这一环节，基层畜牧场由于缺乏正常运行处理设备的积极性，因此，对于投资效益的预期分析就流于纸上。

由此可知，即使已经立项治理畜粪污染，保证实施效果的治理机制，尤其是畜禽生产的管理机制、运行机制更值得研究，如何提高基层畜牧场保护环境的积极性，不仅要运用环保部门的监督，乃至罚款、关闭，更重要的是建立一种机制，加强畜牧场的自律，运用经济规律来约束畜牧场的行为，使之治理有利，不治理有失，才能真正实现预测的目标。

（四）

目前政府机构精简及决策民主化、科学化的要求，给予中介机构，如咨询公司、设计单位、项目管理单位等更多的市场机会，也提出更高的要求，然而，从实际情况来看，大多属于低层次的决策服务，越高层次，主观随意性越大。在畜禽污染治理过程中，属于更重要的决策并未委托，而属于第三层次的决策，固然发挥了一定作用，却流于就事论事，无关大局。

2001年，治理工程已经进行到第三期，完成治理工程建设的畜牧场占原计划的50%以上，上海市有关部门决定，在四期工程之前，作一个梳理工作，以期下阶段工作能更好地发挥作用。

但是，如果不确定宏观的畜禽生产控制规模，不建立符合可持续发挥的畜禽生产及污染治理机制，治理工程的效果仍将是都市农业中的一个隐患。针对这一问题，一要研究上海市的环境容量，确定畜禽自给率的合理标准；二是要建立基层畜牧场的自律机制；三要加强环保立法和执法力度。从根本上讲，需要加强教育，提高劳动力素质并且不断完善社会保障机制，使企业的优胜劣汰能够平稳过渡。上海市政府已经成立了参与更高决策的上海市长咨询会议和上海市决策委员会等机构，我们相信，随着“依法治国”指导思想的深入人心，从政府决策到市场经济一定将更加有效地运行。

城镇开发建设投融资方案研究

苏 立　孙 蔚

城镇开发是上海新一轮总体规划确定的主要任务和发展重点，在这轮开发建设中，除了要做好具有前瞻性形态布局规划等方面的工作，投融资方案的确定也是确保计划如期顺利实施的一个方面。本文通过参照安亭镇、浦江镇、朱家角镇等几个城镇的实际情况进行分析研究。

一、城镇开发的主要建设内容

（一） 确定规划范围和规模

规划的镇域用地面积一般在60～100平方公里，其中规划城市建设用地范围为9～12平方公里，规划镇域总人口10万人左右。

（二） 中心镇土地使用规划(见表1)

表1　中心镇土地使用规划

序号	用地性质	所占比例(%)	容积率
1	住宅用地	28.0	0.5 ～1
2	行政及商务办公	8.0	1.0
3	商业金融	10.0	1.0
4	教育福利设施	2.5	0.6
6	文化娱乐	4.5	0.6
7	公建配套设施	12.0	0.8
9	公共绿地水域	20.0	
11	广场道路	15.0	
	合　计	100.0	

（三） 中心镇市政基础设施规划

按照高标准、现代化的目标进行建设规划，主要包括以下几个部分:

自来水系统、供电系统、燃气供应系统、污水处理和排放设施、通讯系统、生活垃圾压缩站、环境保护设施。

• 本文刊登在《上海投资》2003年第11期 第41- 45页。

二、投资匡算

城镇开发的投资组成包括几大部分：征地成本、工程建设投资、其他建设费用、预备费、流动资金和筹资费用。

（一） 征地成本：

征地面积为：总用地面积扣除规划道路，河流，绿地，需征地动拆迁部分为总用地面积的60%左右。

征地成本构成分为五个组成部分，即土地税费(包括土地垦复基金、耕地占用税、新增建设用地使用费、使用耕地计划指标费)、征地补偿费(包括征地补偿费、青苗费、农田设施费、地上地下构筑物补偿费)、农业人口安置费(包括劳动力安置费和养老安置费)、动迁安置费(包括民房拆迁费、民房安置过度费、奖金、安置房补差、企业安置征地费、企业用房安置费、企业间接损失、生产队仓库、商品房置换价)、其他费用(包括征地包干费、图纸费、定价费及其他不可预计费)。

根据安亭、浦江和奉城等几个镇的实际情况测算，征地成本在每亩平均20万～30万元。其中离中心城区较近的、前期建设开发条件较好的镇成本高一些，距离较远的成本相对低一点。

（二） 工程建设费用估算：主要包括土地平整、道路建设、绿化、水域及景观、市政基础设施(有关管线投资计入市政道路)。

（三） 其他建设费用估算：包括可行性研究费用、勘察设计费、建设单位管理费等。

（四） 预备费估算：包括不可预见费按征地费用、动拆迁费用和道路及基础设施配套费用的6%～8%估列。

（五） 流动资金估算：包括为确保项目正常实施，需估列部分流动资金，一般在1000万元左右。

（六） 筹资费用估算：采用一次规划，分期实施，滚动开发方式进行开发，筹资费用暂考虑按1.8亿～2.5亿元人民币估算。

经以上几项合计估算，中心镇开发总投资为50亿～70亿元，其中：征地费动迁费用为20亿～40亿元，道路及公建配套费用为15亿～20亿元，其他建设费用为5亿～7亿元，不可预计费为2亿～3亿元，建设期贷款利息1.8亿～2.5亿元，流动资金0.1亿元。(投资构成示意图见图1)。

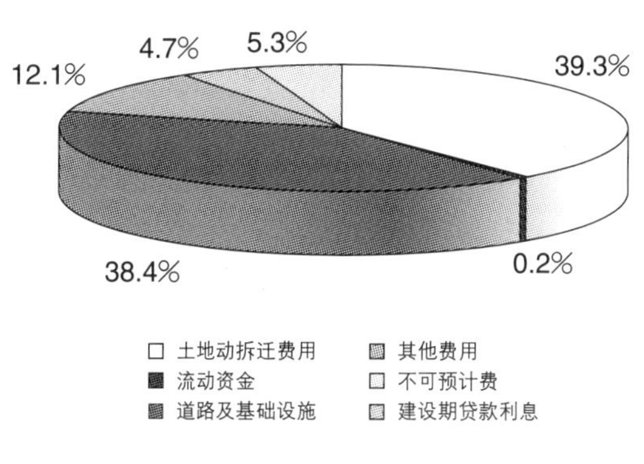

图1 投资构成示意图

三、开发实施进度及资金使用计划

由于开发建设的工程较大，内容复杂，城镇开发均采用一次规划分期实施的方式进行，大都采用近、中、远三期进行建设。开发的指导思想为先易后难，按近、中、远期的开发目标进行估算，开发的工程量之比为3：5：6。

（一）近期：开发建设时间约3年。主要开发建设内容包括：主要标志性市政道路建设、初步的公用设施建设、房地产业开发。其中房地产开发将结合市政道路建设在先期启动的道路周边开发建设房地产。

开发建设投资约为10亿元左右，年均用款为3.0亿~3.5亿元。

（二）中期：开发建设时间约5年。主要开发建设内容包括住宅开发、大型市政实施、工业、休闲设施建设等。

开发建设资金为20亿~25亿元。年均用款为4亿~5亿元。

（三）远期：开发建设时间约8~10年。主要开发建设内容包括住宅开发、大型市政实施、工业、休闲设施建设等。

开发建设资金为20亿~25亿元。年均用款为2.5亿~3亿元。

四、融资方案

通过不同融资方式的比较，对项目权益融资和负债融资的资金来源、筹资方式、资金结构、筹资风险的合理性、可靠性等方面进行分析，拟定多个融资方案，从中选择资金成本低和筹资风险小的方案。

（一）基本原则

融资方案应符合投融资体制改革的总体目标，即：投资主体多元化、筹资渠道多样化、投资决策科学化、投资管理规范化、监督约束法制化、经营运作市场化。其资金筹措的基本原则为：以项目经营主体自行筹资为主，按市场化方式进行融资。

（二）融资环境分析

为适应国家经济发展的需要，实施以投资拉动需求增长的战略。国家的基础建设投资规模和投资力度进一步加大，三峡工程等全国性特大型基础建设项目都进入投资密集时期，各地方政府也都从经济发展的角度出发对能源、交通等大型基础设施项目实施投资。以上各个项目都在很大程度上依赖于国家控制的优惠资金，如：国家开发银行贷款、国家建设债券、外国政府的优惠贷款等。近年来随着投融资体制的改革，各类市场资金开始逐步进入这一领域，融资的宏观环境趋向宽松。

本世纪末上海也进入城市基础设施建设的高峰期,"十五"期间上海将推进一些重大工程,地铁规划里程740公里,现在开通的地铁一号线、二号线、明珠线一期工程合计仅61公里,争取"十五"建成240公里;650公里的高速公路网,现已建设91公里,还要建560公里;此外还有河道疏浚、千里海塘,以及航运中心深水港的建设。尽管上海财政投资力度有限,但是上海市政府通过实施多元化的投融资机制,从而保证了这些项目建设的资金需求。近年来,上海的市政基础设施骨干项目融资都采用多元化的融资机制,包括争取效益好的大企业集团联合投资、直接出资、预算外资金等各种资金来源,很大程度上促进了经济的发展。

上海已成为全国证券市场、外汇交易市场和资金市场的中心,拥有上海证券交易所和中国外汇交易中心这两个全国最大的金融机构,拥有众多国内外各类商业银行、国家政策性银行分行与非银行金融机构以及各类投资公司,这些金融机构为本项目进行市场化融资运作创造了有利条件。因此,上海具有为本项目运用市场化的方式实施融资和运用创新金融工具扩大资金来源的基础。

在利用外资方面,近年来流入我国的外国资金,其流向逐步向基础设施行业倾斜,我国也制定了相应的税收优惠和价格政策引导外资投向基础产业。"八五"期间我国基础产业建设利用国外贷款达560亿美元,项目数千个。目前,我国已建和在建的高等级高速公路中,已有四分之一是利用外资建设的。这表明我国基础设施建设利用外资的前景广阔。

在吸引民间投资方面,随着经济改革的不断深入,市场形势的不断变化,投资者的日趋成熟,近年为基础设施建设以其拥有政府支持背景、长期、稳定、安全的收益,已日渐引起各类民间资金的关注,一些上市公司开始将募集资金投向基础设施如高速公路、园区开发建设等,如紫江实业股份有限公司开发建设紫竹科技园区;同时一些民营企业通过流通业和制造业完成财富的初步积累后,也开始将目光和资金投入基础设施领域,如近期民营企业福禧公司以30亿元左右的资金收购了沪杭高速公路(上海段)的经营权。我国和各地方政府也开始制定了相应的税收优惠和价格等政策。

(三)各类融资渠道

目前我国国内外各类资金筹措方式一览表见表2。

表2　国内外各类资金筹措方式一览表

序号	国内资金筹措方式	序号	利用外资筹措方式
1	国家开发银行贷款	1	外国政府贷款
2	国内商业银行贷款	2	世界银行、亚行贷款
3	国家和地方财力投资	3	银团贷款(国际商业信贷)
4	地方建设债券	4	中外合资、中外合作
5	国内投资公司	5	国际融资租赁
6	土地批租收益的筹资	6	境外投资基金融资
7	发行股票或借壳上市募集资金	7	BOT
8	融资性租赁投资	8	ABS
9	投资基金	9	发行国外债券
10	国内设备供应商实物投资入股	10	发行B股、H股或借壳上市
11	国内BOT		

(四)融资方案的具体思路

借鉴上海城市建设的经验,明确投资主体,理顺产权关系,实行城建投资资本的集中运作管理。建立投资补偿机制政策,逐步形成投资主体多元化,资金筹集方式多样化的城镇基础设施投资新格局。

项目总投资额为50亿~70亿元，但分摊到各年度用款为3亿~4亿元左右，采用滚动开发分期实施的方式，对资金筹措的压力还是可以承受的，具体筹资方式如下。

1. 市、区、镇财力支持启动资金

可以由市政府选择一家大型的有实力和丰富经验的综合性投资公司，由市财政出资或市级投资公司自行出资占50%左右的股份；区政府选择一家区级投资公司，由区财政出资占45%股份；镇政府选择一家公司出资5%股份；三级政府共同出资组建一个开发公司。

2. 发挥金融机构融资主渠道作用

吸引国有商业银行采取多种形式，为城镇建设提供中长期信贷支持。项目在建设初期由于滚动开发的投入产出难以自行平衡，在启动资金外还需3亿~5亿元左右的资金缺口，可以利用项目投资各方的良好银企关系，以其经济实力、信用担保，以土地为抵押向商业银行申请3亿~5亿元的授信额度，以确保工程进度。

3. 扩大股权投资

在项目开发公司组建实施后，随着项目启动实施，将在社会上造成一定社会影响，在此基础上可进一步吸引各类法人和自然人以多种方式，参与试点城镇基础设施与公共设施的建设和经营，鼓励各类投资公司、控股公司、上市公司等参与试点城镇的开发建设。不断进行增资扩股，或考虑改制为股份有限公司，吸引更多投资，以降低筹资成本、分担项目风险。

4. 专业公司投资

对有收益的基础设施与公共设施，可合理确定服务价格，实行有偿使用；秉着“谁投资，谁受益”的原则，由专业公司进行投资，主要包括供电设施、电信设施和天燃气等项目的投资，此部分可吸引投资资金约2亿~3亿元。

5. 外国政府贷款和以BOT等形式利用外资

在自来水厂、污水处理厂、固体垃圾处理等项目建设中可根据不同情况采用外国政府贷款和以BOT等形式吸引资金，此部分可吸引投资资金约2亿~3亿元。

6. 吸引社会各类企业进行开发投资

可在开发公司下组建各类子公司和合资公司，开发公司以土地入股等方式，吸引资金，开发房地产、商业、金融、娱乐等各项配套设施，项目可以补充大量现金流，并得以滚动开发。

7. 利用上市公司，从证券市场募集资金

可在3~5年后通过改制或收购“壳”资源上市，利用发行股票或配股、增发新股等方式从证券市场募集后续发展资金。减少银行贷款，降低筹资成本。

五、项目收入来源分析

从目前情况来看，中心镇开发所能带来的直接收入主要包括3个部分，即：土地升值后的转让收入、开发项目利润分配收入、税收返还。

（一）土地转让收入分析

根据规划用地指标，镇区范围可以用于转让的土地面积约为总面积的55%。土地增值幅度约为80%～200%。根据不同区域和地理位置，总收入将达到50亿～70亿元左右，包括上交国家部分、上交区政府部分、批租手续费等部分。

（二）开发项目利润分配收入

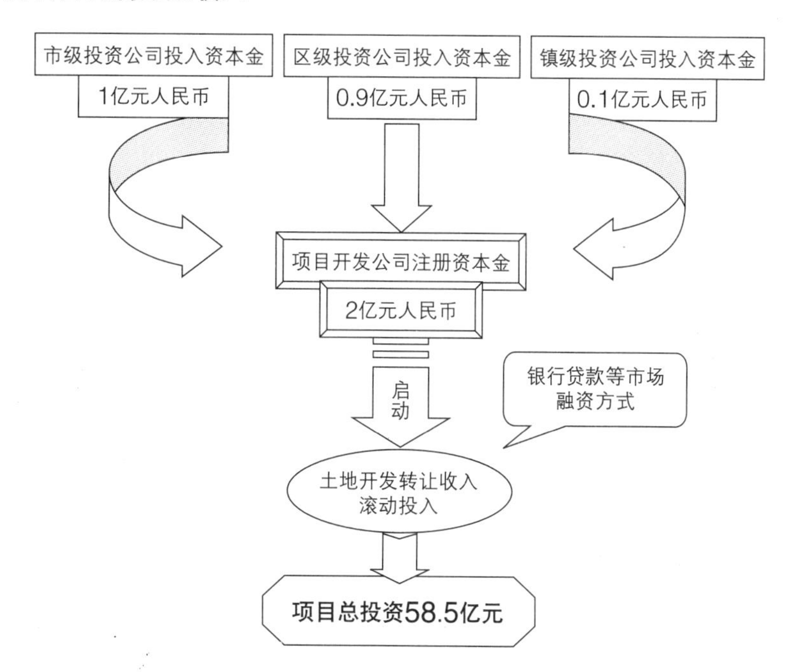

为使开发建设公司和中心镇得到长远发展，参照其他开发区实施经验，在土地开发后，大部分土地采用转让方式，以在较短时间内获得现金流入，满足滚动开发所需。同时开发公司也应拿出部分土地作为参股资金投入，与其他公司组成合资企业，共同开发经营，以获得进一步的增值和长期、稳定的利润收入，如按20%土地采用参股方式经营，年投资回报率9%，经营期内总利润收入将超过10亿元。

（三）税收返还

参照已实施的张江开发区、安亭中心镇等有关政策，估计每年返还税收1亿元左右。

合计项目开发经营期总营业收入将达到70亿～100亿元。

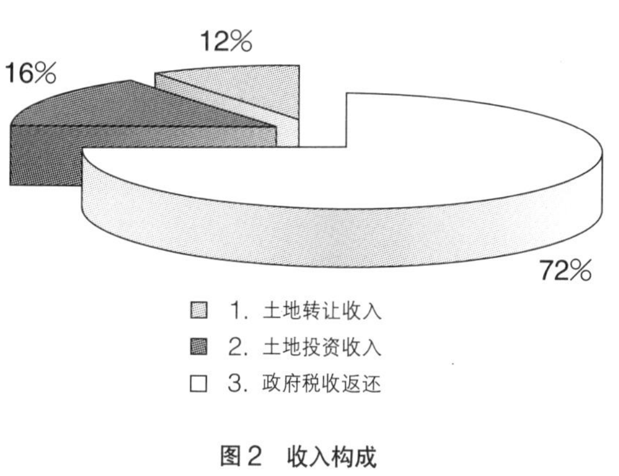

图2　收入构成

六、效益分析

从以上几个方面的分别分析，城镇开发的投入约50亿～70亿元，产生的直接收益为70亿～100亿元，扣除应交纳的各项税金约5亿～6亿元，融资管理成本约2亿～3亿元，城镇开发的净收益约10亿～15亿元。

全部投资财务内部收益率为6.18%，高于银行5年以上的贷款利率(5.76%)，静态投资回收期为15年左右(含建设期)，动态投资回收期为20年(含建设期)。

项目如采用向商业银行申请贷款3亿～5亿元，贷款利率年5.76%。贷款偿还总的期限为12年左右，其中建设初期的5～6年项目资金投入与收入存在一定差额，为借款期，第7年起项目收支达到平衡，开始偿还贷款，约3～4年全部还请，项目有能力偿还贷款。

七、结论与建议

经过以上分析研究，笔者认为城镇开发虽然是一项我国进一步改革开发的重要步骤之一，具备重大的社会效益，但随着我国投融资体制的逐步改革，结合多年的城市建设投融资所积累的经验，这一开发建设任务是完全可以采用市场化的方式来进行的，同时也能在创造社会效益的同时为投资者带来长期、稳定的收益，对社会资金参与其中有一定的吸引力。当然笔者通过与各区县和镇政府等的接触，还希望政府部门在以下方面提供政策支持。

（1）市、区两级政府以财力投入支持项目启动资金

由于不少城镇产业基础差，区、镇两级政府的经济实力有限，需市政府在启动资金上予以支持，市政府一方面可选择合适的市级综合性投资公司参与项目开发公司的组建，另一方面可以委托市级投资公司对市财力投入的财政建设资金进行管理。

（2）落实税收返还、设立专项基金等优惠政策

（3）鼓励建立各项地区性优惠投资政策

（4）制订鼓励金融机构为城镇开发服务的政策

鼓励金融机构为“一城九镇”的开发建设提供服务。支持金融机构到“一城九镇”开设分支机构，充分发挥金融机构在试点城镇发展中的作用。引导国有商业银行采取多种形式，为试点城镇建设提供中长期信贷支持。对试点城镇基础设施建设贷款，市、区县、镇政府财政给予一定比例的贴息。

轨道项目建设与土地开发

朱丽蓉　王　勇

20世纪90年代中后期至今，随着城市的进一步发展，人们工作与生活节奏不断加快，对快速公共交通的需求日益膨胀，相对于日益拥堵的地面交通，轨道交通以其运量大、速度快、时间准、污染少、安全舒适，且与城市道路无平面交叉等优势，成为备受各国青睐的交通方式，也成为上海这个国际化大都市所关心的重点项目之一，并于近年确定了上海市轨道交通的规划蓝图。

根据有关资料，上海市规划的轨道交通网络由17条线路构成，包括4条市域快速轨道交通R线、8条市区地铁M线和5条市区轻轨L线，线路总长约800公里。目前，已建成运营的轨道交通线有R1线(地铁一号线)一期工程和一期工程北延伸、R2线(地铁二号线)一期工程、M3线(明珠线)一期工程以及莘闵轻轨L5线，线路总长约85公里。

通过轨道交通几年的实际运营表明，轨道交通以其方便、快捷的绝对优势，越来越成为缩短城乡距离、城市化快速发展的主要手段。同时，对于轨道交通沿线的地区发展而言，最明显的就是站点周边的商品住宅供不应求，轨道交通沿线的土地、物业价格直线上扬。表1为本市部分轨道交通沿线商品住宅平均价格的变化情况。

表1列举的商品住宅平均价格均高于所在区域商品住宅的平均价格，并且，也成为带动所在区域商品住宅价格变化的主要因素。

表1　本市部分地铁沿线商品住宅价格上涨情况(2001年-2004年)

年份 地区	项目名称	2001年	2002年	2003年	2004年	备　注
闵行区地铁1号线沿线	轨道交通状况	已建	已建	已建	已建	
	平均价格	3440	4088	5257	6070	2004年为10月份数据
	上涨比例	100%	119%	153%	176%	以2001年价格为计算基数
松江区规划9号线沿线	轨道交通状况	未建	未建	在建	在建	
	平均价格	1818	3019	3915	5321	2004年为10月份数据
	上涨比例	100%	166%	215%	292%	以2001年价格为计算基数
宝山区地铁1号线北延伸段沿线	轨道交通状况	未建	未建	未建	已建	
	平均价格	2974	3204	4077	4873	2004年为10月份数据
	上涨比例	100%	107%	137%	164%	以2001年价格为计算基数

• 本文刊登在《上海房地》2005年第9期 第44－45页。

轨道交通项目具有投资规模大、建设周期长、投资回报慢和盈利水平低等特点，资金不足是世界各城市在建设城市轨道时都面临的问题。对原有的投资体制和运营机制进行改革，引入多元化经营主体结构和多元化经营战略思想，拓宽城市轨道交通建设资金的筹措途径，按市场经济规律办事，以实现我国城市轨道交通的可持续快速发展，是推动轨道交通规划实施的重点。那么，建设资金从何而来，如何融资，就成为解决轨道交通项目建设的关键所在。从以上分析可以看出，轨道交通建设带动了沿线区域房地产的快速升值与发展，如能将轨道交通建设所带来的土地增值部分用于轨道项目，那将是一种双赢的结局。因为在轨道交通带来土地升值的同时，所引入的人群对轨道交通的依赖也必将使轨道项目得到更多的回报。有许多成功的案例，如香港地铁公司“以地养铁”的运营模式，就是一个证明。

香港地铁公司是香港地铁系统的投融资、建设与营运的唯一主体。该公司于1979年依照《城市轨道交通公司条例》成立，是特区政府全资拥有的一家企业。在香港地铁发展初期，公司根据铁路的走向选出适合发展物业的地盘，如级差地租相对较低的空地或填海地，尽量降低开发成本。选定地盘之后，公司与政府商量，保留该土地的优先使用权(省去通常采用的投标环节)，双方在商议好批地条款之后，地铁公司将以市价标准补足地价。而在获得土地使用权后，公司与实力殷实的发展商合作兴建楼宇(写字楼、商场或住宅)，之后，靠出售或经营物业获得利润。香港地铁的综合式发展方针，就是凭借物业发展项目所得收入，结合从物业投资和管理中所赚取的经常性收入，不断提升其盈利的能力。在世界铁路经营普遍亏损的情况下，香港地铁公司的营业收入和利润，连续10年稳步增长，成为世界上极少数的赢利地铁公司之一。当然，鉴于土地开发的收益实现与地铁建设资金投入的需求之间存在着时间上的错位，香港地铁建设资金来源也不仅仅为土地，而是多方面、多渠道的。

但是，发展轨道交通沿线的土地开发，实现“以地养铁”的目标，也并非是全面铺开、连成一片为好。根据香港地铁的经验，同时也根据对居民出行偏好的调研，对轨道交通沿线站点周边的土地进行开发，其效果更为明显。尤其是站点周边半径约500～1000米范围内，更适宜发展容积率较高的住宅群。通过这样的开发和建设，必将使上海市的轨道交通，真正实现从“地随人走”向“人随地走”的根本性改变。

“他山之石，可以攻玉”。别人先进的经验固然可以为我所用，但由于存在着体制、法规等多方面的差异，在“他为我用”的同时，如何适应我们的特点也是十分重要的。

笔者认为，实行“以地建铁，以地养铁”，有几点是值得建设主体重视的。

其一，先期规划。随着规划的立法、投资体制的改革等新政策的出台，规划的重要性已越来越得到重视。而“以地养铁”模式中的土地开发规划，则更显重要。由于土地资源的宝贵和有限性，在建设单位进行轨道交通项目建设之初，必须通过严密的预测和估算，在确定了用以平衡某轨道交通项目资金投入的土地量以及该土地上所能开发的建筑量后，才能开展下一步工作；如果确定失当，后期修改将带来难以预料的问题。

其二，经营管理模式。轨道交通沿线土地开发的目的，是为了取得或平衡轨道交通项目建设或经营对资金的需求。而与整个轨道交通项目相关的，有包括投资、建设、运营以及管理等四个方面。投资或建设主体的职能究竟包含其中的哪一部分，与对应所需开发的土地及物业的经营之间在经济上存在着密切的联系。四大职能相互独立有相互独立的做法，相互结合也有相互结合的方式，甚至同样在建设这一职能中对于轨道交通而言，还可分为与基础有关的工程(如隧道、轨道等)和与运营有关的工程(如车辆等)两部分，同样也可以分别纳入不同的建设主体职能之中。因此，鉴于轨道交通项目经营管理模式的多样性，以及各种模式各自的优缺点，具体采用何种模式，可以视建设主体的优势、特长以及各方面的抗风险能力而定。

其三，与国家或上海有关法规的接轨。从香港地铁的运行模式可以看出，其模式上集“投资、建设、运营、管理”四大职能于一体，作为政府在轨道交通项目建设方面的代表，公司在沿线土地的取得以及价格等方面均有优先权，一旦公司所设计的与轨道建设项目对应的土地开发方案经政府审核通过，相关的土地开发权即可由其掌握，同时，在轨道交通沿线站点周边的物业均为高容积率，当然，这一方面与香港特区本身对土地开发容积率的规定较高有关，另一方面，也只有较高的容积率，才能既充分利用土地，又在适当的条件下提高土地的产出，使用以平衡轨道交通项目建设资金所需开发的土地量达到最少。而针对以上两方面，我们均有不同的规定，比如土地(属于六类)必须通过“招、拍、挂”才能取得使用权；城市规划方面，上海市区的商品住宅容积率不得高于2.5，郊区则更低。因此，对于这些会影响到“以地养铁”模式推行的政策限制，可能还需要通过一些合法合理的方式寻求突破。如目前已采用香港模式建设轨道交通项目的深圳市，就曾以101号政府令明确，给予深圳地铁公司城市规划、地铁规划、地铁经营、地铁沿线物业开发的权利，并可以未开发前价格取得土地。

当然，不是所有成功的经验都适用于世界各地。同样，一种成功的轨道建设经验，也不一定适用于我们上海规划轨道网络中所有的线路。较为合理的方式是，先找几条适用“以地养铁”模式的线路试点，有了成功经验后再适度推广。可以想象，通过轨道交通项目，带动沿线地区的经济发展，然后，通过这些相关发展所带来的利益补贴于轨道项目，以达到整个项目的整体平衡和良性发展模式，将在未来规划轨道交通建设项目中不断地被采用。

上海重大项目投融资方式的新思路

卜志明

我国开放二十几年来，经济实力有了很大提高，截止目前，全国实际利用外资总额超过4432亿美元，全国外汇储备已超3000亿美元，均居世界第二。城乡居民本外币储蓄存款余额超10万亿元。经过多次降息，国内融资成本大大降低。在这种新形势、新情况下，上海新一轮投资方式必须在沿用过去方式的基础上有所创新，促进城市基础建设的大发展。

1. 探索推出城建投资基金

当今世界投资基金超百万个，已成为与银行业、证券业并驾齐驱的重要金融产业。投资基金与银行储蓄之比例我国仅为0.5%，而美国高达115%，我国香港的证券交易中60%是通过基金完成的。基金投资对象是多样性的，包括股票、债券及期货、期权等等，基金投资者以中小投资者和机构投资者为主，后者所占比例正不断上升。

利用基金持股形式，加快投资主体多元化。国债回购是当前我国基金可使用的短期融资手段的重要形式。但基金品种单一，资金来源单一。为此，我们应争取中央支持，积极探索建立国有股、法人股投资基金，使开放式基金成为国有股减持和流动的重要手段，要开展适应新世纪的基金品种，可以考虑吸收外国投资者进入我国基金市场，以实现政府设施项目投资主体多元化。为此建议:

(1) 上海加快试点城建投资基金融资新模式;

(2) 聘请海外基金管理公司或投资机构专家作为上海现有投资基金管理公司高级投资顾问;

(3) 允许外国基金经理人参与组建中外合资的投资基金管理公司;

(4) 积极吸引更多的境外基金管理公司将办公、地区性投资中心迁到上海，为我国投资基金市场健康发展作贡献。

2. 探索 BOT 项目投融资新形式

(1) 继续深化探索 BOT 项目投融资形式。

a. 探索建设代理制和总承包制。目前上海市政工程管理局按照市政府要求，推出五大基

• 本文刊登在《上海投资》2003年第7期 第45-47页。

础设施项目向全社会招商，推行BOT方式，对崇明越江通道（A14公路）首次尝试建设和运营分开招商的BT、OT等灵活招商形式，以尽可能减少投资者风险。为了进一步开拓和完善招商和建设市场，可以尝试推行“建设代理制”和“总承包制”。

b. 进一步放宽和扩大外商BOT控股的比例。国家要允许外商具有控股权，允许外商可以借人民币专项融资进行城市基础设施项目投资，并放宽我国银行对中外合资建设项目的人民币贷款比例，尤其在中西部地区。至于是否可以允许外商搞独资？目前为时尚早。但个别特殊项目，中央特案特批，另当别论。上海是否也可以通过BOT方式、向国内融资，以吸引更多的社会或民间参与投资。

c. 探索BOT方式运用的新领域。目前北京某环保产业集团与上海、大连等10个城市签约，将以BOT模式实施“中华碧水计划”。这些项目设计日污水治理总量在170万吨以上，所需的20多亿元建设投资全部由某集团采用国际通行的BOT项目投融资方式筹集，项目建成后，投资方将通过向排污单位收取污水处理费来收回投资，以此维持污水厂的日常运行并获取适当利润。据悉，25年后，污水厂将完整地无偿移交给政府授权的有关部门。

（2）继续探索BOT新形式。

其形式为：中方把已经投资运营的项目与外方签订特许经营协议后移交给外商经营，一次性从外商手中融得一笔资金，用于投资新的项目；特许期满后，外商再将该设施无偿交给中方，再投资建设新的项目。上海久事公司1994年底将南浦大桥的经营在一定期内转让给香港中信泰富，一次性融得资金十几亿元人民币。

(3) 探索ABS新形式。

ABS新形式，是近几年出现的融资方式，其含义为：资产支持的证券化。基本形式为项目资产为基础，以项目资产的未来收益为保证，通过在国际市场发行成本较低的债券进行筹资。因此，ABS可以说是一种证券化的项目融资方式。

ABS是一种比较便捷、廉价的资融方式，环节较少，也比较容易操作，中间费用较低。这种形式的负债，不影响其他传统融资方式的扩大。

3. 探索外资项目资产重组，创造条件进行境外直接或间接上市

(1) 探索外资基础设施项目投资的退出机制。允许外商出让部分或全部股权，实现资产现变，用回笼的资金降低债务或再投资本市新的基础设施项目等。

(2) 对现已建成的外资市政、公用基础设施进行资产重组，建立以优质资产为主的大型市政、公用基础设施公司，为国内的直接上市和境外的间接上市打下基础。

4. 探索发行国内外币建设债券

目前居民外汇存款达772亿美元，由于存款利息较低，外流现象悄然兴起，笔者认为上海目前的煤气债券和住房债券即将退出本领域。为了不浪费“壳”资源，建议对其进行改造以后“借壳”举债(包括人民币和外币)，用于新一轮市政、公用基础设施的建设。债券的名称可易为上海市政建设债券，利率可略高于即期银行利率。

5. 探索引进境外资本市场机构的保障制度

一是允许外商参与本市资本市场的服务活动，包括建立公正的信用评级机构和评级制度；完善资本市场的会计制度和税收制度；确立中介服务机构的行业管理制度等等。

二是积极鼓励上海发展专门的信用评级机构，要引入外国著名评级机构至上海从事评级业务，引进其先进的信用评级技术和具体运作经验，尽快建立信用评级机构，如担保公司或信用保险公司，以提供必要的卖方信用支持和第三者信用支持。

6. 探索和拓展国际租赁建筑机械设备和先进技术

目前美国设备市场租赁业务额高达1834亿美元，占世界设备市场渗透率的31%；日本、德国、英国分别达633亿、375亿和205亿美元；法国和意大利达186亿美元和136亿美元，名列前1～6名。而我国设备市场租赁业务额大约为18.4亿美元，市场渗透率仅为2%左右。据此分析，在这一领域利用外资上还十分落后。为此，我们今后在引进建筑机械设备和相关先进技术中，不妨可采取进口或与外商合资建厂生产(如已建立的上海中外合资地铁制造有限公司)以及借用租赁相结合。

7. 探索城市基础设施投融资过程引入信托机制

上海爱建信托公司推出的国内首个信托产品——上海外环线隧道项目资金信托计划，筹措资金5.5亿元人民币，由于该项目有市政府的财政补贴作担保，且收益率高达5%。因而，投资者踊跃购买，销售一空。上海国际信托投资公司的磁悬浮铁路运营线信托计划，这项总投资1.88亿元，期限18个月，预计受益率3.5%的信托产品，是由上海国际集团有限公司以股权信托方式，将其拥有的上海磁悬浮交通发展有限公司2亿元的股权委托上海国际信托公司管理和处置，上国投又以该股权作为资产支持，将信托收益分割转让给购买信托计划的市民和机构投资者，并将筹集到的信托资金投入上海磁浮交通发展有限公司，让其进行磁浮交通项目的投资建设、经营管理和沿线综合开发。项目收益包括磁浮交通项目营运收入、沿线综合开发收入，运营期间股权收益率不足部分将享受市政补贴。

8. 探索设立上海城市基础设施产业投资基金

产业投资基金首先出现在20世纪的美国，它以个别产业为对象，以追求长期投资收益为目标，适合城市基础设施产业为特点。产业投资基金在我国尚属空白，上海应力争中央有关部门的批准，为上海的城市基础设施建设建立一个长期、稳定的筹资渠道，为民间资金提供一条全新的投资途径。

9. 探索股权转让方式筹资

今年3月，上海某集团以1亿元收购价和2000万元人民币安置费从锦江集团等单位手中取得华东大酒店的100%的股权，这也是取得建设资金的一种渠道和思路。

上海住宅市场浅析

耿海玉

上海的住宅市场，是一个庞大的市场，是一个具有巨大潜力的市场。随着住房制度改革的推行，货币化分房的实现，公积金和各大商业银行的贷款支持，政府一系列优惠政策的出台，大大提高了居民的住房购买力。据上海市房地产交易中心和上海市统计局统计，2000年1到9月个人购买商品住房比重持续上升，内销商品住房销售中属个人购买110718套，占93.6%，比上年同期上升1个百分点；预售中属个人购买78572套，占96.7%，比上年同期上升1.3个百分点。外销商品住房销售中属个人购买3302套，占77.1%，预售中属个人购买1590套，占89.5%。存量房交易比去年同期增加49.8%，其中住宅占83%。已售公房上市出售成交28807套，交易面积149.3万平方米，占存量交易面积的28.1%。

根据《上海市国民经济和社会发展九五计划与2010年远景目标纲要的报告》，至2005年，上海将新建住宅4900万平方米，实现人均住宅面积达到23.6平方米，成套率达87%左右，基本达到户均一套房的后小康居住水平。这一目标的提出，更坚定了住宅开发信心。那么，其需求状况，销售前景如何？应注意些什么问题？本文根据市场调查，拟作如下分析。

一、住宅需求状况

“十五”期间，上海住宅市场消费需求的总趋势呈现如下特点：

——与东部几个大中型城市相比，上海城市居民人均居住面积还处于中下等水平，居民要求增加居住面积的愿望还相当强烈。

——随着住房分配货币化政策的推出、职工收入的增长，居民家庭的购房支付能力将大大加强。

——“十五”时期，是上海由中等发达地区向高等发达地区转变、居民生活由小康型向富裕型转变的过程，人均GDP将由目前的4200美元增加到7000美元左右，根据国际上许多国家住宅需求的规律，这期间是住宅需求最旺盛的时期。

——上海城市建设和旧城区改造仍需拆迁一大批居民住房，这些被动迁的居民都需要新的住房予以安置。

——上海市的外来常驻人口目前已达163万人，预计“十五”时期将超过200万人，其中

• 本文刊登在《上海住宅》2000年第12期 第40－41页。

相当一部分人将定居上海，估计每年平均需要10万~15万套住房。

——近年来，上海郊县农民购买商品住房每年约在100万平方米左右，随着农民收入的提高和郊县城市化进程的加快，农民购买商品住房的比例将逐渐上升。

——随着中国加入WTO及亚洲的经济复苏，上海将吸引更多的外商企业进入；西部大开发势必也使许多西部地区各级政府和企业在上海设立办事机构，这些因素也将推动商品住房的销售。以上说明，上海的住宅需求在“十五”期间仍将保持增长的趋势，估计平均每年将不少于1200万平方米。

二、住宅销售状况

从1999年开始，上海的住宅建设数量和住宅销售数量，已经出现互相持平的现状。随着住房体制改革的深入和住房金融的发展，住宅销售也将步入新的发展阶段，并呈现如下特点:

——**地区选择**。上海城市建设和交通条件的不断改善，使一些原本较为偏僻的地段也成为购房者关注的范围。近来，内环线外的新楼盘，已成为楼市的新亮点。这些楼盘主要集中在地铁1号线、2号线沿线，以及浦东、普陀、长宁、杨浦、闸北一带。与此同时，地段良好的闹市楼盘销售业绩，仍然保持着稳定的销售速度。随着交通条件的改善，大桥周围，地铁和高架周边均为住房销售热点。

——**价位选择**。根据上海市统计局城乡经济社会调查队对市区500户居民家庭的抽样调查，被调查者中有35.4%的人愿意接受的理想房价，在2500元~3500元/平方米之间；其次为3500元~4500元/平方米，接受率也达31.82%。总体来看，如以85平方米一套居室为例，房屋总价在21万至38万元，接受程度最为广泛。

市中心楼盘因地段、动迁成本、环境条件差异较大，售价变化幅度也大。一般边缘地区楼盘售价在每平方米3000~5500元左右。销售情况较好的徐汇、静安、长宁等闹市区，新楼销售均价在每平方米6000元左右，个别有特色的楼盘如徐汇区的美树馆、东方剑桥，卢湾区的新家坡等，销售均价达到每平方米8000元以上。

“十五”期间，原材料价格会有所上扬，房地产开发建设、经营成本会有所上涨，但政府将继续出台降低开发建设成本的措施，因此，住宅价格上升的幅度将是有限的。

——**房型选择**。上海市民在经历了1998年的复式楼、1999年的错层房以后，求新求变的个性化购房需求越来越突出。最新的调查与评比结果表明，小高层住宅由于兼具了高层住宅坚固的结构、便捷的电梯和多层住宅的良好通风采光、高得房率，其卖点尤其被看好；点状高层由于日照、通风上的不足，而不受欢迎，板式高层弥补了点状高层的缺陷，也得到了一定的青睐。在房型的选择上，布置合理的多厅室结构将成为消费的主流。目前，居民对三房的需求比例呈增长趋势，比例超过40%，大有赶超二房的需求之势。而对110平方米左右的小三房需求，也占一定的比例。在市中心的二房一厅，由于总价适中，地段较优，配套完善，生活便利等因素，再度走红，而且家庭人口的减少，为二房一厅的选择奠定了基础。因此，住宅设计更要强调房屋布局的可变性、合理性。

三、重要的问题在于质量

1997年上海房市不够景气，随着1998年新一批的商品住宅集中上市，有近两年的房市处于调整、消化阶段。中房上海指数在经历5年的价格下调后，2000年初已止跌回稳，这标志上海住宅市场进入了平稳发展阶段。行家认为，普通的内销商品住宅将继续成为投资热点。其中，价格、质量、地段、交通、公用设施配套、环境、物业管理等因素俱佳的住宅，将日益受到重视。销售状况的好坏，重要问题在于提高质量。

为了把住宅的社会需求变为市场的有效需求，市政府推出了扩大买受对象，降低税费，活跃房地产租赁市场，加快组建房地产交易中心等多项新举措。可以肯定，这些举措将进一步激活市场，刺激住宅消费。

目前，摆在开发商面前的是，在商品住宅的开发建设中，更要在住宅的内部质量，外部环境，配套设施和服务上下功夫。最近，上海新创意公司经过对收入较高的家庭在选购住宅时所考虑的种种因素分析，结果显示：有55.56%的购房者考虑绿化的覆盖率；52.76%的购房者考虑物业管理；41.67%的购房者考虑房型的合理性；33.33%的购房者考虑公共生活配套设施完善性和价格合理因素。由此可见，人们对住宅内除厅、卧、卫、厨配套设施要求越来越高，对小区功能配套设施，如水、电、煤气、通讯、停车场、图书室、健身房、银行、超市、学校等的要求也呈现多样化。居民开始改变过去喜欢靠近商业区居住的习惯，而把崇尚自然生态、追求医保方便，看作小区最相关的公共设施，近期浦东新区世纪公园对面的天安花园、华丽家族物业的热销就是一典型例证。因此，含括多种质量因素在内，有完善的小区规划、便捷的交通条件、高覆盖率的绿化面积、优质的物业管理及合理房型设计的中高价位功能住宅，将受到市场的青睐。

浦东靠什么吸引国际级会展?

王 渝

上海申博成功，浦东新区作为世博会展览场地主址区。2002年11月，国际展览联盟主席Sandy先生在浦东预言：到2010年，中国展览业的规模将超过欧美任何一个国家。而上海尤其是浦东，亦有能力、有理由成为亚太甚至世界的会展之都。

浦东吸引着世界的目光，伴随着一个又一个国际性高规格展会的举行。“99财富论坛年会”、“2001年APEC系列会议”、“上海六国元首会议”、“亚洲银行年会”等，空前提升了浦东的国际形象和知名度。浦东，越来越受到海内外会展业的青睐，其国际级会展已成为经济发展的一大看点。

2002年，堪称亚洲一流的上海新国际博览中心在浦东启用，国际级展会接踵而至，浦东涌现“会展热”。ATP网球大师杯、中国国际旅游交易会和上海国际工业博览会三大展会，更可谓浦东会展业的“点睛之笔”，催生了“下金蛋”的会展产业和会展经济正在形成。新国际博览中心举行的国际钟表首饰珠宝展，当日上海钻石交易所钻石交易总量为73.09万克拉，金额为2890万美元，达到了2002年最高点，占当年交易总金额的三分之一强。第三届上海国际工业博览会6天的总成交额435.25亿元，比上届猛增了39.24%。参观者平均每天八九万人次，这当中境外观众1.2万人次。

展览业素有“触摸世界的窗口”之称，2002年世界500强企业竞相在“上海国际工业博览会”上亮相；国际展览巨头德国汉诺威、慕尼黑、法兰克福聚首“亚洲电子信息消费展”；国际展览联盟亚洲、太平洋、中东地区主席、50位全球专业展览机构的领袖人物，云集“2002国际展览行业上海浦东峰会”。浦东的会展业围绕上海经济、贸易、金融和航运四个城市中心目标，已经形成了汽车、环保、IT、建筑和生物制药五大新热点。

与此同时，国际组织和跨国公司在浦东举办的国际性会议增长迅猛，1999年至2001年增速超过116%，2002年上半年比2001年同期增长52.9%.

国际级会展缘何青睐浦东？在世界经济的风云变幻之中，浦东日益成为国际资本的安全港湾。

上个世纪90年代以来，全球发生了包括东南亚金融危机在内的多次经济风波，浦东都经受了考验，年均GDP保持近20%的增幅。2001年GDP达到1082.02亿元，人均GDP已达到世界中等发达国家水平。

- 本文刊登在《经济日报》2003年1月15日第15版。

浦东开发开放11年以来，一直注重外资外贸的规模、质量和档次，提高对外资的吸引力和亲和力。迄今，浦东共引进70多个国家和地区的外商投资项目7900多个，总投资400多亿美元。外资企业在浦东的工业总产值、财政收入、外贸出口中占据了半壁江山。在国际产业的转移中，浦东双向辐射的枢纽功能更为突出；在国际规则的对接中，浦东已成为先试先行的重要平台。国际著名跨国公司和大企业集团集聚浦东，世界500强跨国公司中已有146家在浦东投资了200多个项目，其中25家跨国公司将其地区总部设在浦东。600多家投资性公司落户浦东，由其运作的资金达上千亿元。在陆家嘴金融贸易区200多幢办公楼里，集中了8个国家级、一批地区级要素市场，124家中外金融机构。浦东经济的飞速崛起，为会展业发展提供了强劲动力和巨大空间。

浦东已建和在建的功能性设施正形成聚核效应，航空港、深水港、信息港和轨道交通网、市区道路网、越江交通网为主体的交通通讯工程，已经初步构筑起快捷的信息沟通和海陆空交通联运体系。浦东拥有上海国际会议中心、上海新国际博览中心、浦东香格里拉酒店、金茂大厦等众多一流会展活动的重要载体。世界展览业三巨头德国汉诺威、意大利米兰和德国法兰克福展览公司均在黄浦江畔设立了分支机构。与德国合资兴建的上海新国际博览中心，提前建设的5号场馆，原本不被德方看好，建成后场馆出租出人意料地火爆，德国人立即表示要提前建6号、7号展馆。据了解，该中心的大型展览已排至2005年以后。

对上海及其浦东展览业市场预测，业内人士认为，上海展览市场细分趋势明显，专业性展览数量增加明显快于综合性展览。当前很多展览公司都在专攻社会需要的小行业展和冷门行业展。据统计，上海及浦东举办的展会中专业性展会占85%，而综合性展会仅占15%，单场规模也比90年代中期明显扩大，尽管目前上海展览市场仍然以中小型展览为主，但是单个展览会规模大型化的趋势已经突显。经上海市外经贸委批准，2001年，包括浦东的整个上海展览面积超过1万平方米的展览会22个，面积超过2万平方米的展览会5个，面积超过4万平方米的展览会4个。2002年1至6月，展览面积超过2万平方米的展览会24个，超过2001年近2倍。浦东正积极开展国际会展原创品牌战略，加大上海展览品牌的培养。

进入新世纪，上海一直把发展会展业作为国际大都市可持续发展战略的一个选择，不但确立了发展目标，而且从配套设施和布局等各方面进行了整体规划。浦东新区政府已经把现代会展业作为四大支柱产业之一，积极制定产业扶持政策，推动会展业发展。到2010年，随着上海基本建成国际经济、金融、贸易、航运中心，浦东也将成为具有世界一流水平的外向型、多功能、现代化的新区。为实现这一目标，新区政府最近提出中期目标，到2006年，要让浦东成为中国最好的会展地区、亚洲最有影响的会展目的地。

上海建设现代农业园区的模式与机制研究

钟晓东

21 世纪的上海要发展成为国际大都市，不仅意味着城市建设的现代化、金融贸易的国际化，还必须有现代化的都市农业与之相匹配。根据江泽民总书记提出的“沿海地区要率先基本实现农业现代化”的要求，以及中国加入 WTO 后国际农产品贸易格局可能产生的影响，有必要探索上海农业在高起点基础上持续协调发展的新路。

上海拟通过建设一批现代农业园区作为推动农业现代化的切入点，按照市场经济规律，相对集中资金、技术、人力投入，建设一批具有现代化水平的农业基地和农业企业，为全面推进地区农业现代化提供示范和经验。为此，园区必须探索和创新农业生产体制和市场化经营机制，以新组织、新技术带动地区农业发展和农民致富。

本文拟从分析借鉴国内外农业现代化的历史进程和成功经验入手，剖析现状和存在问题，研究探索适应上海农业发展特点和要求的现代农业园区的模式和机制，使园区建设能符合上海城市总体发展及对都市农业发展的要求，符合农村城镇化和现代化发展要求，符合中国加入 WTO 后国际农产品经济贸易规律和运作要求，推动上海地区农业现代化进程。

一、国外发展现代农业的经验与启示

发达国家经过长期的发展过程，农业已由资源依附型转化为知识依附型的高效率、高附加值、高效益的现代产业。研究其发展规律和经验教训，对上海现代农业园区的建设不无裨益，从中可以得到许多启迪(该文已在本刊 2000 年 12 期上刊登过，此处省略)。

二、国内现代农业园区建设的案例剖析

90年代以来，随着我国农业生产方式逐步由传统化向现代化过渡，作为示范窗口的现代农业园区在全国各地应运而生，并出现多种运行模式。我们选择了北京锦绣大地现代农业园区、广州市粤旺工厂化高效农业示范园区、珠海市农艺中心园区等市场化运作较为成功的案例，对其建园特色和运作特点，进行了实地调研和剖析比较，简介如下。

1. 现代农业需要多元化投入和市场经济的环境

• 本文刊登在《上海农业经济》2001 年第 1 期 第 4 - 7 页。

北京锦绣大地现代农业园区由民营企业、国有企业、高新技术企业、农业管理单位及科研、金融实体以股份制形式投入。广州粤旺农业园区是由中外合资企业立帜实业公司按市场规则收购重组。珠海农业园区则是由珠海农科院依靠自身科研与推广的积累投入建设。三个园区在市场经济的条件下，以多种方式及多元化的投入，成为现代农业建设的实际主体，取得了良好的经济、社会和生态效益。

2. 园区的投资主体及运行管理应是生产经营者

从调研情况看，三个园区顺利运行之关键在于实行了企业化运作。锦绣大地公司按投资比例组成股东大会和董事会，按贡献大小决定员工报酬，1999年实现利润3900万元。广州粤旺农业公司实行董事会领导下的总经理负责制，完成指标奖励15%，超额部分奖励30%，由公司自行分配，1999年实现产值1200万元，创汇60万美元。珠海农艺中心虽然是事业单位，但也实行企业化运作，特别是市场化的科研体制和风险责任分配机制更具特色，1999年创收4300万元，创汇300万美元。

3. 现代农业必须以高新技术的应用推广为支撑

锦绣大地公司把现代科学技术运用到农业领域，建成一批高新科技农业工程，以此带动种植业、畜牧业、观光农业形成产业化，取得了可观的收益。广州粤旺农业公司则以华南农业大学为技术依托，因地制宜搞科研，获得良好回报。珠海农艺中心以自身科研优势开展农业实用技术的研究推广，增加了农业生产者和科研人员的直接经济效益。

4. 园区建设模式应与推动地区农业发展相结合

农业园区建设的最终目的是要实现地区的农业现代化，强村富民。三个案例的建园模式各有特色，锦绣大地公司通过良好的经济效益显示出其优越性，带动了地区经济的快速增长，成为现代农业企业的典范；粤旺农业公司通过龙头企业的技术、加工、销售带动周边农户，形成共同致富的产业链；珠海农艺中心则通过自身的科研优势，以科技推广和服务示范，带动了地区的农业现代化，并为城市提供了良好的生态环境和旅游景点。

三、上海建设现代农业园区的现状与问题

上海现代农业园区建设萌芽于90年代中期。1994年，为适应上海新一轮菜篮子工程建设，市委市府决定引进5套现代农业温室设施，并在孙桥、马陆等5个引进温室基地进行了现代农业园区建设试点。其中，孙桥已被确定为市级现代农业开发区，其示范作用尤为显著。几年来，园区化的运作方式体现了其优越性：

1. 产生了规模化集聚效应。园区建设向专业化生产、企业化经营迈出了一大步。

2. 在硬件和软件上为现代农业科技的运用创造了条件，为上海地区乃至全国的科技兴农起了很好的示范作用。

3. 成为引进、消化、吸收国际先进农业设施和技术的基地，现每年有几十套价廉物美的国产化温室推向全国。

4. 为上海城市提供了较高档、反季节的蔬果，丰富了市场，并提供了良好的生态环境和休闲、旅游场所。

5. 成为培育新一代农业技术人才及农业科普的基地。

鉴于此，1999年市委、市府决定再建设一批现代农业园区，其中，青浦、嘉定等4个园区已在建设中，另有7个园区正在规划中，连同已建成的孙桥园区，上海现代农业园区总面积约为35万亩。迄今为止，这些园区的开发建设运营，为上海现代农业园区的进一步发展提供了技术、经营、管理上的经验。然而，也不可避免地产生了一些值得注意的问题:

1. 园区在管理体制和经营机制方面创新不够，未能形成“谁投资、谁收益”的权益保障与激励机制。

2. 园区功能及区域特征不明显，建设运营模式较单一。

3. 园区的产出效益并未成为规划投入的主要依据、建设营运的主要目标和考核评价的主要指标。

4. 部分园区在生产营运中，对市场商机把握不牢，对流通渠道及营销策略重视不够。

5. 园区建设中尚有规划、资金、科研技术推广、信息、政策配套等问题需要解决。

现代农业园区如何顺利转入产业化和市场化发展的轨道，相应的模式和运行机制仍处于摸索之中。

四、上海现代农业园区模式的探索

农业现代化的模式是农业生产力、生产关系和经济体制的综合体，包括现代农业科学技术的应用、农业产业化、城乡一体化、运行机制市场化、微观经济组织独立化、农业从业人员知识化、农业经营管理科学化等内容。

国外不同国家各自形成的现代农业模式，以及国内各地农业园区采用的模式，是由这些国家综合国力和我国各地经济发展程度、自然人文环境等因素决定的。上海也应依据自身自然经济特征、产业结构特征、科技成果特征以及生产力水平，选择有利于持续发展的都市型现代农业园区建设模式。

（一）上海现代农业园区的总体模式设计为:

以政府推动、多元化投入、企业化运作为基础，由市场需求和经济效益带动企业运用高科技发展园区，园区产业化经营带动周边农户，园区良好生态环境造福城市的都市型农业模式(见

图1)。

（二）对上海现代农业园区总体模式的阐述和说明:

1. 上海现代农业园区的建设开发离不开政府的推动、支持和保护。市、区县、乡镇各级政府职能必须从直接投资干预逐渐向引导推动转换。主要工作为:

(1) 制订规划及引导保护政策，形成园区集聚效应。

(2) 政府扶持资金的筹集、投入、监督、管理。

(3) 加强农村市场体系建设、推进农业科技进步、扶持农业产业化经营、加快小城镇建设，以此引导农业结构调整及社会各界对农业园区的资金、技术、人才投入，形成以政府引导为动力、农民或企业投资为主体的农业新体制，为园区开发建设及发展创造良好的环境条件。

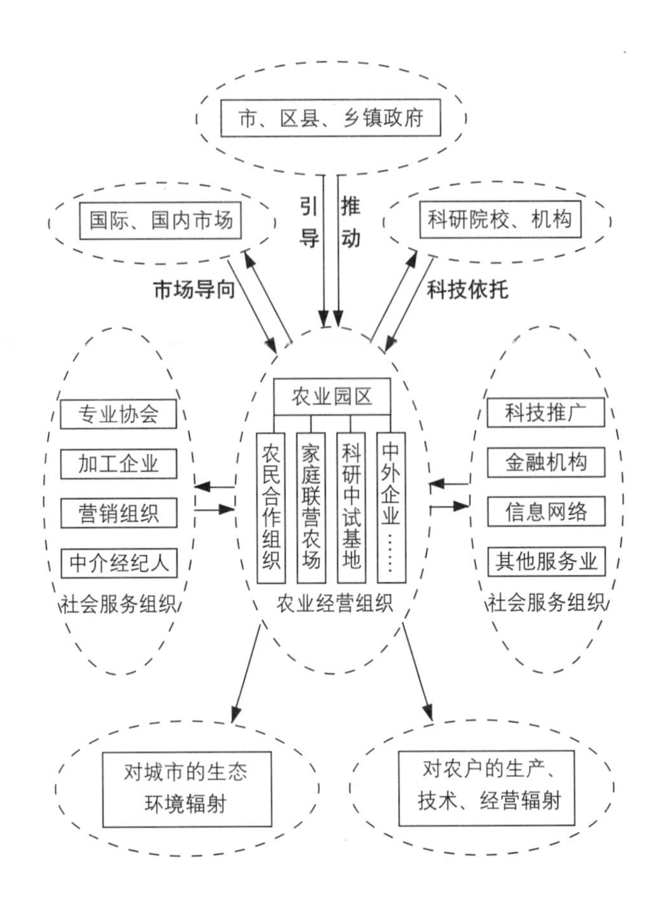

图1　上海现代农业园区总体模式图

图注: 园区在政府的引导推动下，以市场为导向，以科研为依托，由园区农业经营组织和社会服务组织共同形成农业产业化体系，对周边农户起到示范辐射作用，并为城市提供良好的生态环境，形成现代都市农业园区模式。

2. **上海现代农业园区的建设发展必须以市场为导向，以科研为依托。**市场导向体现了农业的效益所在，科研依托保证了农业的效益提高。园区要加大农业科技体制改革力度，充分利用市场信息资源，将科技和资源有机结合，提高农产品的科技含量，向国内外输出。在中国即将加入WTO的形势下，上海更应重视发展外向型农业，抢占国际市场先机。

3. **上海现代农业园区的建设经营应以多元化投入和企业化运行的农业经营组织和社会服务组织为主体。**园区应鼓励发展农民个体、私营农业企业；吸引城市工业、商业和金融资本直接投资或参股投入农业；大力引导科研和外资进入农业领域。以科技推广、加工、营销、信贷、信息、协会、保险及其他各类社会服务组织对农业生产经营的全方位服务，形成各类产业的交互融合，带动园区农业产业化。在实施过程中，园区和企业可视投资方式、经营实力、项目性质及产品种类等不同情况，选择适应自身发展的生产和服务组织方式:

(1) 龙头企业带动型

此类型能实现异地规模化经营，企业与农民共同致富，关键是要选准主导产品。

（2）大型企业开发型

该类型有利于园区规划、开发和经营有机结合，有助于园区具体项目管理和按规划目标逐步开发，但投资资金需求大、风险高。

（3）科企联合经营型

这是很有潜力的经营类型，有望稳定发展并提高上海农产品的竞争力，但因高新技术研究开发和投资风险较大，需有相关的政策和激励机制引导。

（4）股份合作制或家庭农场型

这种类型可较好地解决土地与农民的关系，有利于农民扩大生产规模和增加收入。但园区应有各类社会服务组织为之提供全方位的服务，减少其生产和经营的盲目性。

（5）中介组织带动型

这种形式的优点是按市场需求组织生产，集一家一户生产为规模化、集约化生产经营，减少了农业生产的风险，提高了农户的收益。这是园区应提倡并支持的方式。

（6）承租反包经营型

此类型有利于带动更多农民参与现代农业生产过程。

上述农业经营组织和社会服务组织，可以是国有、集体、股份合作、民营、个体、外资等多种所有制，也可以是工业、商业、服务业、科研机构及金融机构等各类经济组织。此外，农业园区在实践中还可以根据自身的生态特征、产业特色和社会经济条件，及企业和农民的吸纳和接受能力，不断创新适应生产力发展的园区微观组织方式。

4. 上海现代农业园区的生产方式应注重有机农业生产方式的研究和转换，这是发展都市农业的必然选择。有机农业又称生态、生物农业，是国际农业的发展趋势，其核心是建立和恢复农业生态系统的资源再循环和永续利用系统(见图2)，维持农业的可持续发展。园区应争取经过2~3年的转换，成为我国有机农业生产的倡导者和领先者，并争取率先通过ISO－14000环境管理体系认证，在激烈的国际、国内市场竞争中创造新优势，以良好的生态环境净化城乡的水、土和空气，实现可持续发展。

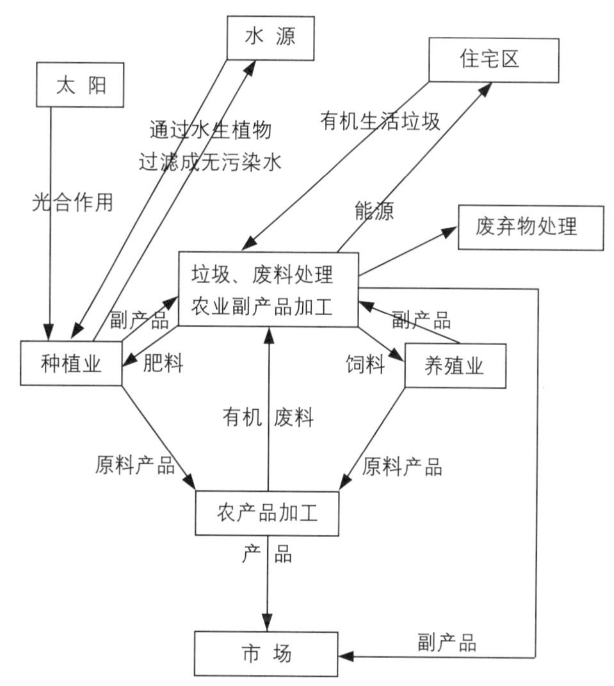

图2　有机农业生产方式示意图

5. 上海现代农业园区的总体模式特征是以市场化、科技化、社会化、产业化为标志，以高起点、高投入、高产出、高效率为目标，以多元化投资、企业化运作为主体，集经济、社会、生态功能于一体的都市型农业。其经济功能为：以高科技、产业化实现农业资源的就地转化增值，实现农业园区的自我积累；社会功能为：以科技、生产、加工、购销等优势为周边农户提供示范服务；生态功能为：以良好的生态环境净化城市的水、土和空气，还可开辟旅游观光、休闲度假的胜地。

五、上海现代农业园区运行机制的设想与对策

现代农业园区是新的农业生产组织形式，这一系统的顺利运行需要探讨各项机制的支持。

1. 加强科学的规划管理及评价调整机制

建议市政府在总体规划布局中引入大农业和产业化思路，注重一、二、三产的协调发展和涉农行业的统一管理。建议充分发挥上海现代农业园区办公室的领导职能和协调功能，按总体规划指导各园区确定区域优势、特色产品及发展重点，并与地区未来重大市政基础设施项目引发的联动效应结合考虑。

建议建立农业园区建设评价和调整机构，定期对园区的建设营运情况进行评价、反馈，确定调整决策。

2. 完善多元化、多渠道的投融资机制

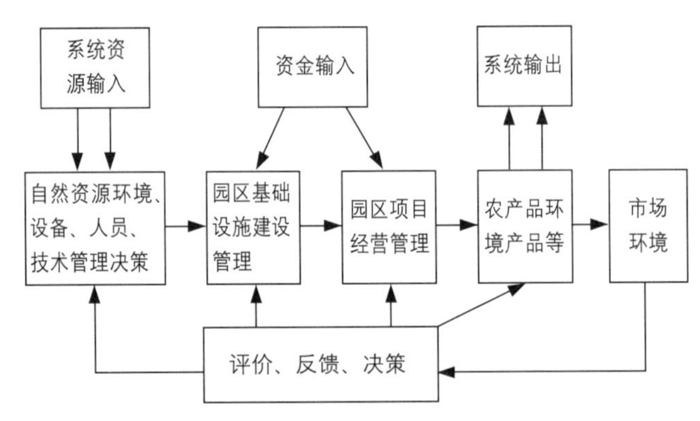

图3 现代农业园区系统反馈控制图

政府资金要改“投”为“引”。建议集中各级政府支农资金和其他来源，建立现代农业园区发展基金，主要用于支持农业基础设施建设、科研开发推广、人员生产操作培训、检疫和抗灾、农业高新技术风险投资等；并制定相应实施细则，强化政府投资的有效运用和科学管理。

拓宽融资渠道。建议政府考虑配套金融政策，允许地方银行参与，以股份合作制方式组建农业园区民间投资信托公司，集中社会资金为农业项目提供支持。同时，对园区内符合条件的高新技术农业公司，允许在“二板市场”上市，筹集项目资金。

鼓励农民成为园区建设和投资的主体。建议加大对农户参与园区建设的支持力度，对园区内农户经营的产业化项目，应有特别扶持政策和适度补贴，如适当放宽贷款抵押、担保条件，优先使用贴息贷款等，并提供最低收入补贴。

3. 强化科研技术推广和人才机制

根据WTO农业规则的规定看，上海对农业科研和农业科技推广支持还有很大空间，为增强园区的科研实力和科技推广优势，建议政府应增加对园区的专项科研投入，并以政策引导科研院校、机构的课题项目经费向园区聚集。

建议设立园区农业科研发展基金，对园内技术研究和入园高新科技项目实行补贴；对引进、消化、吸收的高新技术项目予以支持；资助农业科研院校的学生到园区进行论文、课题、实用技术研究，为园区注入科技活力、培养优秀人才。

建议园区制订科研成果作价入股、科技推广有偿服务、科研成果产业化资金回收奖励等若干政策，调动和组织园区内外的科技力量对园区内的实体对口帮扶。

对园区亟需的中级以上科研技术、管理人员，建议政府给政策，解决其进园区的户口指标。

4. 健全农产品流通机制

建议政府除加强农副产品批发市场主渠道建设外，应特别重视和扶持农民的合作性营销组织、市场经纪人、产地经纪人以及农产品拍卖公司等农业新经济组织，为其发展开放绿色通道。

建议大力推广电子商务，联通全国乃至世界农业市场的信息网络，为园区开发提供及时、正确的国内外农产品市场信息、项目信息和科技信息，并逐步由农产品实物流向现代农业物流过渡，减少流通交易成本，拓宽流通范围。

建议增加园区内符合出口条件企业的进出口自主权，成立不以盈利为目的的农产品出口协会，对内组织生产、策划营销，对外谈判协调，也可设置境外农产品贸易连锁点，同时，重点完善农产品出口代理制，形成统一、稳定的农产品出口渠道，发展上海外向型农业。建议普及宣传国际、国内现有的绿色食品、有机食品产品标准，按此生产经营，并建立检测措施、监督检查制度及相应的标准化法规，增强园区农产品在国际、国内市场的竞争力。

5. 建立高效的产业化机制

建议按市场要求扶持设立农业社会化服务组织体系，并通过立法建立有效的营运机制。由这些组织引导、服务农户及企业，围绕园区特色资源产品进行生产、加工、销售，形成高效产业链，使农民增收、企业增产、农业发展。

园区加工业发展受用地性质限制，而周边乡镇企业这两年发展速度明显下降。建议政府引导鼓励乡镇企业加入园区农业产业链并充当龙头，大力发展农副产品加工、储藏、保鲜、运销等经营，一则可以盘活乡镇企业存量资产，减少资源浪费；二则可以利用加工资源及地理优势，发展乡镇企业；三则可以加快园区产业化进程，实现农业劳动力正常转移。

建议政府及园区提供政策支持，吸引诸多大型工商企业进入农业领域。大型企业可强化农业资源产出并使其增值，尤其适合在市场风险大、技术水平高、专业化程度高、资金密集的生产领域发展。上海已有这类企业自发涉足农业，如政府和园区能有意识地引导，预计将为农业园区的建设带来全新的机制和活力。

6. 研究合理的土地流转机制

建议园区引导支持农户将土地、资金联营、合作，组成家庭农场或股份合作制企业，明确农业主体的地位和权益，实行适度规模经营。

建议政府制订有关土地使用权的条款和章程，规范土地使用权的有关程序。

建立土地银行和土地要素市场，由市场引导土地资源的合理配置，并加强土地进入市场流转中的管理。

7. 实行保护性的经济扶持机制

建议农业园区可享受“高科技园区”、“工业园区”、“经济开发区”的各类优惠政策；凡引进高新技术产品或产业可按《上海市鼓励引进技术的吸收与创新规定》享受有关政策优惠。

建议园区内生产性企业可享受农业用电、用水价格优惠；园区内取消农林特产税。

8. 筹划稳定的劳动力流转和动迁机制

建议政府结合小城镇建设和乡镇企业结构调整，建立新经济组织和社会服务体系，优先安排园区劳动力转移，妥善安置农户动迁并给予适当补贴。

除园区内自营农户外，建议对剩余农民进行技术培训，提高其技术素质，成为项目开发商优先录用的对象。

建议园区在自身建设和农民安置中兼顾社会老龄化问题，可利用农村小城镇的良好环境，兼办老年福利院等社会服务项目，有偿安置农村及城市的老年人口，也可解决部分农业富裕劳动力(特别是女劳力)的就业问题。

总之，上海要实现农业现代化，市场化是根本，科学化是核心，法制化是保障，集约化是关键，产业化是途径，合作化是方向，外向化是趋势。

上海现代农业园区建设应立足上海、服务全国、放眼世界，积极推动跨地区、跨国界的合作交流，不断增强上海农业对内对外的集聚与扩散能力，确立上海农业的领先地位。

上海副食品基地结构调整中几个相关的经济因素

黄 秉

上海的副食品基地建设自80年代初开始，经过近二十年的努力，成效显著。猪、禽、蛋、奶、鱼、菜的自给率都已分别超过百分之五十，有的几乎达到百分之百。可以这么说，本市副食品基地的建设，为丰富市场，保障供给，稳定社会，促进本市改革、开放的顺利进行打下了坚实的基础。

在近二十年的副食品基地建设中，我们投入了大量的资金和人力，并始终贯串着为保障供给，稳定社会这样一个宗旨，这对当时计划经济体制下缓解副食品供应不足起到了积极的作用，为副食品生产和供应由计划经济向市场经济转轨作了很好的铺垫。这就是当时为什么我们要化大心血、大投入、大力气，十几年如一日、坚持不懈地在本市建设副食品基地的历史原因。

但是，当我们即将面对21世纪之际，在本市产业结构有了重大调整，城市功能赋予新的定位，社会、经济飞速发展，科学技术又上了一个新的台阶的今天，笔者认为本市副食品基地的进一步巩固和发展应该有新的视点，需充分考虑到以下几方面的相关经济因素。

首先，我们应深刻认识到，在市场经济条件下商品的流通特性和市场竞争性。80年代初，我们化大力气来建设副食品基地，正是因为在计划经济体制下，生产的产品靠计划调拨，流通性很差，无法适应瞬息万变的市场，再加上本市副食品生产能力不足，自给率较低，造成本市副食品供应时多时少，被人戏称为“少拉少拉多拉多”。所以在当时的指导思想上，对鲜活、易变质的产品、不易运输的农副产品要求有很高的自给率，本市的副食品基地建设就做到了这一点。也正是在当时大部分副食品流通性差，本市的副食品生产受外来影响相对较小，使基地建设起到了保障供应和调控价格的作用，这是有目共睹的事实。但随着经济体制的转型，市场经济的日趋发育，本市的副食品生产不可能不受到外来商品的冲击和市场竞争的挑战。从宏观上看，在形成商品大流通的格局下，要再维持原有副食品需求的高自给率是不现实的，接受竞争的挑战也是时代特征的必然。因此，如何解决副食品生产过程中生产企业过多地依赖政府，增强企业参与市场竞争的能力，如何扬长避短地调整本市的副食品生产，通过调整来进一步巩固和发展本市的副食品生产基地，这在新的形势下已成为本市农业结构调整中一个迫切而又必须解决的的问题。

笔者认为，今后副食品基地的生产企业，应以企业的行为参与市场竞争，以求得巩固和发展。国家不可能、也不应该再像当年那样每年投入大量资金来予以扶持，而应着重引导这些企业在参与竞争中发展自我，更多地给予政策上的支持。如鼓励一些经营较好的副食品生产企业

• 本文刊登在《上海农村经济》 1999年第10期（全国农经类核心期刊）第11-13页。

(不管其规模大小)，对部分经营不善的副食品生产企业进行收购、兼并，或是多个企业进行资产重组，而政府应在这种资产运作的活动中给予更多的服务和扶持，包括提供长期的、低息的信贷资金。这样，就能使一些经营管理好、有发展潜力的农副产品生产企业转变经营机制，走向以资产为组带的股份合作公司、有限责任公司、集团公司、股份制公司。使这些企业在严峻的市场竞争中增强活力、得到发展。

近十多年来，是我国社会、经济发展的快速增长期。社会、经济形态也出现了很大的变化，如商品销售出现巨大的买方市场，从过去的各类商品供应不足到相对过剩。也正由于我国经济出现快速增长的过程，造成区域经济发展的不平衡，出现了明显的梯度经济形态。而这种梯度经济的存在，造成了地区间劳动力价值的差异，形成了商品的转移价值等一系列经济现象。因此，就本市处于沿海发达地区前沿的地理位置和经济发展高于全国平均水平的实际情况，笔者认为，本市的副食品基地的布局和结构的调整应从长远着眼，利用好梯度经济理论，做到有所为，有所不为。所谓“有所为”，是指确保适度的大宗副食品生产和适应本市较高生活水平所需的副食品，以及最终在本市消费的外来初级副食品的加工；而对部分有一定规模、一定流通能力、附加值低的副食品，就应在本市逐步减少其生产量，也即所谓“有所不为”。这样的调整，既可利用外省市的副食品货源保证本市的需求和供应，降低本市现有副食品生产的自给率，也利用了外省市低廉的劳动力和生产成本，减少市场竞争带来的风险。同时，由于部分副食品转向适量的中、高档品种，以及对外来初级农副产品加工成本市消费的最终产品，产品的附加值将会有明显的提高。因此，利用地域差异所产生的经济梯度，适度降低本市副食品生产的自给率，同时调整本市副食品基地的生产结构，并不会降低农民的收益，也不会减少这部分生产对社会的贡献率。

本市副食品基地结构的调整，必须看到技术进步对副食品生产和流通已经产生和将要生产的影响。80年代我们制定的副食品生产的自给率是根据产品的鲜活程度和区域运输的易难程度来确定的，从历史的角度看在当时经过大量调研所确定的副食品生产的方针和目标，无疑是合理的，可行的。但随着技术的进步，我们也逐渐地看到，一部分鲜活、难以运输的和需要保持一定温度的副食品都或多或少地进入了本市的消费市场，这完全依靠了以技术为基础的产品保障体系，在今天它已成为副食品生产的一个有机组成部分。十几年前，我们没有预料到活生生的龙虾会上餐桌，挥动着双螯的海螃蟹会出现在集市上；还有江、浙时令蔬菜，广东、福建的鲜荔枝，以及外省市、甚至国外的牛奶也进入了上海市场。这完全是因为现代航空技术和高速公路浓缩了时空，而先进的温控、保鲜和包装技术又为产品提供了贮运、保鲜、保质的新方法。以冰鲜肉为例，由于采用了冷链技术，可使猪肉分割加工、包装、运输、进入市场货架直到消费者手中的整个过程，始终处于所需温度的控制之中。原来保鲜不易的荔枝，在本市历来属于水果中的精品，但今年仅因为采用了新的保鲜技术，福建的荔枝竟然可以铺天盖地地出现在本市的大街小巷，其价格还不及一级品的红富士苹果。这些例子给了我们有益的启示，就是现在做不到的不等于将来也做不到。本市副食品基地的建设、巩固和发展是一个系统工程，也是一个长期的工程，因此，应该具有超前的目光和战略意识，充分认识到科学技术的影响力，只有这样才会使本市副食品基地在调整中上一个高科技的新台阶。

畜禽生产是本市副食品基地建设的一个重要内容，也是本市副食品供应中的一个重头戏。但从本市生态环境的角度考虑，由于本市人多地少，且市区不断向外扩张，可耕地面积也日趋缩小，畜禽饲养的出栏数和存栏数都应有适度的下降。从笔者了解到的一些情况看，本市部分地区水质的不断恶化，一个重要的原因是受到畜禽粪便污染的缘故。从总体上分析，本市耕地面积所需有机肥的平均所载畜禽量，已远远超过本市耕地面积可承受的能力，畜禽有机肥已成为一种环境的污染源而必须加以治理。据资料反映，“八五”期间我们已化了大量的资金进行治理，目前还需花上亿资金继续这项工作。这种针对畜禽场的大规模环保治理工作，在当时建设畜禽场时是始料不及的，从而使项目的建设出现了滞后的负效益。从生态经济学的角度看，我们大力发展畜禽生产，保障了本市人口的基本生活所需，这对社会是一种贡献，从社会效益分析应是正值，但由于过高的畜禽生产量，造成本市环境的恶化，反过来又需花大量的投资进行整治，这从国民经济效益综合评价的角度看，肯定是不足取的。特别是以本市为生产基地的畜禽产品的出口，从外面调进大量的饲料，经饲养、加工、出口，虽然换回了外汇，但同时也给本市留下了大量令人感到棘手的、需花资金和人力去治理的畜禽粪便，这实在是一个得不偿失的做法。故在目前本市畜禽饲养量与耕地比例有所失调，畜禽粪便污染严重(当然也存在管理不严，粪便随意排放的现象)的状况下，笔者认为有必要调整本市副食品生产结构，适度减少畜禽饲养量，实行逐步向外战略转移的方针，这也是本市副食品基地巩固和发展中需对生态经济作进一步研究的一个课题。

国内现代农业园区建设的实践与案例研究

钟晓东　焦　民

近年来，随着我国传统农业逐步向现代农业过渡，作为现代集约型农业示范窗口的各类现代农业园区应运而生，并呈快速发展态势。这些园区的运行模式各具特色，有农业高新技术示范区、工厂化农业开发区、持续高效农业技术示范区、现代农业示范区、农业综合开发试验区、院地联营型农业科技园、高精农业科技园等。在现代农业园区建设中，建立适应市场经济的创新模式和机制是关键，本文拟通过对国内一些现代农业园区运行实践的考察，研究其成功经验，以作为推动上海现代农业园区建设的借鉴。

一、国内现代农业园区建设的典型案例

我们以研究农业园区建设的市场化、产业化模式和机制为重点，选择了北京、广东等市场经济较为发达的地区，对有关农业园区进行了调研考察。

1. 北京锦绣大地农业科技示范园区

1997年10月，由北京大地科技实业总公司(民营新技术企业)牵头和控股，联合四季青农工商总公司、北京科技风险投资股份有限公司、中国对外经济贸易信托公司、首都钢铁公司等11家国有、集体企业，共同出资1.8亿元，租用海淀区四季青乡1800亩土地，按现代企业制度组建了锦绣大地农业股份有限公司，发展现代农业。公司以“高科技、高起点、高效益”为宗旨，以名、特、新、优、稀、精品、高效、特色农业为主攻方向，养殖、种植、商业、旅游相结合，形成小范围的生态农业格局。公司成立两年来，第一期9个主要建设项目——国内一流的生物技术实验室和植物组培车间、一年四季流水作业的现代化水培蔬菜工厂、北京最大的动物胚胎及基因工程开发中心等已经竣工，实际投入资金1.5亿人民币(全部工程项目分三期进行，计划投资5亿人民币)，并取得了显著成效。1999年，公司实现利润3900万元，接待参观、旅游人次10万，仅参观、旅游收入一项就达400万元。

锦绣大地公司已成为“北京市农业科技示范园区”、“北京市特色农业引进成果推广示范区”和“国家科委工厂化高效农业示范基地”，党和国家领导人多次视察园区，并对他们的成就给予了充分肯定。

2. 广州市粤旺工厂化高效农业示范园区

• 本文刊登在《上海综合经济简报》 2000年10月27日 第37期 第1-8页。

粤旺工厂化高效农业示范园区原为华南农业大学与广州市江高镇政府投资建立的农业科技中心(事业单位)，基地规模700多亩，前期基础设施投入后，因无流动资金动不起来，于1998年6月由广州立帜实业有限公司出资1500万元收购，转制为其粤旺分公司，并追加投资1000万元，其中流动资金500万元，成为初具规模的现代农业公司。因立帜公司是中外合资企业，自己有外贸公司，出口渠道比较畅通，收购后即对园区进行了产品结构调整，依靠华南农业大学的技术支持，以无公害蔬菜及花卉生产为主导产品，以农产品的保鲜、加工、冷藏、出口、内销为重点，通过供苗、种植工艺培训和收购加工销售，带动了周边400多农户的3000多亩地，其水培、基质培、砂培技术均已成功研究出5个瓜菜类优化搭配的高产高效周年生产模式，创出了“粤旺”品牌，形成产加销一体化的农业产业，结合观光旅游，1999年产值已达1200万元，创汇60万美元，利润持平，2000年预计产值2000万元，利润500万元。

3. 珠海市农艺中心园区

珠海市农艺中心园区以原珠海农科所为主要基地，现有面积240多亩，自1995年起，该所结合自身优势，提出以科技为龙头、旅游为支柱、教育培训为辅助的建园指导思想，结合市场需求及农产品结构调整，通过技术和产品的推广，逐步形成了科技与生产、科技与旅游、科技与教育、科技与商贸四位一体的运作模式，进入了经济快速增长期，固定资产投资由3000多万元增至6000多万元(不含土地)，其中近3000万元是靠自身的积累投入，政府投入只占约400~500万元，除增加科研生产设施外，该所还有意识地加强环境建设，逐步发展为一个园林式的现代农业园区，成为珠海旅游部门的定点旅游景点，1999年珠海市政府又在其基地相连处出资征地，增拨了1800亩土地给园区，并由市政配以相应的道路建设，使园区建设有了更广阔的发展空间。

该园区主体——珠海农科所属事业单位，下属有外贸、工业等十家子公司，定编55人，现有职工170多人，编外人员均为合同制员工。其最大特点是市场化的科研体制和风险责任分配机制，将科研人员逼出围墙，根据市场和农民需求选择研究课题，课题经费由国家经费、农科所经费和项目组成员投入三部分组成，课题效益按农科所得利由农科所、项目负责人和项目组成员按4:3:3比例分成，如课题亏损也按此比例承担，促使科研人员贴近市场选好课题，早出成果。1999年该园区创收4300万元，创汇300万美元。

二、案例剖析

上述三个案例，除一般农业园区共同的做法外，另有其建园特色和运作特点，试归纳、剖析如下:

1. 投资主体多元化

北京锦绣大地农业园区由民营企业、国有企业、高新技术企业、农业管理单位及科研、金融实体运用股份制形式投入。广州粤旺农业园区是由中外合资企业立帜实业公司按市场规则收购重组。珠海农业园区则是由科研单位依靠自身科研与推广的积累投入建设。三个园区在市场经济的条件下，以多种方式及多元化的投入，成为现代农业建设的实际主体，取得了良好的经济、社会和生态效益，这是符合市场运作规律并值得倡导的。

2. 按照现代企业管理体制运作

从所得资料看，三个园区顺利运行之关键在于实行了企业化运作。锦绣大地公司按投资比例组成股东大会和董事会，对企业的发展方向和资金运作实行监管，根据现代企业管理体制要求，在企业内部组建若干个项目车间及职能部门，使企业整体经营活动形成分合有序、科学管理、高效运行的产业链，经济效益可观；同时实行职权利结合的经营目标责任制，按贡献大小决定员工报酬，使投资股东和企业员工都得到了应有的回报。广州粤旺农业公司实行董事会领导下的总经理负责制，企业的市场开拓、科技开发、经营项目、投资规划、专家聘请、人事管理及日常运行均由总经理提出方案，交董事会讨论通过后实施，董事会每年下达指标，完成奖励15%，超额部分奖励30%，由公司自行分配。珠海农艺中心虽然是事业单位，但其也按现代企业管理方式，设置科技部、开发部、生产部、人事监察部和办公室，实行企业化运作，特别是市场化的科研体制和风险责任分配机制更具特色，除此之外，中心每年制定总目标和部门目标，除创收指标外，还需完成规定数量的课题研究，完成有奖，超额部分与中心五五分成。由此可见，企业化体制及“谁投资、谁收益”原则是这些农业园区建设成功的组织机制保障。

3. 以国内外先进技术为支撑

锦绣大地公司在建设过程中，把现代科学技术运用到农牧业领域，建成一批高新科技农业工程，以此带动种植业、畜牧业、观光农业形成产业化，取得了可观的收益。粤旺分公司则以华南农业大学为技术依托，因地制宜搞科研，蔬菜良种引选、病虫害防治、产后保鲜处理、农药快速检测等科研成果得到广泛应用，并获得良好回报。珠海农艺中心以自身科研优势开展农业实用技术的研究推广，通过对珠海沿海滩地种植特色的研究，不断引进国内外名优品种或培育自己的新品种，并配以新设施和新农艺，经推广输出，增加了农业生产者和科研人员的直接经济效益，其研究的部分品种还在世博会上获奖，园区已成为新兴的旅游观光景点及10万国内学生和1万多港澳学生的农科教实习基地，经济效益也随之提高。从这些案例中不难看出，高新技术在现代农业中的地位和作用日见显著。

4. 以园区建设带动地区农业发展、农民致富

农业园区建设的最终目的是要实现地区的农业现代化，强村富民。三个案例各有特色：锦绣大地公司通过良好的经济效益显示出其优越性，带动了地区经济的快速增长，成为现代农业企业的示范典型；粤旺农业公司通过龙头企业的技术、加工、销售带动周边农户，形成共同致富的产业链；珠海农艺中心则是通过自身的科研优势，以科技推广和服务示范，带动了地区的农业现代化，并提供了良好的生态环境和旅游景点。三个案例殊途同归，以不同的方式最终实现了同一目标，是值得我们研究和借鉴的。

三、成功经验的启示

总结此次调研的现代农业园区的实践情况，研究其成功经验，对推进上海现代农业园区市场化、产业化建设有如下启示：

启示一：现代农业需要多元化投入和市场经济的环境。

调研案例说明，社会资金成为农业现代化的投入主体，实现资本的合理组合及对农业高新技术的多元化投入是可行的、必要的，且会给农业建设带来新的机制和活力。政府要在增加财政导向资金投入的同时，积极建立多元化的投融资机制和宽松的政策环境，在有条件的地方，可以通过各类融资载体吸纳更多社会资金，加强非农业企业或行业对农业的支持。这是上海现代农业园区建设中，政府必须重点引导的方面。

启示二：现代农业园区的投资主体及运行管理应是生产经营者。

由案例情况可知，企业化管理及激励机制是经济效益提高的关键，其前提是必须明确产权关系和投资收益关系。上海在建设现代农业园区的过程中，应吸取这一有益经验，政府要从投资主体和企业实际主体的位置上退下来，以服务和引导为重点，以政策和机制作激励，在规划、指导和扶持上做工作，创造一个良好的市场和政策环境，放手发动社会各界和农民去投入、实践和创造，使农业成为上海新的战略性产业。

启示三：现代农业必须以高新技术的应用推广为支撑。

调研案例已充分体现出高新技术的地位和作用，以及其科研和推广的效果。相比之下，上海虽然有较强的科研和人才优势，但多年来科研成果的推广应用并不理想，其中有许多因素制约，如科研和推广经费的多头管理，科研人员在成果推广应用中的作用未能很好发挥等，因此有必要学习研究珠海等地的经验，加强市场化的科研体制和风险责任分配机制，使农业园区成为农业科技与农村经济紧密结合的温床，进而聚集农业科技人才，孕育农业科技创新。

启示四：农业园区建设模式应与农民致富、地区发展紧密结合。

调研案例在建园模式上各有千秋，上海现代农业园区建设与案例相比，显然规模更大、涉及范围更广，因此，应博采众长，集借鉴与创新为一体，形成自身的模式特色。各园区应结合区域优势、产品特点及产业特色，选择适合自己的模式，既可由大企业或联合企业组建现代农业公司进行综合经营，也可由龙头企业实行主导产品的产业化经营，还可由科研机构与园区共同开发高新技术成果，并推广为特色化产业等等。总之，模式的选择只有最合适的，没有最好的，只要适合园区的生态特征、产业特色和社会经济条件，能为企业和农民所吸纳和接受，能实现生产力和生产关系的统一，能带动农民致富、农业发展，即为好模式。

综上所述，现代农业园区建设已有了一些可供借鉴的经验积累，但这一农业的新组织和新方式尚未完全成熟，还有待我们继续探索和试点，在实践中将农业园区建设模式与农村产业结构调整相结合，与开拓市场相结合，与壮大龙头企业相结合，与农业高新技术产业化相结合，与增加农民收入相结合，不断创新适应生产发展的园区微观组织方式，逐步建立高效运行、自我发展的新机制，形成具有中国特色、时代特征、上海特点的现代农业园区新模式。

国外发展现代农业的经验与启示

钟晓东

农业现代化是世界农业发展的基本趋势。第二次世界大战以后，许多国家在农业现代化建设方面取得了突出的成就，农业已由资源依附型转化为智能依附型的高效率、高附加值、高效益的现代产业。分析、研究其发展规律和经验教训，可作为我们走具有中国特色、上海特点的农业现代化道路的有益借鉴。

一、从实际出发探索农业现代化的方式

由传统农业向现代农业转变的道路基本上有两条：一是资本集约，或叫技术集约；一是劳动集约。

一般来说，实现工业化较早，土地资源丰裕，而劳动力又相对缺乏的国家，农业现代化的起步往往从生产工具和技术的改革上入手，走资本集约或技术集约道路。如美国地多人少，主要以劳力节约型为主，采用以州为单位的、区域性布局的农场或生产基地，充分利用农业机械、良种技术，形成规模化、产业化经营；以色列的农业组织形式是基布兹集体农庄和摩沙夫合作社区，由于其土地资源以沙漠为主，自然环境条件恶劣艰苦，该国重点进行了节水型农业科技的研究，形成其技术集约型农业特色。

人多地少的国家则是以劳动集约作为农业现代化的起步方式，首先在充分利用劳动力方面找出路，侧重于采用生物技术，精耕细作，进行集约经营，以提高单产。如荷兰是一个小国，但其注重设施农业和“温室革命”，由土地高产出型的家庭农场与完善的社会服务网络相辅相成，成为世界农业强国；日本是一个岛国，农业的发展主要采用了全盘合作化的土地节约型模式，即由农协联合分散农户形成劳动集约经营，其农协的作用闻名世界。

发达国家在市场经济环境下，历经一个多世纪，创造了各自不同的发展方式，最终都实现了农业现代化。从这一过程中我们可以得到这样一些教益：一个国家究竟采取什么方式走向农业现代化，是由其客观的资源条件和历史背景决定的，农业现代化的方式不能盲目照搬或模仿。

上海是人口密集、土地资源贫乏的城市，目前可耕地430万亩，预计今后几年即使严格控制，也将以每年7.5万亩的速度递减，城市的生态环境及可持续发展正日益为人们所关注。上海的经济和技术水平虽然相对发达，但农业成本高，且郊县各区发展不平衡，要全面开展农业现代化建设亦有难度。因此，通过划定若干区域范围，选择自然资源节约、技术优先发展、生

• 本文刊登在《上海农村经济》2000年第12期。

产集约化经营、保持生态环境的都市型农业为起步方式，按照农业现代化的要求，逐步解决农村经济发展中的各种矛盾和问题，全面提高综合要素生产率，使农业成为与各类产业交融的高效产业，率先建成一个现代农业样板园区，并以其示范推广作用带动地区实现农业现代化，不失为一条加快推动农业现代化进程的新路。当然，现代农业园区建设既然是一种探索，失误与挫折也在所难免，如能顺应经济发展总体要求和农业进步的规律及时加以调整，则进展就会比较顺利。

二、制订和实施切实有效的农业保护政策

农业保护的实质是政府对农业资源转移采取的干预措施，其具体形式是多种多样的，如实行价格支持，调节农产品供求状况；鼓励农产品出口，限制农产品进口；增加对农业的投入，实行财政金融支持和灾害保险；加强农业基础建设，保护农业资源和环境等。其中保护农产品价格是核心内容。

值得一提的是，发达市场经济国家，都实行了保护主义的贸易政策，限制进口数量和提供出口补贴，有时甚至通过外交途径，争夺国际市场。美国经常运用政治外交要求日本和欧盟扩大美国农产品进口。欧盟则建立了共同农业市场和实施共同农业政策，取消成员国之间的关税和非关税障碍，支持出口和自由流通；对进口到欧盟市场的农产品，规定了“门槛价格”、外部要向欧盟各国输出农产品时，需要交纳“差价税”。欧共体国家30多年里从农产品净进口国一跃成为对世界有重要影响的出口国，在很大程度上应归因于农业保护政策。

有些国家在保护农业方面却走了弯路，如日本、韩国为支撑工业起飞，在很大程度上牺牲了农业的利益，致使农业大伤元气，其后遗症长久无法治愈。工业化之后两国都实行工业反哺农业，才使农业现代化水平大幅度提高。日、韩两国的这段历史很值得我们认真研究。

一般认为，人均国民生产总值达到1000美元左右是开始实行农业保护的最佳时机，鉴于上海农业发展现状及客观经济条件、国际环境，已经应该实行农业保护。我国的农业保护不可能像发达国家那样以雄厚的资金着重对农产品价格和农业收入给以高额支持，故此，上海应探索适合国情、市情的各类农业保护政策。现阶段，应着重加强对农业园区的政策推动和引导，从加强农业基础地位着眼，从深化农业体制改革着手，以理顺城乡、工农业关系为主线，以充分挖掘农业自身发展潜力为前提，以提高农业综合生产能力及形成产业化为基本目标，以保护农民利益为落脚点，以中国加入WTO为契机，从资金、技术、保障上对农业园区的生产、加工和贸易环节(特别是外贸出口)予以支持保护，形成上海都市型、外向型农业的特色优势，为农业在国民经济中的协调发展创造最根本的保障条件。

三、切实加强农业科学技术的研究和推广

在现代农业中，当农产品产量达到一定水平后，农业增长主要依靠科学技术的进步，而农

业科技进步的最基本要求，是科技与本国农业资源状况相匹配，并且能普及推广。

世界许多国家，特别是一些发达国家，为了加快农业发展的步伐，都建立了比较完善的农业科技体系，有着实力雄厚的农业科研机构和规模庞大的科技推广队伍，其每年用于农业科研的经费支持力度，一般为本国农业GDP的0.6%，而用于农业科技推广经费的支持力度，为本国农业科研经费的3倍。美国实行农业研究、教育、推广三位一体的体制，并且都有相应的法律予以保障，农业立法还规定各州要提供与联邦赠款数额相当的资金用于本州农业科技推广。荷兰、日本等国都有着发达的农业科研和推广体系，国土只相当于我国江苏省2/5的荷兰，在各地有39个农技推广站，每个技术人员负责150~200个农户，在世界居于领先地位的农业科技，加上成功的政策和周到的服务，使荷兰农业成为世界上仅次于美国的第二大农产品净出口国。值得注意的是，这些国家的农业科研均针对本国国情，重点研究适用的现代化技术和设施，如美国主要是高度机械化及良种化，荷兰是工厂化设施，以色列是温室和滴灌技术，加拿大是畜禽胚胎移植及杂交育种技术，而日本突出了生物化学、机械技术等，最终都使农业成为高效产业。

几十年来，上海农业科技总体水平有了很大提高，但与世界先进水平相比仍有较大的差距，且推广力量不够，每万劳力中仅有1.5个科技人员。根据WTO农业规则的规定，上海在农业科研和农业技术推广的支持上还有很大空间，按上海土地资源稀缺的实际情况看，选择土地节约型的农业科技较为合适。为此，上海要充分发挥科研技术优势，在农业园区建设中注重实现物质投入与科技投入的匹配，搞好农业关键技术和农业应用基础研究，完善科技推广体系，提高园区的科技含量，形成农业科技投入数量和效率的统一、科技进步与产出效益的统一。

四、加大人力资本投入，提高农业劳动者素质

现代农业被称为知识密集和技术密集型产业，土地和其他物质技术资源必须通过农业劳动者才能转换成为各种农产品，因此，高素质的农业经营者和劳动者是现代农业发展必不可少的条件。

教育是人力资本投资的最重要形式，各发达国家对农业教育都十分重视，有着完善的农业教育体系。荷兰各类农业院校的学生共有6万人，相当于农业劳动力的29%；丹麦农民中有85%是大学毕业生；在法国有继承权的农场主子女，在接受基础教育之后，还要再上五年农校，再经过三年学徒期，考试合格后才能取得从事农业经营的资格。几十年来，发达国家农业就业人数大幅度减少，而农业生产却大幅度增长，与农民素质的提高密切相关。

我国农村劳动力资源丰富，但是素质较低，农业专业教育也很薄弱，而且为社会所轻视，中华人民共和国成立以来国家培养的140万农技人员中有一半以上流向其他部门。须知，高素质的农民是高效农业的根本，而人力资本的较高投入则是造就高素质农民的关键。上海要建设现代农业园区，尤应注重这一问题，应通过政策鼓励、舆论引导、教育投入及多种措施，实现农业人才的多方集聚及现有人员的教育培训，在园区构筑农业人才的新高地。

五、建立农业社会化服务体系

农业社会化服务体系是在农业商品化、专业化日益发展的情况下，分散的个体农户为维护自己的利益、适应市场需要而逐步建立起来的，它是现代农业分工与协作进一步发展、农工商一体化日益加强的必然产物。从发达国家看，农业社会化服务主要提供技术、生产作业、供销、信贷、保险等服务，主要形式有农民合作组织、私营企业，也包括政府组织。

以项目为核心的美国农业社会服务组织覆盖面广，将几乎所有农业生产和经营领域都纳入推广服务范围，大到新式改良的农业生产和销售技术，小到各种度量换算和计算捷径，都可到州县农业推广服务部门获取满意的咨询服务，美国直接种田的人只占总人口的3%，但是为农业配套服务的人员占27%。在以色列，非营利性的农产品出口和内销组织及各种自发组织，包揽了其国内全部的农产品销售，农民只管生产，一般不会受到市场风险的侵扰。日本农协闻名世界，它有着严密的组织，除提供各类服务外，在政府制订政策及调控农业方面，农协作为代表农民政治与经济利益的系统组织发挥其参与和管理职能，成了政府、市场、农户之间强有力的中介组织。韩国成功地借鉴了日本农协经验。

上海现有60多万农户，种植400多万亩土地，经营规模狭小，技术信息落后，进入市场困难，农业效益不高，发展农业社会化服务体系是当前农业经营机制改革的紧迫课题。现虽有300多个中介组织活跃在各区县，但多以营销为主，发展不平衡，组织不完善。为此，上海在现代农业园区建设中应将此作为一个研究重点，可通过立法建立完善的农业社会化服务体系及农村合作社、专业协会制度，促进各种形式的农业社会化服务组织在园区中建立、发展并逐步推向整个地区，成为农户进入市场并形成规模经营的的良好媒介。

六、现代农业只能在市场经济的环境中成长和发展

现代农业从其形成的历史过程看，是在市场经济环境下成长和发展起来的。市场经济的迅速发展不仅增加了对农产品的需求，而且吸收了大量农村劳动力，农业中的技术革命也就应运而起。在市场经济条件下，农民可以根据市场的价格信号进行资源配置，农业产业结构也就适应整个国民经济的要求不断加以调整并趋向合理，促进了农业产业一体化的形成和发展。但同时也应看到，市场机制不可能解决农业这个特殊产业的一切问题，有时还可能出现“农业危机”，因此又离不开国家的干预。

1. 农民获得土地使用权或经营权，成为独立的商品生产者，是现代农业的制度基础和重要前提。

美国独立战争胜利后，把向西推进得到的土地宣布为国有，出售给移民垦殖，使西部建立起大量的、规模较大的家庭农场。日本明治维新后，废除了作物耕种和土地转让的限制，允许农民自由种植和土地自由买卖及出租。这些举措使农民能自主安排自己的生产活动和调整资源

配置，获取更多收益便成为他们从事农业生产经营的内在动力，这种动力是推动传统农业向现代化农业转变以及农业现代化建设日益发展的根本力量。

我国农村家庭联产承包制的推行，在重塑新的市场主体上起了一定作用，但并未根本解决行政组织对农业生产经营的直接干预及小生产与大市场的矛盾。上海在创办现代农业园区过程中，可探索家庭联营等办法，明确农业主体的地位和权益，充分调动其积极性，进而按市场规律合理配置农业资源及有效运用农业科技，促进规模经营，提高农业综合效益和市场竞争力。

2. 高度产业化是现代农业的必然选择。

发达国家的经验表明，农业发展不能仅靠本身，而且还需要其他产业的支持和交融，使之成为高效产业。这些国家农业产业化形成的高附加值在国民、农业生产总值中占了相当比重。

在我国经济基础相对薄弱的情况下，农业发展的有效选择只能是农业资源的就地转化增值，实行农业产业化。上海在现代农业园区建设中，应特别注重产业化的实施，各园区可根据自身的资源优势和技术优势，围绕特色产品形成从科研、生产、加工、运输到销售一整条产业链，并可结合乡镇企业产业结构调整和小城镇建设，在更大范围、更高层次上实行集约化经营，提高农产品的附加值，实现农业的积累和发展。

3. 完善的市场购销体系是现代农业必不可少的条件。

发达国家农产品购销体系主要有：① 私营企业：美国私营企业经营的农产品占全国农产品购销的60%以上；日本的私营企业几乎垄断了畜产品的加工和销售。② 销售合作社：荷兰的销售合作社高峰时多达350家，后合并为25家大型拍卖公司；法国共有四千多家合作社，1/5的农场主是它的社员；丹麦被称为合作社的摇篮，它的农民联合会成了当地社会生活的基础，是将土地和市场联系起来的纽带。③ 国营商业：为了实施干预、调节农业的政策，市场经济国家都不同程度地直接参与农产品购销活动，成为农产品销售体系中的一个组成部分，日本的大米等主要粮食作物和烟草的收购，基本上由国家控制。④ 农业生产者的自产自销：美国各州都有设在公路旁边专销自产农产品的农场销售摊亭，销量约占销售体系总量的5%；我国台湾省农民团体直销农产品总值已超过6600余万元台币。

上海农业要从传统化向现代化转变，必须建立公正规范的农副产品市场流通购销体系。目前活跃在上海市郊的农副产品营销大户已成为农村先进生产力的促进者，其营销量占到市郊总量的50%，但组织体系还不完善。借鉴国外经验，农副产品营销组织可以有不同的组织方式和所有制形式，但主要力量应是农民，因此，政府除加强农副产品批发市场主渠道建设外，应特别重视和扶持农民的合作性营销组织、市场经纪人、产地经纪人等农业新经济组织，使其能发展演变为产地农副产品的上市经济组织，形成完善的市场机制。

4. 政府对农业发展的适当和适度调控是现代农业的重要保证。

西方发达国家市场组织比较健全，农业劳动生产率较高，政府一般的调控目标是稳定和保护农业，主要以经济手段（价格政策、货币政策及财政政策）和法律手段进行调控，辅之以必要的行政手段。美国在计划调控方面，主要有休耕计划、粮食储备计划等；在财政信贷调控方面，主要由政府农业信贷担保署提供贷款，弥补自发信贷市场的农业信贷不足，并以贷款重点支持某些农产品出口；在法律调控方面，制定了多而细的农产品质量和交易上的法律规定，农业执法也非常严格。日本政府利用财政手段为农业发展提供大量资金(主要用于农业投资、贷款和价格补贴、农作物保险补贴)，对农民的生产和农田基本建设给予贷款和补贴，对后者的补贴率高达96%，并根据不同农作物补贴保险费50%～80%；同时制定并实施了《农业基本法》，加速进行农业结构改革，建立符合市场经济发展需要的“合格农户”，推动了农业现代化建设。

中国正处在自然经济向商品经济的转变中，市场发育尚不完善，交易也不规范，农业又是充满风险的弱质产业，完全的市场化会对农业带来严重不利影响。因此，政府要进行必要的宏观调控，建立良好的市场秩序和较为完善的农业风险保障机制，为农民进入市场创造良好的外部环境。结合国外的经验，政府在上海现代农业园区建设中，应注重的宏观调控措施为：

(1) 健全农业法规并依法执行；

(2) 增加对园区的有效投入，改善农业生产条件；

(3) 通过信息系统及时传递先进的农业科学技术和各种经济信息，使家庭分散经营通过科学的信息导向，形成适度的规模经营；

(4) 利用各种经济杠杆及优惠政策，给农民以实惠，从经济利益上引导农民联合起来，走现代化农业的道路；

(5) 完善农业保险风险基金的管理和有效运用，降低农业及高新技术生产的风险率。

上述发达国家在农业现代化建设方面的经验，对上海建设好现代农业园区，率先实现传统农业向现代农业的转变，加速农业现代化进程不无裨益，从中也可以得到许多启迪。概括而言，上海要实现农业现代化，市场化是根本，科学化是核心，法制化是保障，集约化是关键，产业化是途径，合作化是方向，外向化是趋势。

台商投资区的现状及其前景

金 扬

1989年国务院批准厦门海沧、杏林，福州马尾设立台商投资区，分别享有经济特区、经济技术开发区的相关政策；1992 年，国务院又批准设立厦门集美台资投资区，并在厦门象屿和福州马尾分别设立保税区，由此营造出一种独有的复合政策优势，为吸引台资创造了有利条件。据不完全统计，截止 1996 年底，四个台商投资区批准台资项目 1300 余项，协议利用台资超过 25 亿美元，实际利用台资 10 多亿美元，约占全省吸引台资总量的 34%、45% 和 40 %。经过近十年发展，台商投资区已成为福建吸引台资的最密集区域，吸引外资的重要窗口和出口加工业的重要基地，对于福建外向型经济发展，发挥了积极的作用。

进入世纪之交，台商投资区如何在现有的基础上继续发展，以适应进一步扩大开放和祖国和平统一大业的需要，成为一个摆上议事日程的重大课题。在福建推进新一轮创业、创造新一轮经济增长中，台商投资区的发展，成为引起多方关注的焦点。

一、台商投资区是高度外向型的经济区域，深受国际国内政治经济形势的影响

台商投资区首先是属于经济范畴中的地理位置概念，是福建开放型经济格局的重要组成，是赋予特殊政策的国家级开发区，它在全省外向型经济发展中取得了令人瞩目的经济成绩，这主要得益于：

1. 本地廉价的土地与劳动力；

2. 税负减免与出口退税政策；

3. 管理机构较精简、事权集中、手续方便，节省了投资者在前期投入的时间、精力；

4. 生产性基础设施基本完备，有一定生活配套，可获国内银行的资金支持；

5. 相对宽松的环境容量和环保政策。

作为高度外向的出口加工区，区内企业具有明显的“两头在外”的产业特征，主要特点为：

1. 投资来源多元化。既有台资，也有港资、侨资、外资；

2. 生产要素的可转移性。资金、设备、生产基地既可向国内其他地区扩散，也可向更具

• 本文刊登在《亚太经济》1998 年第 2 期 第 33 - 36 页。

比较优势的其他国家转移；

3. 投资计划的可变性。国际经济走势，产品市场波动，以及任何影响生产成本的因素，均会导致投资计划的变更，引发不到资、中途撤资等行为；

4. 劳动密集型产业居多，中小型企业居多，经营以短期获利为目标，更增加了流动性；

5. 与国内产业关联度低，经济联系少。

上述特点决定了台商投资区发展必然受到国际政治经济形势的影响而产生波动，并且这种波动远较相对封闭的国内经济激烈。1992年小平同志巡视南方讲话，有力地推动了对外开放，各地陆续推出了一系列优惠政策，进一步促进了外经外贸的发展，引发外资、台资的新一轮投资热潮。1996年国家“三项政策”(降低关税、取消进出口设备关税减免，降低出口退税率及加工贸易实行保证金台账制度)出台对于以出口加工，出口创汇为主的开发区、投资区影响较大，外贸出口及吸引外资规模出现全国性萎缩。因此，产业层次较低、单纯出口加工型的开发区、投资区的投资可变性，生产要素可转移性带来的经济波动性等是必然的经济现象。

二、发展台商投资区是促进两岸经济融合、实现祖国和平统一的重要经济手段

在祖国和平统一大业中，政治对话与经济合作是密不可分的基本因素。近十年来，两岸经贸往来日益密切，祖国大陆目前是台湾地区的第二大贸易伙伴，台湾地区对祖国大陆的贸易依存度已达到10%，其中出口依存度达16%，并有进一步增加的趋势。由于两岸在经济资源、人力资源、市场空间和国际政治经济空间上的巨大差异，祖国大陆在两岸经贸关系中最终将居主导地位，起支配作用；台商投资区作为两岸经贸合作的窗口和基地，正在发挥融合两岸经济的积极作用，进而对两岸关系政治格局演变产生深远影响，这种不可逆转的发展趋势不是台湾当局人为的政策所能左右的。近年来，台湾工商业界面对国际竞争、面对台湾经济条件的变化而导致的一些产业比较优势的丧失，充满了对岛屿型经济空间狭小的危机感，希望当局更开明地对待两岸经贸合作交流。台湾当局“抓大放小”的作法已严重损害了台湾大企业、大财团的经济利益，引起了工商界的强烈不满，过去由台湾当局的倾斜政策扶持发展起来的石化业巨头王永庆、与李登辉个人关系密切的船运业巨头张荣发，公开抨击当局的大陆经贸政策，当局政策的不得人心，由此可见一斑。两岸经济融合是祖国和平统一的经济基础，进一步发展台商投资区，推动两岸经贸合作向纵深发展，不仅具有经济意义，更具有深远的政治意义。

三、新形势下台商投资区面临的机遇和挑战

今年以来，国际和地区政治经济形势出现了新的发展，首先是香港按预定的时间表顺利回归，回归以来社会稳定、经济保持繁荣，“一国两制”的伟大构想成为现实，并得到了更广泛的认同和接受。台湾当局虽然一再声称“一国两制”不适用于台湾，但其“三不”立场的阵脚已乱。香港既是中国的特别行政区，也是特别关税区，台湾目前维持的经香港中转与祖国大陆

的贸易已是某种意义上的“直接贸易”，台湾设置的“间接贸易”原则已经受到巨大的冲击，“直接贸易”禁区在理论上已被突破；其次，江总书记访美取得圆满成功，中美两国建立起建设性战略伙伴关系，从而结束了两国关系持续多年的低潮期，在政治、外交方面的障碍扫除后，两国经贸等领域的交往合作将进一步密切，台湾外交争取“国际生存空间”的企图受到打击，“台独”势力受到遏制；其三，近年来，为进一步融入国际经济潮流，为自身经济发展创造一个更为有利的国际环境，两岸均积极争取加入世贸组织(WTO)，作为世贸组织的正式成员，两岸均有义务消除妨碍自由贸易的各种障碍，这对台湾设置的限制两岸经贸往来的种种政策形成巨大压力。在这种形势下，蓄势已久的两岸经贸关系有可能在近期取得突破，突破口最有可能出现在两岸“三通”，特别是局部“三通”的条件基本成熟。目前作为两岸试点直航口岸的福州、厦门是比较理想又最具现实性的“三通”口岸，地处这两地的台商投资区正面临前所未有的发展机遇。

台商投资区在面临重大机遇的同时，也受到前所未有的挑战。就祖国大陆而言，随着国内经济宏观调控措施的实行，国内融资环境进一步趋紧； 国家加强了对中西部地区的政策倾斜，内陆省份加快开发开放步伐，沿海开发区，包括台商投资区受政策调整的影响，政策优势趋于弱化，台资流向进一步扩散，台商投资区吸引台资的步伐趋缓；福建尽管具有人缘、血缘方面的优势，但由于台湾当局的“间接贸易”政策，使得彼此地理距离最近的地缘毫无优势可言，而且在运输成本上并不低于甚至高于国内其他沿海地区，只要“三通”未突破，福建的地缘“劣势”就会持续下去。福建的经济基础仍然薄弱，产业体系不全，交通不畅，市场潜力、行业配套、科技、人才支撑等方面落后于长江流域、珠江三角洲、环渤海地区的发达省市，尽管是祖国大陆最早引进台资的地区，但近来逐步落后于广东、江苏等省市，发展后劲明显不足。

四、未来台商投资区不仅是对过去的继承和延续，更需要突破与创新

如前所述，作为出口加工基地的台商投资区由于受到宏观政策，国际、国内经济环境，本身的产业层次等因素的影响，发展前景有限。如视为一般开发区，可认为已完成其历史使命，不必苛求。但台商投资区作为两岸经贸合作的窗口和基地，不仅具有经济意义，更具有政治意义。因此，台商投资区不仅要办下去，而且要越办越好，而对不断变化的国际国内政治、经济、社会环境，台商投资区亟需在以下方面取得突破和创新：

1. 以两岸经贸合作为基础，多层次、多方位交流全面发展

两岸关系发展十余年来，在加强经贸合作，提高两岸经济依存度方面颇具成效，高层沟通有所进展，但两岸政治关系一波三折，时有反复。这是台湾最高当政者一意孤行，顽固地坚持非理性的政策处理两岸关系所致。当前，就两岸本身而言，在进一步加强经贸往来，继续提高两岸经济依存度的同时，应注意培养和平统一的社会政治基础，提高和增强两岸人民的亲和力和凝聚力，增强台湾人民对祖国大家庭的认同感。台商投资区作为两岸经贸合作的重要区域，已形成了一定的人员往来基础，目前主要是经济往来，今后应努力创造条件，进一步营造开放、

宽松、和谐的社会环境和氛围，广泛开展官方、民间、机构、个人等不同层次、社会、文化艺术、科技等多方位交流合作，进而成为两岸人民亲善交往的窗口和基地。在台湾本岛未对祖国大陆做相对应的开放之前，国家可以在台商投资区这一特定区域实行特殊的两岸往来人员管理办法。

2. 以经贸合作为主线，积极开发新功能

在“商”言商，台商投资区自设立以来，始终以经贸合作为主线，过去以出口加工为主要功能，今后要着力于新的功能开发。台商投资区首先要具有贸易功能，两岸“三通”有望突破，而福、厦两地在局部率先“三通”上具有地缘、开放口岸等优势条件，这两地对台小额贸易过去就有相当基础，设立保税区以来，众多外资、台资贸易机构进入，这就为开展两岸贸易提供了基本条件。尤为重要的是目前每年近200亿美元的贸易额，扣除珠江三角洲部分(仍经香港中转)，仍有近100亿美元的巨大份额可在“三通”口岸进出，这是一个巨大的潜在贸易市场，是未来台商投资区发展的巨大商机；其次是融资功能，与产业资本相比，台湾金融资本投资祖国大陆的步伐迟缓，这一方面是由于台湾当局到目前为止仅允许两岸银行的海外分行发生直接的业务关系，另一方面国内金融市场的开放仍需一个过程。台商投资区在吸引台湾金融机构及金融资本加入开发建设方面仍是一个空白，发展潜力巨大。可考虑初期对进驻区内的中资、台资金融机构开放严格分账管理下的离岸金融业务；再次是研究开发功能，台湾岛内的广大中小企业生存困难，科研开发能力不足，竞争能力下降。尖端科技研究与高新技术开发是台湾培植新兴产业，实现产业升级转型的关键，也是台湾唯一愿意让出产业分工主导权的领域。应在台商投资区内设立科技交流与研究开发基地，利用区内对海外及台湾科技人员研究资金、设备、材料的特殊政策，开展实质性的科技交流与研究合作业务，成为两岸产学研一体化的窗口和示范区，并要积极创造条件将科技成果就地产业化，培育各具特色的台商投资区主导产业和新经济增长点，通过互相渗透，不仅要实现台湾传统产业根移祖国大陆，更要实现台湾新兴产业根植大陆的目的；最后是综合支撑功能，要建立以多种金融保险、信息中介、法律保障、仓储展示、口岸设施、邮电通信设施、房地产、生活服务等第三产业为主要功能的必要配套和支撑。通过有机配合，整体推进，形成以制造业为基础，第二、三产业协调发展的新型投资区。

3. 建立外销与内需有机结合，较高层次的产业群体

台商投资区是具备部分自由贸易特征的出口加工区，近十年来，在吸引台湾工业投资、出口创汇、平衡国际收支、拓展对外贸易、创造就业机会等方面收到明显的经济效果。但就初期的台商投资区而言，由于产业层次较低，因而外资、台资对土地成本、劳动力成本、税赋高低非常敏感，随着沿海地区土地、劳动力成本的上扬、优惠政策“普区化”，外资、台资向内地扩散与产业转移趋势有增无减，继续在土地、劳动力价格方面与后进地区开展竞争既不经济、也无法持久；由于偏重出口，外销比例高，区外的上下游产品制造商由于技术、经济及非技术经济方面的原因，未能与之协作配套，区内台资企业对区外相关产业的向前、向后联锁效果差，在区内外经济之间筑起一道无形的“藩篱”；与区外经济关联度低也反映在企业的技术开发创新上，区内企业技术绝大多数来源于本系统、本企业，且大多为重要技术的附加性创新，而非

原始技术的基础性创新，来源单一，技术开发层次不高，不仅影响了企业的竞争能力，也削弱了投资区的发展后劲。因此，要实现投资区经济的可持续发展，必须进一步优化投资区的产业结构，提高产业层次，在优势互补和经济互利基础上，以区外市场为依托，以国际市场为导向，加速与区外经济的融合，利用台湾的资金、国际营销网络、应用技术开发经验，与区外的市场潜力、基础研究实力相结合，生长出一种新的复合优势，建立起具有国际竞争力的、外销与内需有机结合、较高层次的产业群体。

4. 建立开放有序、高效灵活的管理体制

台商投资区要进一步建立健全高效精简的社会经济管理体制，在行政、司法、公用设施管理权等政府掌握政策主导权的范围，投资区管理部门可享有地方一级政府的行政职权；进一步改革口岸管理体制，积极探索条块结合、开放、有序的管理模式，使之既适应于我国国情，又逐步与国际惯例相衔接；在合理规划，统一管理的前提下，进一步下放项目的审批权限，对于以社会投资为主的竞争性行业和仅涉及本区域的基础设施，应放弃投资领域、内销比例、股权比例的限制，给予外资、台资更大的选择余地。

关于中介组织的国际比较与借鉴

钟贤宾

伴随着我国经济体制的转轨和社会结构的转型，培育中介组织和发展社会中介功能的问题，开始逐渐凸显出来，并引起了全社会的高度关注。

由于这项事业还是一种新生事物，加之尚未有一个较为统一的概念与认识，因此，借鉴国际社会的经验和做法，显得十分必要。下面着重从实践的角度(而非纯学理性的分析)，作一些简略的介绍。

一、一些基本概念性的说明

首先，需要明确提出的是，世界各国很少有使用“中介组织”概念的。严格地说，“中介”是一种行为方式，是一种活动的概念性表述，任何组织都可以或可能从事社会中介活动；若把“中介”看成是一种“载体”，那么对任何商店，都可以看作是生产者与消费者之间交易活动的载体。这些显然不是我们要研究并实践的关于中介组织的问题。但也需要指出，这并不妨碍我们为解决当今中国特定的现实问题，将其作为一个特定的概念来加以研究和使用，只不过需要加以适当地界定，这可以从以下的介绍中得到论证，只是在国际交往中必须加以注意和区别。

其次，在当今国际社会，有着广泛而深入的研究和实践的，是一大类界于政府组织与企业组织(或市场组织)之间，以非政府性、非营利性为主要共同特征的社会组织。由于各国历史、文化背景的不同，以及政治、经济、社会发展状况和发展阶段的区别，各国对这类社会组织的概念表述不一。除了经常可以接触到的“第三部门”、“非营利组织”、“非政府组织”(NGO)等外，如在英国被称之为公共慈善机构，德国称之为志愿机构，法国称之为社会经济机构，瑞典称之为国民社会机构，日本称之为公益法人，此外还有公民社会、市民社会、免税组织、独立部门、第三域等等称谓。但从其所指的实质性内涵来看，则是大同小异或异曲同工。而我们所要研究和实践的中介组织的问题，大多包含在上述社会组织的范围之中，如作为社会中介组织之一的行业协会，属于社团的范畴就在其中；又如大量的市场中介组织，只要其设立宗旨是非营利性的，则同样可归入这类社会组织。

再次，需要重点说明的，国际社会所称的非营利性组织，并非指这种组织绝对不可以从事社会营利性活动，或者说不可以有盈利。而只要是这种组织不以营利为首要和根本目的，更重要的是这个组织盈利后，不得将利润分配给组织管理者和成员，只能将盈利用于该组织宗旨所

• 本文刊登在《上海改革》2001年第4期 第35 - 40页。

规定的事业或活动，就可将其看作非营利组织。国际社会较为通行的，就是以这种营利或非营利作为主要标准，来区分市场组织(或企业组织)与社会组织(第三部门、非政府组织等等)。由于非政府组织一般是从政治涵义和国际性活动需要来界定的，且其实际内容、范围等要大大小于第三部门、非营利组织，而第三部门的概念比较中性，其特征较难为我国大多数人所理解，因而本文在介绍时主要采用非营利组织的概念。

最后，根据现有掌握的资料，国外(包括国内介绍国外)较少专门论述行业协会组织，尤其是市场中介组织一类的文献，大多是集中讨论非营利组织的。非营利组织所涉及的内容，包括许多做法和经验，对于我们发展行业协会等社会中介组织、市场中介组织不无借鉴之处，因此下文将侧重介绍国外非营利组织的情况。

二、国外非营利组织的基本情况

1. 非营利组织的基本特征

较为公认的非营利组织，一般需要具备以下几个基本特征:

① **正式性**(也有称正规性、组织性、合法性)。表现为由国家法律许可、经一定的程序组建(大多数国家要注册登记)，具有法人资格或民事责任能力，有章程、内部规章制度、管理组织、经常性活动等。而临时性的、随意性的集会活动等，包括非正式组织等，一般都排除在非营利组织之外。

② **民间性**。非营利组织在组织机构上与政府相分离，既不是政府的一部分，也不受制于政府。它成为民间组织、社会组织、第三部门的一个重要表征。

③ **非营利性**。即组织的利润不向其拥有者返还或分配，必须服务于组织基本使命和宗旨。

④ **自治性**。自主治理，有能力控制自身的行为，不受制于政府、企业、其他非营利组织或外部人员，按自身内部管理程序独立运作。

⑤ **志愿性**。在非营利组织的活动和管理中，均有显著的志愿参与的成分，如使用志愿者，在志愿的基础上参与活动等。

除此之外，公益性、多样性、专业性、灵活性、中立性、开创性等，也都在不同的非营利组织中得到体现。

2. 非营利组织的分类

各国对非营利组织的分类有较大差异，其实际涵盖的内容、范围也有区别。如法国的社会经济机构既包括互助合作机构，也包括保险公司，而后者在英美等国则不属于非营利组织，而属于企业(市场)组织。又如各种基金或基金会，部分国家将其归为社团法人，又有相当部分国家界定为财团法人等。

目前，国际社会应用范围较广的分类有：联合国国际标准产业分类体系(ISIC体系)，将非营利组织分为教育、医疗和社会工作、其他社区社会和个人服务3大类，共15分项。欧共体经济活动产业分类体系(NACE体系)，将非营利组织分为教育、研究与开发、医疗卫生、其他公众服务、休闲与文化5大类、18项。美国慈善统计中心设计的免税团体分类体系(NTEE体系)分为25大类非营利组织，每类又分为很多小项。

另有一种被认为较有利于进行跨国比较的，是由约翰－霍布金斯大学非营利组织比较研究中心协调13个国家的学者设计的非营利组织国际分类体系(ICNPO体系)，将非营利组织划为12大类、24小类、近150小项。其各大类和小类是：

文化与休闲：文学与艺术；休闲；服务性俱乐部。

教育与研究：中小学教育；高等教育；其他教育；研究。

卫生：医院与康复；诊所；精神卫生与危机防范；其他保健服务。

社会服务：社会服务；紧急情况救助；社会救济。

环境：环境保护；动物保护。

发展与住房：经济、社会、社区发展；住房；就业与职业培训。

法律、推促与政治：民权与推促组织；治安与法律服务；政治组织。

慈善中介与志愿行为鼓动。
国际性活动。
宗教活动与组织。
商会、专业协会、工会。
其他。

值得注意的是，由于各国政治、经济、社会发展的需求和国情的不同，非营利组织的发展不可能照搬照抄，也非一成不变的，关键是要有利于社会发展。

3. 非营利组织的作用

国外的非营利组织形式多样，发展迅速，而且渗透到社会经济生活的各个领域。其存在的客观依据，一般认为有市场失灵，契约失灵，政府失灵，公共物品消费“搭便车”问题，市场交易费用问题，绝对强制问题，社会变革问题，官僚化问题等等。总之，是由社会需求与供给状况，经济基础与上层建筑及其意识形态的基本矛盾运动所决定的。

国外大量非营利组织的发生与发展，主要是弥补了市场部门和政府部门的不足，执行了市场和政府所不能完成，或不能有效完成的社会职能。

① 提供公共物品。尤其是能够满足一定社会群体的特定的某种社会需要，较好地将自己的非营利与社会公众的志愿性有机结合，从而提供社会所需要的公共物品。② 弥补契约失灵。③ 强化消费者监督。④ 代行政府职能。但非营利组织不是政府职能或市场职能的替代品，而是互补品。如通过非营利组织向公众提供部分服务，可以名正言顺地向目标公众收费，从而降低政府投入；非营利组织所耗费的成本一般要低于政府部门，尤其是在劳动力方面，政府要解决一方面增加公共物品的压力、一方面不想加重纳税人负担的矛盾，最好的办法是将这项公共物品交给非营利组织完成。⑤ 推动社会发展。如在推动思想创新，提供社会福利，丰富文化生活，促进社会适应，保持传统文化，便利自我实现，改进社会体系，有效配置资源等方面，非营利组织都发挥了十分积极并难以取代的作用。

从国外非营利组织发展历程看，各国政府都曾不同程度地对其发展持怀疑和抑制的态度，甚至一度认为是社会不安定因素。但各国非营利组织的发展实践，都充分显示了其对现代社会发展的积极促进作用。如在发达国家非营利组织已发展成为一个举足轻重的产业；非营利组织成为吸纳就业的一个重要渠道，美、英、法、德、日、泰6个国家，1990年底非营利部门雇用了约1180万全职的员工，同期美、法、德三国的非营利组织就业人数占总就业人数的6%;非营利组织的支出与收入对活跃市场作出了积极的贡献等。

4. 非营利组织的运作与管理

① 非营利组织的经费来源

各国非营利组织的筹资模式不尽相同，并同重点服务领域不无关系。从各国非营利组织支出角度看，如英国和日本，是以教育为主的；美国和德国，以医疗卫生为主；法国和意大利，以社会服务为主，但法国在文化娱乐方面支出比例高于意大利，意大利则在协会学会方面支出比例高于法国，原因是意大利工会入会率高，而企业规模较小，需要行业协会组织的帮助与服务等。表1 ~ 表3可粗略反映一些情况：

表1 不同领域非营利机构的收入来源(%)

领　域	公共部门	私人付费	民间捐赠
全　部	43	47	10
文化娱乐	22	67	11
教育科研	42	50	8
医疗卫生	59	25	15
社会服务	51	33	16
环境保护	34	51	12
住房开发	37	51	12
市民倡导	49	40	10
慈善事业	12	54	34
国际救援	39	23	38
职业社团	5	92	3

表2 1990年部分国家非营利组织的资金来源(%)

国　家	私人捐献	政府资助	赚取收入
平均	10	43	47
美国	19	30	51
英国	12	40	48
法国	7	59	34
德国	4	68	28
意大利	5	43	52
日本	2	38	60
匈牙利	20	23	57

表3 不同国家不同领域公共部门占非营利组织收入的份额(%)

国　家	教育	健康	社会服务	文化
平均	42	59	51	22
美国	21	36	51	17
英国	64	23	26	11
法国	73	84	60	41
德国	70	84	83	17
意大利	49	72	60	22
日本	11	96	65	13
匈牙利	7	19	12	31

以上这些数字，可以大体反映出各国对非营利性组织管理方面的情况。一般而言，较多得到政府等公共部门资助的，相对与政府关系较为密切，政府管理控制也相对较为严格。而主要依靠自我创收、民间捐赠的非营利组织，其民间性的特征较为明显，政府相应的管理控制也较为宽松。

值得提出的是：一方面民间捐赠在各国，总体上看都没有成为主导形式。而存在的差异与社会生产力发展水平、居民收入水准和意识、政府在税收等经济政策方面的导向等有关。另方面各国的非营利组织(尤其是某些领域)，都程度不同地出现了从事盈利活动的倾向，并大量存在钻政府政策(尤其是税收政策)空子的现象。再一方面，政府对非营利组织的资助和支持，主要是通过政府购买服务的方式进行，包括政府将某些自身职能委托转移给非营利组织承担，相应地给予经济上的资助与保证，也包括政府普遍采用各种税费减免的方式，一则降低非营利组织的运行成本，再则鼓励社会各方更多地捐助和参与。最后，各国对非营利组织的活动一般都有较严格的监督，包括设立方面的控制，运行中的规范与自律，各种绩效的评价、社会监督等等。

三、国外中介组织管理简况

正如前所介绍，国外一般不将中介组织作为单独的非营利组织形式之一加以研究和规范，但仍可以从非营利组织基本情况介绍中体会到其中的一二。

从现实中，我国要发展中介组织，首先必须区分社会中介组织和市场中介组织的概念。而这在目前，国内研究包括某些权威文献资料中，两者往往是混同交织在一起加以讨论和研究的。事实上，市场中介组织和社会中介组织，是有着质的区别的。

一般来讲，市场中介组织在国外的概念中，属于市场组织的范畴；而社会中介组织则包含在非营利组织概念之中，属于社会组织的范畴。从活动领域和范围来看，市场中介组织从事的是市场活动(当然不是广义的市场)，发挥的是一种市场中介的功能，主要归属于经济领域的范围；而社会中介组织从事的是社会活动(这个社会也是狭义的社会)，发挥的社会中介的功能，主要归属于社会领域的范畴。从组织生成发展的客观要求来看，市场中介组织是社会化大生产所要求的专业化分工的产物，而社会中介组织则主要是社会结构分化、社会发展要求的产物。从组织设立的目的和宗旨来看，市场中介组织一般是以盈利为目的，其有自身独立的法人利益，一般将其界定为企业法人；而社会中介组织是非营利性的，无自身独立的法人利益，因而将其界定为社团法人。而营利与非营利，在国际社会中一般都作为区分市场组织与社会组织、企业法人与社团法人的最重要的标准。此外，我们还可以从其他一些角度，将两者加以区分：如市场中介组织一般都身处较为充分的市场竞争环境，其主要受市场规则规范，表现为个体的社会组织形态，属于一种自主性的组织、私利性的组织等；而社会中介组织一般无市场竞争性，其主要受法律包括道德来规范，表现为集体性的社会组织形态，属于一种志愿性的组织、一种放大了的私利性组织(相对于公利性而言；也有人将其同社会个体的私利性组织相比较，认为其某种程度上具有“公利性”)等。

因此，尽管市场中介组织和社会中介组织的行为方式都是从事中介活动，发挥的同样是社会中介的功能(这里的社会是较为广义的)，但它们具有众多的异质性，必须加以明确区分，并采取不同的管理方式。当然，我们也不应排除，其中有一部分市场中介组织在发起设立之初，就确定了非营利性、主要从事社会公益活动的宗旨并严格恪守，则也完全应该将其纳入社会中介组织的范畴，承认其社团法人的合法地位，并享有相应的权利与义务。由于国外对市场组织的管理已形成一整套较为系统、规范的制度，这里不作介绍。

行业协会是社会中介组织中重要的一部分，也是社团法人中的重要组成部分。各国的行业协会，在组织和管理上的差异是比较大的，这种差异，主要产生于各国社会组织结构中各个主体间的相互关系，尤其是行业协会组织与政府组织的相互关系，以及行业协会组织与企业(市场)组织的相互关系。同时，各国类似于行业协会的组织，如行会、同业公会、商会等，均已有较长的历史，已形成了一整套既定的社会规范，加之市场经济发展较为充分，市场主体、市场体系、市场规则都比较齐全到位。因而尽管各类行业协会组织较为发达，但难以形成现代社会的研究热点。

在国际社会中行业协会的模式，主要可归结为以美国为代表的“水平模式”，即以企业自发组织和自发活动为纽带的行业协会模式，以及以日本和德国为代表的“垂直模式”，即政府的行政作用参与其中，大企业起主导作用，中小企业广泛参与的行业协会模式。

美国行业协会的主要特点是：① 自愿组织，自愿参与。在美国，行业组织、行业协会种类繁多、形式多样。各类业主及专业组织约有14万个，包括商会、贸易协会、律师协会、银行家协会，当然还包括了工会在内。这些行业组织和行业协会，它们全都是企业自发组织、自愿参加组成的。与日本和德国相比，美国行业协会更像民间组织。② 政府既不作干预，也不予以资助。美国对行业与职业协会的的定义是：“协会是一些为达到共同目标而自愿组织起来的同业或商人团体。”美国政府对私人企业的商业活动一般是不作干预，同时私人企业也对政府干预采取不合作态度。因此，美国的行业协会主要作用就是在企业之间进行技术、信息的交流与协调，以及向立法、行政部门反映本行业会员的愿望，使政府的政策更加符合行业的利益。③ 在管理上自由放任，规范松懈。与日本和德国相比，美国行业组织的规范性较差。只要是在利益上存在共同之处，就可以建立起一个行业组织，既可以是地区内的行业协会，也可以是洲一级的行业组织。不过近年来，为了国际竞争的需要，美国行业组织也开始致力于沟通、协调政府与企业的关系，促进政企合作。④ 当政企发生矛盾时，寻求议会介入。美国的行业协会在涉及政企矛盾时，往往会诉诸议会，让议会对政府施加压力。在美国议会中，有代表各行各业企业界利益的议员以至议员团体，为获取选票和支持，往往会对政府施压。美国的行业协会的主要职能有两项：其一，信息系统功能。各行业协会大都有相当健全的信息渠道，可以提供市场信息、技术信息、社会和政治情报信息等。其二，多向协调功能。包括政府与企业之间、企业与消费者之间、行业组织内部的协调三个方面。

在美国，民间社团全都是非营利组织，其经费政府一般也不予资助。但政府也并非一概不支持，主要体现在减税或减费上。如联邦政府允许非营利组织中邮寄与其宗旨相关的邮件时，则适用远低于正常邮资的资费标准，仅此一项联邦政府每年损失30多亿美元。在美国，非公司形式的社团的建立不必经过政府的批准，主要通过法律来规范，并有一套社会监督的机制，如通过专门的民间机构进行监督，通过“公开原则”来进行监督，联邦法律规定任何人都有权向非营利组织要求查看原始的申请文件和前三年的税表，公众也可以写信给国税局了解某非营利组织的财务情况和内部结构等。

日本和德国的行业协会在一些基本方面有相似之处，可作为同一类型看待。其共同特征是：①有相似的建立背景。第二次世界大战后，日、德的市场经济中，政府都起着比较特殊的作用。无论是德国的社会市场经济，还是日本的社团市场经济，都试图建立政府与社会合作或官民协调的宏观经济管理模式。在这种体制中，都强调政府推动建立行业协会组织。②有庞大的组织机构和较高的组织化程度。德国的工商会组织是唯一的公法组织，法律规定每家企业必须参加，而对“德国雇主协会联邦联合会”以及各行业协会等，则可自愿参加，但入会比例也高达90%以上。日本的各种行业协会、同行业中小企业的行业组合、各种行业协会联合体的商工会议所，入会企业的比例也在90%以上。日本和德国的行业协会功能是多方面的：其一，协调功能。如在行业规划、价格和数量、业务指导、市场调查与分析等方面协调内部关系；在外部注重协调企业与政府、企业与公众、企业与其他社会团体之间的关系。其二，信息功能。其三，参政与其他专项功能。行业协会通过协调企业与政府的关系影响政府有关政策的形成，并对政府权利进行某种制约；行业协会还可以接受立法机构或政府委托，发挥某种特定功能，如特殊行业的监督职能等。因此，日本和德国的行业协会较之美国，更像一个半民间、半官方的组织。

总之，我们不论是在研究与借鉴国外非营利组织也好，还是在研究与借鉴以行业协会为代表的社会中介组织也好，都必须充分考虑其国情背景。其中主要的方面有：政权性质、法律制度、社会分权程度、发展程度、社会异质性程度，以及包括宗教在内的文化影响等。

上海城市建设投融资的探索与实践

陈宇剑

一、90年代以来上海城市建设的巨大发展

1. 连年保持大规模、高强度的城市建设投入

城市基础设施是城市现代化的重要标志，是城市经济发展的必要条件。改革开放后，上海在投资结构的调整中重点加大了城市基础设施建设的投资力度。1981-1990年，上海城市基础设施的投资总量为234.26亿元，是解放至1980年期间投资总量的3倍。历史跨入20世纪90年代后，随着改革开放的深入和浦东开发开放，党的十四大确立了上海“一个龙头、三个中心”的重要地位，上海城市建设进入了超常规、大规模、高强度的加速发展阶段。1991年-2000年的10年中，上海用于城市基础设施的投资高达3101.36亿元，年平均增长28.4%，高于同期全社会固定资产投资26.7%的年平均增长速度，占同期全社会固定资产投资总量的五分之一强，是解放至1980年期间上海城市基础设施投资总量的10倍多。

2. 现代化城市的基础设施框架基本形成

(1) **在中心城区建成快速、立体化的综合交通体系。**南浦大桥、杨浦大桥、徐浦大桥、奉浦大桥陆续建成，实现了上海人民多年来“一桥飞架黄浦江两岸”的梦想，加上原有的松浦大桥，形成了黄浦江上五龙飞架的壮观景象。继打浦路越江隧道、延安东路越江隧道后，延安东路越江隧道复线、外滩人行越江隧道相继建成，使浦东浦西的连接更为紧密，交通更为便捷。内环线高架、南北高架路和延安路高架路在空中形成了纵贯南北、连接东西、环通市区的高架道路网络。地铁一号线、二号线和轻轨明珠线的开通运营，极大地方便了市民出行，缩短了城市的空间距离。徐家汇路、肇家浜路、虹桥路、周家嘴路、海宁路、长寿路、长宁路、中山东路、中山北路、华山路、江苏路、曹杨路、河南南路等一大批道路的改造、拓宽或辟通，光新路、漕溪北路、龙阳路、共和新路等道路立交的建设，以及铁路内环线的拆除，使上海地面道路的拥挤状况大为改善。经过10年的投资建设，上海中心城区现已形成由“申”字高架道路、十字型轨道交通、“三纵三横”地面道路等组成的立体交通网络。

(2) **初步建成了一批具有集聚辐射功能枢纽型设施，进一步增强了上海的中心城市地位。**20世纪90年代以来，上海加快了以“三港两路”为代表的连接国内外的功能性基础设施的建设。沪宁、沪杭高速公路的建成，延长了上海对周边地区的辐射半径，使上海与周边城市之间

• 本文刊登在《上海投资报告2001》第141 - 144页，上海交通大学出版社2001年版。

的人流、物流流动更为顺畅，扩大了上海的发展空间。浦东国际机场一期工程投入运行，为上海成为以浦东国际机场为主、虹桥机场为辅的亚太航空枢纽港奠定了基础。根据规划，浦东国际机场最终要形成年吞吐旅客8000万人次的规模。信息港主体工程基本建成，为上海“网”通世界铺就了信息高速公路。外高桥港区一、二建设和大小洋山深水港的即将启动，则令上海朝着国际航运中心的目标又前进了一步。这些建设将把上海的辐射半径扩展到全国、全世界。

(3) **与人民群众生活密切相关的居住、公用事业、环保、园林绿化建设发展迅速。**上海在20世纪90年代的10年间，新建住宅近12000万平方米，完成了365万平方米的危棚简屋改造任务。至2000年底，市区人均居住面积超过11平方米，居住条件和居住环境有较大改善。与人民群众生活密切相关的公用事业发展迅速。城市供水、供气及公共交通的生产能力和供应服务水平显著提高。到2000年，自来水日供水能力已达到1048万立方米，全年自来水售水量19.8亿立方米；全年城乡居民生活用电53.2亿千瓦.时;年末人工煤气及液化气家庭用户达495.19万户，全年人工煤气供应总量21.28亿立方米；全市的天然气转换工作正在有序推进，天然气家庭用户已达38.1万户。市内公交路线达978条，公交运营车辆1.79万辆，运营出租车4.29万辆。上海大力加强环境建设，以苏州河综合整治、清洁能源替代为重点的环境建设实现了阶段性目标，苏州河干流黑臭基本消除，市区人均公共绿地面积五年增长1.7倍，达4.6平方米，上海正在向天蓝、水碧、地绿，环境优美的宜居城市迈进。

3. 文化、体育和教育设施日趋完备

东方明珠电视塔、上海书城、上海大剧院、上海体育场、国际会议中心、上海马戏城、上海城市规划展示馆和即将建成的上海科技城等一大批标志性文化体育设施，以及改扩建的上海美术馆、上海历史博物馆、中共一大纪念馆、鲁迅纪念馆，使上海的人文气息更加浓郁、城市功能更为完善。

为创建“一流城市、一流教育”，上海先后启动上海大学新校区和松江大学城的建设。上海大学新校区规划在校学生12000人，占地1500亩，建筑面积36万平方米，现已完成建筑面积达20万平方米一期工程的建设。松江大学城位于上海松江新城区，北临佘山国家风景旅游度假区，南靠松江历史文化名镇，是一个由上海外国语大学、上海对外贸易学院、上海立信会计高等专科学校等多所大学组成的综合性大学园区。松江大学城总投资25亿元，占地面积近5000亩，建筑面积达100多万平方米，建成后学生规模可达4万人。2001年秋季一期工程建成后，可容纳学生5000人。松江大学城以投资多元化、管理社会化、资源共享化为特色，是采用新机制探索新型办学模式的一项上海市社会事业重大工程，有利于盘活教育资源，实现高校之间的优势互补，提高办学质量，培养高素质人才以及促进地区社会经济发展。

总之，上海城市建设的发展，对调整投资结构，改善投资环境，改变城市面貌，提高人民生活水平起到了积极作用，成为加快上海经济发展的重要推动力，并为上海在新世纪的功能性发展提供了坚实的基础。

二、上海在城市建设投融资方面的有关尝试

城市建设投资巨大，建设周期长，投资回报率低，投资回收期长。筹措建设资金，确保建设资金按时足额到位，是推进城市建设的关键所在。20世纪90年代以来，上海积极探索适应社会主义市场经济发展方向和建设国际性大都市需要的城市建设投融资体制，基本形成了在实践中行之有效的投资主体多元化、融资工具创新化、筹资渠道多样化的城市建设投融资模式。

1. 积极发展和引进多元化的投资主体

在过去相当长的一段时间内，上海城市建设投融资实行的是主要依靠市级政府财务拨款的单一投资体制，市级政府是城市建设的唯一投资主体。但是，市级政府限于财力投入有限，造成上海城市基础建设严重滞后，难以适应以至制约了社会、经济发展。以1950-1980年为例，上海投向城市基础设施的建设资金仅为24.13亿元，主要是财政拨款。经过10年的改革探索，上海走出了一条市、区县两级政府联动，国有、外资和民营企业共同投资城市建设投融资新路。

(1) **运用“两级政府、三级管理”模式，充分发挥区、县政府的投资积极性。**从1992年开始，上海实行“两级政府、三级管理政策规范运作相结合，管理重心下移与财力适度下沉相结合”的原则，在税收、城市规划、项目审批等方面向区、县下放权利，增强区、县在城市建设和管理、经济发展方面的责任，充分调动了区、县政府的投资积极性。

市和区、县联手投资城市建设的主要形式有：① 对改善城市整体功能作用明显或系统性强的市属骨干道路，由市里统一组织实施，承担工程费、土方费，区、县负责前期动拆迁，由市里给予适当补贴。公路收费项目经政府批准后，由项目法人负责筹资建设，区、县承担的前期费部分可作为参股。如在总投资达103亿元的地铁二号线的建设中，市里负责区间施工、地下打洞，沿线的区负责建设地铁车站。以后成立的地铁股份公司中，各区都是股东，参与经营。延安路高架东段工程总投资18亿元，其中单动迁费用就达10亿元，由所在的黄浦、静安和卢湾3个区承担，动迁速度非常快，3个月就全部拆清。郊县的公路建设也是同样情况。由市区通往郊区中心城的10条放射线和外环线、郊区环线，也是市和区、县联手投资建设路面和结构，区、县负责拆迁、吸劳、征地。② 区、县公路由区、县出资建设。为了改善本区、县的交通条件和投资环境，各区、县主动自筹资金进行城市的改造和建设。如四川北路改造工程，由虹口区自筹资金建设。西藏南路拓宽工程，由南市区自筹资金建设。总投资达18亿元的逸仙路高架路，也是由宝山区通过吸收外资自筹资金建成的。③ 市里给政策，给补贴，由区、县筹资建设。如蕴藻浜大桥改建工程，市里给予少量补贴，由宝山区负责筹措建设资金和实施建设。建成后，市里给予收费政策，用收取过桥费的办法偿还建设投入。

(2) **成立专业性投资公司，发挥企业在城市基础设施投融资方面的主体作用。**1992年，上海成立了上海城市建设投资开发总公司，其主要职能是受市政府委托，为上海城市基础设施建设筹措、管理、使用好资金，承担偿还贷款责任。上海城市建设投资开发总公司筹措资金后统一调度，采取拨款，贷款等形式下达。一方面把过去由政府承担的部分职能，如项目融资的担

保、出面借贷等转为企业行为，减轻了政府负担；另一方面，该公司对所筹措的资金统一调度，按轻重缓急、效益高低、还款先后等有重点、有步骤地安排实施，促进了资金的合理配置。

上海城市建设投资开发总公司成立后，充分发挥企业的融资功能，先后投资建设了高架道路、地面道路、轨道交通和越江工程等上海市重大工程项目200余项，约占总投入的50%左右。而同期市财政每年提供给上海城市建设投资开发总公司的资金仅30亿元左右。

2000年，上海进一步深化城市建设投融资体制改革，先后组建了市政、水务、交通资产经营发展公司，分别主要从事市政、水务、交通等行业建设和发展的资金筹措、投资任务。通过已有资产的存量盘活，部分国有股份退出等手段为城市建设的新一轮项目启动建立了基础。譬如大众、强生股份中国有股份的退出，为交通投资公司筹措了数亿元的资本。

轨道交通领域实行投资、建设、运营、监管“四分开”，成立了申通公司等四家分别从事轨道交通投资、建设、运营的公司、通过国有资金的启动资金注入，带动社会投资进入轨道交通投资领域。目前正在实施的磁悬浮试运营线就已成为成功试点。

(3) **大力引进国有、外资和民营企业参与城市基础设施的投资建设，城市基础设施建设直接向社会融资。**让具有相当实力的国有、外资和民营企业参与城市基础设施建设，是近年上海提出的新思路和新举措。90年代以来，境内外一些大企业集团进入上海城市建设领域。如香港上海实业集团公司参与了延安路高架路的建设，锦江集团公司投资建设佘山国家旅游度假区。2000年8月，沪青平高速公路、同三国道(上海段)、莘奉金高速公路、外环线越江隧道工程、卢浦大桥等五大项目向社会招商取得成功。中国造船总公司、爱建信托投资公司、茂盛集团、九州集团以及建工集团和城建集团等五家企业中标成为上述项目的投资主体，总投资100亿元。大企业集团参与城市建设，标志着上海城市基础设施投融资社会化、市场化运作方式进入了实质性操作阶段。

2. 创造性地运用融资工具，多方拓展筹资渠道

上海城市建设由原来主要靠市级财政预算内投资，目前已发展到财政拨款、土地收益、设施收费、设施专营权出让、股权转让、组建上市公司、国内外贷款、发行城市建设债券、融通社会基金等方式全面运用，筹资渠道多样化的格局。

(1) **财政拨款。**中央与市、市与区县实现分税制财政体制以来，上海各级财政财力逐步增强，用于建设性支出的比重逐年提高。1995年，上海用于基本建设的财政预算内资金仅为14.12亿元，1998年增加到39.19亿元，1999年也保持在33.44亿元。这部分资金主要投向了城市建设。财政预算内资金数量有限，但起到了启动项目，带动其他资金投入的作用。

(2) **土地批租。**上海充分发挥土地级差效益，开拓土地市场的融资功能，土地收益成为城建资金的稳定渠道。上海进入城建资金的土地收益包括土地批租收入、土地使用费、菜地建设基金、土地垦复基金等，其中95%以上是土地批租收入。1991–1999年，上海累计批租地块5534幅，16379万平方米。土地批租收入，区按30%，县按15%上交市里，各级政府将土地批租收入主要都投向了城市建设。

(3) **设施收费**。上海采取市政公用有偿使用、适当收费的办法筹措城市建设资金，逐步形成自我积累、自我发展的机制。市政公用设施收费包括公路养路费、排水费、公用事业费及附加费等，在一定程度上弥补了城市建设资金的不足。

(4) **设施专营权出让**。设施专营权出让是指政府为项目的建设和经营提供特许，由民间企业、境外企业作为投资者安排融资，承担风险，开发建设，并在有限的时间内以设施经营获得商业利润，经营期满后将设施无偿转让给政府。1993年以来，上海先后将延安东路隧道复线、南浦大桥、杨浦大桥、打浦路隧道、徐浦大桥、沪嘉高速公路、延安路高架、沪宁高速公路的专营权出让给中信香港公司、香港上海实业集团等境外企业，累计引进外资9.74亿美元和3亿元人民币，为上海城市建设的滚动开发赢得了宝贵的资金。

(5) **股权转让**。股权转让是指通过股权转让的方式盘活存量资产，转让方获得资金，受让方可获得约定的投资回报。按照社会主义市场经济的要求，一些国有资本逐步从竞争性领域退出，可对建设系统中具有一定市场盈利能力的企业实施国有股减持、转让，将取得的现金收入继续用于城市建设。上海在这方面的实践有：上海延安路高架道路发展有限公司转让部分国有股份给上海建工股份有限公司，筹资5亿元；将上海新建设发展有限公司35%的股份转让给上海实业基建控股有限公司，筹资6亿美元。2000年5月份，上海大众科技创业(集团)股份有限公司宣布，拟增发不超过7000万股的A股，募集资金主要用途是受让上海燃气市南销售公司的50%的权益，这标志着上海燃气行业拉开了投资主体多元化、多渠道融资的序幕，这在全国城市燃气行业是第一次。

(6) **组建上市公司**。这是盘活存量设施，筹措城建资金的又一方式。1992年，上海组建凌桥股份、原水股份两家上市公司，通过发行股票和以后年度的增资配股，为上海的引水工程和水厂建设筹资约23亿元。又如，上海东方明珠电视塔总建筑规模7.3万平方米，总投资8.3亿元，其中市广电局自筹资金1.4亿元，银行贷款2760万美元，其余以组建上海东方明珠股份有限公司的方式上市募集。东方明珠电视塔是集电视发射、观光旅游多功能的文化设施，塔高468米，为亚洲第一，世界第三。自1994年11月18日对外开放以来，已累计接待中外游客900万人次。其中党和国家领导人45位和国外元首、政府首脑共120位以及重要中外团队共1120批，年主营业务收入超过1.5亿元，在1998年就已还清全部银行贷款，取得了明显的经济效益和社会效益。

(7) **国内外贷款**。上海的城建贷款包括国家政策性贷款、商业贷款、国际金融机构贷款、外国政府贷款等。近年，上海充分利用国家积极财政政策刺激投资，1998和1999两年用于城市建设的国债转贷资金达41.38亿元，由此带动的其他投资在200亿元以上。向国外贷款是上海城市基础设施建设间接利用外资的重要途径。外国政府贷款1985-1999年累计项目84项，总贷款22.14亿美元，其中用于市政、交通、能源、环保项目21项，金额总数达20.4亿美元。如德国贷款用于地铁二号线3.6亿美元，日本贷款用于浦东国际机场建设400亿日元。

(8) **发行城市建设债券。**上海充分利用中央给予的浦东开发政策，发行浦东建设债券，以及发行市政建设债券、煤气建设债券。1992-1999年累计筹资数十亿元。

(9) **融通社会基金。** 短期借用社保基金、公积金等，提高了资金的使用效率，保证资金安全，有力地支持了城市建设。

综上所述，20世纪90年代以来上海城市建设所取得的举世瞩目的成就，是与上海坚持改革，在城市建设投融资方面积极探索、大胆实践分不开的。所以，可以认为，20世纪90年代以来的城市建设，不仅在物质上，更重要的是在政策、经验和精神上，为上海在新世纪的功能性发展奠定了坚实的基础。“十五”是上海国民经济和社会发展的重要时期，上海将以增强城市综合竞争力为发展主线，着力强化枢纽型设施和生态环境建设，优化城市的综合发展环境。城市交通建设的重点要实现由内向外的转变，构筑快速、便捷、立体的现代综合交通体系。建设和完善“三港三网”工程，加快建设越江工程，建成一批地面交通与轨道交通互相衔接的换乘枢纽。推进以天然气建设为重点的能源结构调整。加强环保绿化建设，以中心城区大型公共绿地建设和苏州河整治为重点，进一步提高城市环境水平。预计上海“十五”期间固定资产投资的总规模将可能超过“九五”规模，其中城市建设投资超过2500亿元。在资金来源方面，市、县区两级政府的财政拨款可能小于5%，其他资金要依靠企业投资、国内银行贷款、引进外资和社会投资解决。因此，城市建设的投融资任务仍是十分繁重的。要完成“十五”投资目标，在投融资体制上还面临一些困难和难点，主要是：以行政审批为主要特征的传统投资决策体制还没有根本改变，政企不分、责任不清的现象仍很普遍；投融资宏观管理体系不健全，综合调控能力弱，难以对全社会投资总量和方向实施有效的调控和引导；直接融资比重偏低，国有企业投资过度依赖银行贷款，非国有企业融资还受到很多限制；一些投资中介服务机构尚未与政府部门彻底脱勾，投资者还难以从市场上获得高质量的投资中介服务。为此，“十五”期间，必须在以上四个方面有所突破，才能完成预期的投资目标。

上海“九五”固定资产投资回顾

陈宇剑

“九五”时期，上海的固定资产投资进入新一轮扩充、调整和优化阶段，在国民经济和社会发展过程中发挥了支撑、促进和拉动的重要作用，并为上海在新世纪的功能性发展奠定了坚实的基础。

一、投资规模

“九五”时期是上海解放以来投资规模最大的时期。在承接“八五”后期固定资产投资快速扩张、城市建设大规模推进的基础上，“九五”时期的固定资产投资继续保持高位运行态势。

1996年是“九五”的开局之年，当年完成全社会固定资产投资1952.05亿元，比“八五”末期1995年的1601.79亿元增长21.9%。1997年，投资规模攀高至历史最高点，达到1977.59亿元。1998年、1999年，受东南亚经济危机和国内市场需求紧缩等不利因素的影响，投资规模连续两年小幅回落，分别为1964.83亿元和1856.72亿元。2000年，随着宏观经济形势的好转，通过深化投融资体制改革和加强项目资金综合协调管理，投资规模有所回升，完成1861.17亿元。“九五”时期共完成全社会固定资产投资9612.36亿元，是“八五”时期投资总量3994.67亿元的2.41倍，是中华人民共和国成立以来至“八五”末期投资总量5807.89亿元的1.66倍，占同期上海市国内生产总值的比重为51.86%，年平均投资规模为1922.47亿元。“九五”时期的固定资产投资发展之快、力度之大、涵盖面之广，为上海投资建设史上前所未有，为上海的经济发展提供了有利保证。

“九五”时期固定资产投资规模　　单位：亿元

	“八五”合计	“九五”合计	1996	1997	1998	1999	2000	“九五”比“八五”增长
投资总量	3994.67	9612.36	1952.05	1977.59	1964.83	1856.72	1861.17	1.41倍
按计划渠道分								
基本建设	1575.24	3748.05	651.28	762.00	844.15	786.81	703.81	1.38倍
更新改造	1135.57	1692.56	415.73	386.24	365.01	393.59	401.99	0.49倍
房地产开发	625.97	2915.83	657.79	614.23	577.12	514.83	551.86	3.66倍
其他	657.89	985.92	227.25	215.12	178.55	161.49	203.51	0.50倍

• 本文刊登在《上海投资》2001年第8期 第15－19页。

基本建设投资、更新改造投资和房地产开发投资是构成上海全社会固定资产投资的三驾马车。在整个“九五”时期，这三部分投资总量达8626.44亿元，占全社会固定资产投资总量的89.74%。其中，基本建设投资累计为3748.05亿元，占全社会固定资产投资总量的39%，比“八五”时期增长1.38倍；更新改造投资累计为1692.56亿元，占全社会固定资产投资总量的18.61%，比“八五”时期增长0.49倍；房地产开发投资累计为2915.83亿元。占全社会固定资产投资总量的30.33%，比“八五”时期增长3.66倍，由此形成了投资总量高位运行，基本建设投资、更新改造投资适度增长，房地产开发投资高速增长的基本特征。

二、投资结构

“九五”时期，上海的固定资产投资紧密结合国民经济和社会发展目标，服从、服务于产业结构的调整，以投资推动产业结构优化升级，促进城市功能完善。根据“优先发展第三产业、积极调整第二产业、稳步提高第一产业”的产业发展方针，“九五”时期的固定资产投资重点向第三产业倾斜。五年里，共投入第三产业建设资金6362.21亿元，占全社会固定资产投资总量的比重由“八五”时期的59.9%上升到66.2%，增加了6.3个百分点。在第三产业中，交通运输和邮电通信业、房地产业、社会服务业是投资重点。交通运输和邮电通信业五年累计投资787.24亿元，占同期第三产业投资总量的12.4%，相当于“八五”时期的3.3倍。1996年至1999年，房地产业累计投资2834.19亿元；社会服务业累计投资825.01亿元，年平均增长26.3%。教育、文化艺术及广播电影电视业的投资迅速大幅增加，成为“九五”期间投资领域的突出亮点，这部分投资由“八五”末期1995年的24.22亿元上升至1999年的63.22亿元，1996年至1999年四年累计投资172.69亿元，比整个“八五”时期的68.81亿元增长1.5倍。

在大力发展第三产业的同时，上海注重培育第二产业中的支柱工业、高新技术产业。五年累计投入第二产业的建设资金达3199.76亿元，是“八五”时期的2.06倍。据对1996年至1999年四年的统计，上海投向钢铁、汽车、石油及精细化工、家用电器、电站及配套设备、通信设备六大支柱工业和以信息产业为代表的高新技术产业领域的建设资金达1312亿元，占同期第二产业投资的比重为50.8%，占同期工业投资的比重为52.7%，这对上海工业结构的优化调整、升级换代起到了直接的积极作用。

“九五”时期固定资产投资结构　　单位：亿元

	“九五”合计	1996	1997	1998	1999	2000
投资总量	9612.36	1952.05	1977.59	1964.83	1856.72	1861.17
第一产业	50.39	20.46	6.97	6.10	7.90	8.96
第二产业	3199.76	646.82	663.28	654.86	616.91	617.89
第三产业	6362.21	1284.77	1307.34	1303.87	1231.91	1234.32
城市基础设施	2275.75	378.78	412.85	531.38	501.39	541.35
住宅建设	2122.04	466.99	458.22	404.96	378.82	413.15

“九五”期间，上海继续大力推进城市建设，加大功能性基础设施的投资力度，五年共完成投资2275.75亿元，占“九五”时期全社会固定资产投资总量的23.7%，相当于“八五”时期的2.76倍。除交通运输和邮电通信外，市内公共交通、园林绿化的投资全面提升，增幅位居前列，年投资额分别由“八五”末期1995年的8.94亿元、4.27亿元快速增加到1999年的47.90亿元、28.62亿元，年平均增长54.8%、86.7%，1996年至1999年四年累计市内公共交通、园林绿化的投资为105.24亿元、45.49亿元。上海的市内交通条件、城市环境质量因此大为改善。

自90年代起，上海大规模进行旧区改造，加快住宅建设，自1994年来连续七年保持强大的投资力度。1990年，上海的住宅建设投资仅为42.94亿元，但至1994年已急速拉升至300.65亿元。1996年，住宅建设投资达到历史最高点的466.99亿元，之后三年有所下降，但2000年的住宅建设再掀高潮，当年完成投资413.15亿元，比1999年增长13%。“九五”期间，上海共完成住宅建设投资2122.04亿元，是“八五”时期的2.3倍。

三、投资主体

“九五”期间，上海积极建立开放性的投融资机制，放宽市场准入，积极培育、引进外商和民营企业、股份制企业等非国有经济的投资主体，形成了非国有经济投资和国有经济投资平分秋色的多元化投资新格局，解决了以往投资主体单一、建设资金不足的矛盾。

在“八五”期间，国有经济投资为2567.76亿元，占同期全社会固定资产投资总量的64.3%。“九五”期间，国有经济投资的比重为53.7%，比“八五”期间下降了近10个百分点。2000年，上海非国有经济投资首次超过国有经济投资，达到969.38亿元，占全社会固定资产投资的比重由1999年的46.9%上升到52.1%。投资主体多元化，扩大了社会投资能力，拓宽了资金渠道，提高了投资效率，是上海保持固定资产投资规模，推动城市建设和经济发展的重要因素。

四、投资效果及效益

“九五”期间的连续性、高强度、大规模固定资产投资对调整产业结构、提高经济效益、完善城市功能、改善投资环境、提高人民生活质量、促进国民经济和社会发展起到了重要的促进作用，推动了上海的历史性巨变，使上海形成了现代化国际大都市的基本框架，所取得的成就令世人瞩目。

1. **国民经济整体素质显著增强。**“九五”期间，上海在加快发展中继续优化经济结构，推进增长方式的根本性转变，国民经济保持了持续、快速、健康发展。五年间国内生产总值年均增长11.4%，2000年国内生产总值达到4551亿元，人均国内生产总值达到34560元。第三产业占国内生产总值的比重超过50%，经济中心城市功能日益显现。

2. **工业新高地建设取得重大进展。**上海以建设面向新世纪的工业新高地为目标，通过投资结构的调整推动工业产业结构的优化升级，促进技术创新和新产品研发，使支柱产业实力更具优势，高新技术产业不断壮大。据统计，“九五”时期六大支柱产业产值占工业总产值的比重超过50%；以信息产业为代表的高新技术产业迅速崛起，其产值年均增幅逾30%，2000年估计为1300亿元，占工业总产值的比重达到20.6%，并将取代汽车工业成为上海新的第一支柱产业。索广视像、华虹微电子、通用轿车、宝钢三期等投资规模大、科技含量高的重大工业项目相继建成投产，提升了支柱产业能级，增强了工业发展后劲。其中，总投资12亿美元的华虹微电子项目每年可生产24万片集成电路芯片；总投资15亿美元的通用汽车项目，将形成年产10万辆高级轿车的规模；总投资超过600亿元的宝钢三期工程是全国仅次于三峡工程的特大项目，它使宝钢最终形成了1100万吨钢生产能力，使钢铁品种、质量都获得突破性进展。

3. **现代化城市的基础设施框架初步形成。**以“三港两路”为代表的连接国内外的功能性基础设施建设加快。沪宁、沪杭高速公路上海段的建成，增强了上海对周边地区的辐射集聚能力，扩大了上海的发展空间。浦东国际机场一期工程的竣工为上海成为亚太航空枢纽港奠定了基础，信息港主体工程为上海“网”通世界铺就了信息高速公路，外高桥港区工程则令上海朝着航运中心的目标又前进了一步。在中心城区，上海建成了“申”字形高架道路、“十字加半环”的轨道交通线和“三横三纵”的地面骨干道路，快速、立体化的综合交通体系初步形成。“九五”期间，上海大力加强环境建设，以苏州河综合整治、清洁能源替代为重点的环境建设实现了阶段性目标，苏州河干流黑臭基本消除，市区人均公共绿地面积五年增长1.7倍，达4.6平方米，上海正在向天蓝、水碧、地绿，环境优美的宜居城市迈进。

4. **文化、体育和教育设施日趋完备。**“九五”期间，上海完全或基本建成了可容纳八万人的上海体育场和设施先进的上海书城、上海大剧院、国际会议中心、上海马戏城、松江车敦摄影基地以及上海科技城等一大批文化体育设施，并改扩建了上海美术馆、上海历史博物馆、中共一大纪念馆、鲁迅纪念馆，使上海的人文气息更加浓郁、城市功能更为完善。为创建“一流城市、一流教育”，上海先后启动上海大学新校区和松江大学城的建设。上海大学新校区规划在校学生可达12000人，占地1500亩，建筑面积36万平方米，现已完成建筑面积达20万平方米的一期工程的建设。松江大学城位于上海松江新城区，北临佘山国家风景旅游度假区，南靠松江历史文化名镇，是一个由上海外国语大学、上海对外贸易学院、上海立信会计高等专科学校等多所大学组成的综合性大学园区，总投资25亿元，占地面积近5000亩，建筑面积达100多万平方米，建成后学生规模可达4万人。2001年秋季一期工程建成后，可容纳学生5000人。松江大学城以投资多元化、管理社会化、资源共享化为特色，是采用新机制，探索新型办学模式的一项上海市社会事业重大工程，有利于盘活教育资源、实现高校之间的优势互补、提高办学质量、培养高素质人才以及促进地区社会经济发展。

5. **人民群众生活质量继续提高。**上海在“九五”期间新建住宅7827万平方米，如期完成了原定的“365”危棚简屋改造任务，市区人均居住面积超过11平方米，居住条件和居住环境有较大改善。与人民群众生活密切相关的公用事业发展迅速。到2000年，自来水日供水能力已达到1048万立方米，全年自来水售水量19.8亿立方米，全年城乡居民生活用电53.2亿千瓦·时，年末人工煤气及液化气家庭用户达495.19万户，全年人工煤气供应量21.28亿立方米。全市的天燃气转换工作正在有序推进，天燃气家庭用户已达38.1万户。市内公交线路达978条，公交运营车辆1.79万辆，运营出租车4.29万辆。

6. **浦东开发开放成绩斐然。**1996年至1999年，浦东新区累计完成固定资产投资1923.64亿元，占同期全市投资总量的25%，是上海保持投资力度和规模的重要支撑点。在大规模、高强度的投资推动下，浦东依托全市的经济、科技、人才等综合优势和优越的投资环境，瞄准世界经济的主流，形成了以金融贸易和高新技术为主导的现代产业体系框架，实现了经济跨越式发展，1995年，浦东的国内生产总值为414亿元，2000年增加到920亿元。五年累计实际利用外资90亿美元，仅2000年就吸收30亿美元，是浦东开发开放以来最多的一年。目前，已有108家中外经营性金融机构集聚陆家嘴金融贸易区，金融服务功能进一步完善。在“聚焦张江”的政策效应下，张江高科技园区内国家生物医药基地、国家信息产业基地已初具规模。具有孵化器功能的技术创新区和软件园建设加快，创业创新氛围日益形成。全区已有16家国家级、市级研发机构和70多家创新企业落户。外高桥保税区贸易、仓储、分拨等物流功能进一步拓展。五年中，浦东新建住宅1000万平方米。

五、上海“九五”期间推动固定资产投资的有关措施

上海“九五”固定资产的巨大成就是在克服许多困难和矛盾中取得的，成绩来之不易。“九五”期间，上海所处的国内外环境发生了重大变化。1997年，东南亚经济危机爆发，1998年，国内市场需求紧缩，物价持续负增长，就业机会减少。上海的城市建设和产业结构调整任务繁重，产业结构与布局调整带来的动拆迁成本增加，建设资金短缺，筹资难度加大。但是，上海积极深化投融资体制改革，勇于探索创新，坚持以改革解决问题，以发展化解困难，采取了一系列为实践证明的成功有效的措施。

1. **坚持发展的指导思想，全力确保投资规模。**“九五”期间，尽管宏观经济环境发生了很大变化，但上海仍坚定不移地按照既定的目标前进，确保投资规模比“八五”有较大增长。上海市委、上海市政府对投资工作高度重视。上海市投资主管部门会同各部门、各区县积极采取并认真落实相应措施，如：提高项目前期工作质量以争取重大项目及时获得批准、全市上下合力推动重大项目的实质性进展、提前实施具备建设条件的后续项目、合理调配使用建设资金等，从而保证了“九五”投资目标的完成。

2. **坚持投资结构服从、服务于产业结构的调整。**保持投资规模，绝不意味着盲目铺新摊子，搞重复建设，而是充分发挥投资的杠杆作用，推动产业结构的调整升级。根据上海“三、二、一”的产业发展方针，“九五”期间上海的固定资产投资重点向第三产业倾斜。第二产业中，投资的天平也倾向支柱工业、高新技术产业等。

3. **坚持通过投资促进经济、社会的协调发展。**上海加大对社会事业的投入，使以往社会

事业发展过程中的一些矛盾得到有效缓解。如以八运为契机，投资30多亿元建设了一批设施先进的体育场馆；70万平方米的学生公寓和12所寄宿制高中拔地而起，为高校、高中扩大招生创造了有利条件；改建、新建了医院、养老福利院、残疾人康复体育训练场所等一大批与人民生活密切相关的设施。

4. **坚持领先一步的战略方针，高起点规划、高水平建设。**“九五”时期的固定资产投资是上海在新世纪发展的重要物质基础。为此，上海强调超前性、大手笔。“九五”期间重大工程的设计、建设基本上都实行国内外招标，按照国际先进标准建设。浦东国际机场、世纪大道、轨道交通、国际会议中心、大剧院、科技城等一批“九五”期间崛起的建筑，以其一流的建设水准为上海在国际上赢得了声誉。

5. **积极培育、发展和引进多元化的投资主体，创新融资方式，拓展筹资渠道。**（1）充分调动区县的积极性，发挥区县的投资主体功能，是上海拓展建设资金来源渠道的成功做法之一。从1992年开始，上海实行“两级政府、三级管理”体制，按照“事权、财权下放与政策规范运作相结合，管理重心下移与财力适度下沉相结合”的原则，在税收、城市规划、项目审批等方面向区县下放权利，增强区县在城市建设和管理、经济发展方面的责任，充分调动了区县的投资积极性。1992年，区县自筹建设资金仅为3.40亿元，1993年即达到42.76亿元，到1999年更高达175.66亿元。“九五”前四年，区县累计筹集建设资金429.86亿元，年平均增长44.8%。（2）大力引进国有、外资和民营企业参与城市基础设施的投资建设。1995年8月，沪青平高速公路、同三国道(上海段)、莘奉金高速公路、外环线越江隧道工程、卢浦大桥等五大项目向社会招商取得成功。中国造船总公司、爱建信托投资公司、茂盛集团、九州集团以及建工集团和城建集团等五家企业中标成为上述项目的投资主体，总投资100亿元，极大地减轻了政府的筹资负担。(3)创新融资方式，综合运用土地批租、设施收费、设施专营权出让、股权转让、组建上市公司、国内外贷款、发行城市建设债券、融通社会基金等手段筹措建设资金。例如，1993年起至今，上海先后出让延安东路隧道复线、南浦大桥、杨浦大桥、打浦路隧道、徐浦大桥、沪嘉高速公路、延安路高架、沪宁高速公路的专营权给中信香港公司、香港上海实业集团等境外企业，为城市基础设施的滚动建设赢得了宝贵的资金。

6. **转变政府投资管理方式，强化监管，推进投资行为的市场化步伐。**例如，在轨道交通上，上海实行了“投资、建设、运营、监管”四分开，分别组建相互独立的、按市场化原则运作的轨道交通投资公司、建设公司、运营公司，政府实施监管，从而有助于吸引多元投资，降低建设造价，改善运营服务，加强综合管理。又如，在完全由政府投资的项目建设过程中，试行专业化、社会化的“代建制”模式，使项目建成后的使用单位和建设管理单位分离，形成有效的投资约束机制，加强了投资控制，节约了建设资金，提高了建设质量。

推进民间投资的对策和建议

诸兆熊

当前，非国有经济发展正面临着新的挑战和机遇，“短缺经济”时代已经过去，知识经济时代已经来临。面对着我国即将加入WTO和经济发展第二次腾飞的历史机遇，发展和壮大非国有经济，将是我国迎接挑战，增创经济发展新优势的重要内容。

针对目前全国国有投资比例过高、民间投资比例过低的投资结构现状，如果最具活力的民间投资不能较快地发展，我国经济的计划色彩将难以较快消除，从而制约我国经济发展的活力和后劲的充分发挥。因此，鉴于目前特定的经济结构原因，从现在起必需鼓励和引导我国的民间投资，政府部门应着重在于建章立制，在于规范市场体系的建立，通过优化民间投资环境，给予民间投资公平、公正的待遇，提高办事效率，把维护非国有经济单位合法权益落到实处，通过信息发布等手段来引导民间投资。按市场经济的原则，从长远着眼，鼓励和引导我国的民间投资。

（一）开放领域，鼓励投资

除关系国家安全和必须由政府垄断的领域外，其余领域，包括国有经济在战略调整中退出的领域，均应允许民间资本进入；凡是鼓励和允许外商投资进入的领域，都应向民间资本开放。现阶段重点引导民间资本进入以下“十个投资领域”：

1. 鼓励民间投资开发和经营农林牧渔业和农村服务业，发展农业产业化经营，参与水利设施建设，开垦荒地和围海造地。

2. 鼓励民间投资开发城市和城镇水、电、路、城市环保等公共产品和服务项目，开发专业市场。

3. 鼓励民间各种社会力量依法独立投资办学，参与教育投资。现有公办学校可以根据需要与可能，实行“公办民助”或“国有民办”的改制试验，鼓励民间资本参与公办学校生活后勤设施建设。

4. 鼓励民间投资依法开发卫生医疗资源和卫生医疗市场，鼓励民间资本参与现有公办医疗机构的重组，推进“国有民营”。

5. 鼓励民间投资经营文化、体育及其他公益性事业。允许民间资本参与建设和经营各种

- 本文刊登在《十五规划献计献策征文集》第388 - 393页，人民出版社2001年版。

文化馆站、体育场所等设施，现有设施可有尝转让给民间投资者经营。

6. 鼓励民间投资举办旅行社等旅游企业，允许民间投资者在政府总体规划内建设旅游设施，实行谁投资、谁经营、谁受益。

7. 鼓励民间投资经营信息咨询业、中介服务业、房地产业、社区服务业等。

8. 鼓励民间投资参与建设和经营交通、电力、电讯等基础设施和基础产业项目。

9. 鼓励民间以资金、技术入股或其他方式，参与开发和经营高新技术产业，参与国有和其他各类企业的技术改造投资。

10. 鼓励民间以购买、兼并、租赁、托管、参股等多种方式，参与国有企业结构调整和资产重组。鼓励民间投资者认购城乡信用社和城市合作银行的股份。

（二）放水养鱼，鼓励投资

按照“三个有利于”标准，平等对待国有投资和民间投资行为，营造各种经济成份平等竞争的良好氛围，在企业开办、土地使用、贷款获得、股票债券发行、税收、贴息、进出口等方面，给予民营企业公平竞争的权利和机会。坚持以生产力、投资回报率、社会贡献率、产业政策等为标准，政策倾斜向各种所有制企业开放。

1. 实行低门槛创业激励政策

(1) **降低投资创业者开业的初始条件。**允许包括民营企业在内的公司制小企业注册资本金在一定期限内分期注入。

(2) **实行企业预备期制。**科技人员、党政机构改革中的分流人员、下岗与失业人员投资创办企业，基本符合企业设立条件但尚有欠缺的，可向工商行政部门申办预备期企业，先按预备期企业管理。

(3) **降低民营企业设立成本。**对有关部门在办理包括民营企业在内的小企业注册登记时的收费项目进行清理，除国家批准的收费项目外，属行政服务内容的，免收费用；属服务性收费项目的，减半收取费用；小企业在申办许可、资格(质)确认时，只收取证照工本费。

(4) **允许人力资本、智力成果等无形资产作为注册资本。**组建多元投资主体时，具有创造能力的人力资本(管理才能、技术专长)、有转化潜能的智力成果(专利发明、技术成果)等要素可视作物化资本，作为无形资产参与投资。无形资产占注册资本的比例，可由投资方自行商定。

(5) **改革前置审批办法。**除法律、法规、国务院规定的前置审批外，对地方各级政府设置的前置审批进行清理，对无须前置审批但需行业监管的，改为登记备案，由有关备案部门实行过程监管，确需继续执行前置审批的项目，报地方各级政府重新核准。

2. 实行投资鼓励政策

(1) **企业所得税抵免**。企业将一部分利润用于技术开发和投资，可享受一定程度的税收抵免。民间投资项目的国产设备投资，也应享受40%投资额的企业所得税抵免。

(2) **加速折旧**。对投资建设国家和地方鼓励类产业的项目，以及投资达到一定限额的骨干项目，其用于生产经营的机器、厂房、设备等固定资产，其折旧或摊销年限可在原有的基础上适当缩短。

(3) **技术开发优惠**。民营企业在科技成果转化、引进及生产过程中发生的技术研究、开发费用，不受比例限制。高新技术产品享受国家和地方有关优惠规定。

(4) **行政事业性收费减免**。进入各类开发区、工业小区等集中连片开发投资项目，可视财力减免行政事业性收费，有条件的可在一定时间内实行的“零收费”政策，不征或全额返还应征费用。

(5) **国有资产转让优惠**。对于介入国有企业资产重组的民间投资者，可按照一厂一策的原则制定相关政策，允许在企业资产转让价格和转让金支付方式上灵活处理。

(6) **鼓励兄弟省市之间投资**。对兄弟省市之间投资者在土地使用费、税收等方面，建议比照执行外商投资企业的有关优惠政策。

3. 实行融资激励政策

(1) **地方财政资助建立贷款担保体系**。地方财政每年可拿出一定的财力专项用于非国有企业贷款担保；地方财政可向商业性贷款担保机构提供一定的补贴；多渠道扩大非国有企业担保基金规模，探索对非国有企业的融资租赁业务和储蓄型保单的质押贷款业务。鼓励社会力量、企业群体共同出资设立信用担保机构，多渠道筹集贷款担保资金。

(2) **要进一步改善对个体民营经济的金融服务，拓宽银行融资渠道**。引导金融机构加大对中小企业(包括私营、个人合伙企业)的贷款支持力度，商业银行要积极为民间投资提供贷款服务，制定适合民间投资特点的贷款条件和审批程序。对于实物资产较少，处于创业初期的民营企业，要借鉴国外金融机构的经验，增加贷款种类和方式，探索根据企业现金流量、订单情况等发放贷款。开发包括固定资产贷款在内的各种适合民营企业所需的贷款品种，满足民营企业扩大投资，开拓市场，发展经营的需求。地方银行、股份合作以及非国有金融机构的信贷资金应主要用于满足各类中小企业包括民营企业的需要。地方各级政府有关部门要做好银行与企业之间的沟通工作。

(3) **创造贷款发放的条件**。简化房地产抵押评估、登记、公证手续，降低收费标准。建立资本、产权转让市场，解决商业银行抵押变现难的问题。建立社会信用服务中介机构，开展民营企业信用等级评估，引导民营企业守信经营，帮助民营中小企业提高资信透明度和知名度。

(4) **支持民间拓展直接融资渠道。**鼓励民营企业向内部职工和社会定向募集股份，设立股份有限公司。积极创立和鼓励发展风险投资基金和产业投资基金，促进民营企业投资发展。按照积极稳妥、市场化运作的原则，加快推进包括民营企业在内的各类企业建设项目债券融资。本着国内国外市场并举、主板与二板市场并举、首发与配股、增发方式并举的原则，引导地方非国有经济企业扩大股票市场集资。

(5) **支持大型企业集团财务公司在依法守规的基础上拓展业务，探索新的负债业务，筹集资金，支持非国有企业技术改造、新产品开发及开拓市场。**

(6) **开通二板市场。**开通二板市场将会有利于民营中小企业的成长和高新技术产业化。民营企业和高科技企业，从诞生第一天起就在市场上摸爬滚打，技术创新、管理创新和金融创新的含量大，其决策机制、经营机制和分配机制都远比国有控股上市公司灵活，因而它在企业的成长性上将远比国有控股上市公司更具有发展前景和强大的生命力。除此之外，二板市场的流通性大，能更有效地推进市场化的兼并重组和产业整合，因而将更充分地发挥筹资优化资源配置的功能，从而为产业结构的调整作出贡献。因此二板市场的发展，更有可能会在市场规则设计上促进对民营中小企业的成长和高新技术产业化，从而也会对地方的民间投资改革和改造产生动力。

(7) **建立创业投资基金。**创业投资基金在于它创造了一种门槛较低、可以鼓励民间资本进入创业领域并能带着利润退出的新机制。创业投资基金关系到高科技企业和民营企业的创业，建议金融证券领域对此应当有一个高屋建瓴的通盘规划，创业投资基金的管理，应该市场化，国际化，统一立法，由证监会统一管理，不能分属几个衙门分别审批，只能搞市场经济，不能搞官场经济。

（三）营造环境，服务投资

结合地方各级政府机构改革和职能转变，进一步理顺地方各级政府各部门的工作关系。按照政企分开的原则，转变政府各部门的工作内容、工作方法和工作作风，创造一个公平、公开的竞争环境，推进民间投资管理。

1. **改革审批制度，规范投资管理。**凡是法律允许投资经营的项目，政府有关部门都必须依法及时批准成立法人机构，及时发给相关执照、许可证等。凡是符合国家产业政策、资金筹措渠道明确、可自行平衡生产条件的项目，除履行规划、环保和建设用地审批手续外，都应由投资人自主决策，逐步实行投资备案制度。原则上，对非国有企业投资，在符合规划和环保原则下，各部门将不再审批，从项目立项、开工、土地使用、报建、施工等环节，一律实行登记备案制度。推广成立有关部门组成的服务、报批、登记中心，减少民间投资项目报批环节；对确需审批和上报审批的项目，主管部门要减少审批环节，公开办事程序，实行限时服务。地方各级政府以道路两侧开发权、特许经营权等吸纳民间投资的，要保证按承诺兑现，保证民间投资项目的启动。

2. **要减少各种收费，规范收费制度，降低投资成本。**有关部门要公开收费项目和收费标准，实行收费许可证、收费登记证等收费制度，严禁乱集资、乱收费、乱罚款。严禁将应由企业自愿接受的服务变为强制性服务，强行收费。民间投资项目生产建设所需的水、电、气和通讯设施等，地方各级政府各部门要积极主动帮助解决，收费标准与其他所有制投资项目相同。土地使用费用，要根据不同情况将国家规定范围具体化，减小弹性，以节省费用、缩短谈判时间，降低投资成本。

3. **要建立和规范公正、公平的市场服务体系，向投资者提供咨询帮助。**要抓紧制定各种服务机构管理办法和规定，壮大和发展现有的投资咨询、评估、会计、法律、审计、审价、设计、监理、招投标代理机构等中介服务机构，并按政企分开的原则，使之成为自创信誉、自负盈亏、对其后果承担经济和法律责任的法人实体，使之成为社会投资决策参谋。地方各级政府应从技术、管理、培训等方面对投资者提供必要的帮助、支持，引导民间投资和民营企业向“专、精、优、特”的方向发展，推动其上规模、上水平、上档次。帮助建立技术支持中心、投资咨询服务中心，地方各级政府有关部门、咨询机构与工商联等社会团体相结合，对民营企业投资发展进行指导。

4. **落实鼓励非国有投资的各种政策，保护民间投资者的合法权益。**要在财政贴息、税收政策、户籍管理、法律纠纷各方面对非国有企业进行实质性支持；地方各级政府可建立民间投资投诉中心，及时处理投资者的投诉，对损害投资者权益的行为进行公开暴光和处理。

5. **加强舆论引导和监督。**大力营造舆论环境，报刊、电台、电视台等媒体可设专栏，介绍民间投资经验，传递投资信息和政策，为民间投资者营造良好的氛围，把群众的聪明才智、积极性和资本引导到加大投入上来。

（四）创新方式，促进投资

按照“谁投资、谁决策、谁所有、谁受益”的原则，在目前以政府投资为主的基础性、公益性的项目中，畅通民间资本进入渠道，弥补政府建设资金不足，放大国有资本功能，引入市场竞争机制，优化资源配置。

1. **逐步引入和建立国家经营和社会化经营并存的经营机制。**打破国有垄断局面，鼓励民间资本在政府监管下投资、建设、经营基础设施和公用事业。城市供水、燃气、供热、公交等企业可在改制过程中实行主业与辅业剥离，首先放开辅业市场，让民间投资者进入。

2. **推行投资主体多元化。**规模较大、投资额较多的重大基础设施、公用事业项目，可以政府牵头、法人出资入股的形式建设和经营，鼓励非国有法人投资者参与投资。投资数额不大、又有稳定投资回报项目，可采取自然人出资入股(如职工持股会)等股权投资形式建设和经营。积极运用BOT(建设—经营—转让)、BLT(建设—租赁—转让)等形式，吸取民间资金和境外资金参与投资、建设与经营。凡是可以通过收费收回投资的基础性、公益性项目，包括道路、桥梁、供水、供气、污水处理等，都可以向社会公开招标。

3. **盘活存量资产。**一些已经建成的项目可以通过TOT(转让—经营—转让)等方式，将经营权、使用权或所有权有偿有期限地转让给个人或企业。

（五）提高全社会非国有经济的性质和作用的认识

1. **在舆论宣传上，要彻底摒弃“一国营、二集体、不三不四搞个体”的陈腐观念，明确非国有经济在国民经济中的重要地位和作用，切实将非国有经济列入国民经济发展的轨道。**

2. **在经济规划和投资计划编制中，落实非国有投资的地位。**在开展“十五”计划的研究和编制工作中，要充分体现非国有经济的作用和地位，要明确非国有经济发展的目标和思路，在政策措施上，要运用市场经济的原则，给非国有经济的发展创造一个自由、公正、公平、宽松的环境。

3. **在市场准入上，非公有经济起“补充”作用时，非公有经济在市场准入方面必定会受到严格的限制。**而在已经确定非公有经济是“社会主义市场经济的重要组成部分”，而且要与公有经济“共同发展”后，必需突破非公有经济这种市场准入的限制。非公有经济就其产权的性质来说，比国有经济更适合在竞争性行业发展，它在竞争性行业中会有更佳的表现。

（六）以开放市场为锲入点，建立公平的市场经济投资体系

1. **要落实国有企业的破产、清算工作，全面开放市场，鼓励集体企业、个体、私营企业接管、兼并、收购国有企业。**

2. **逐步建立国有投资退出机制，为非国有投资拓展空间。**国有投资应重点起导向作用，应重点投向基础设施和社会发展项目，重点培育新的经济增长点和新兴产业，促进本地区产业结构升级和科技水平的提高。在产业形成规模，社会资金有投资积极性的情况下，要从一些竞争性领域逐步退出，一方面有利于盘活资产，另一方面也要避免政府与社会争饭吃，要为社会投资腾出空间。

3. **打破行业和地区垄断。在实现政府脱钩的前提下，彻底割断政府部门与企业的经济利益关系，在投资领域试行投资主体招股。**对竞争性和垄断专营性的领域逐步放开，通过向全社会招标，由向社会提供最好服务和回报的企业投资，给予非国有经济一个公平的竞争机会。地方各级政府“十五”规划中的一些重大的尚未落实建设主体的轨道交通、公路、桥梁、隧道、电厂等基础设施项目拿出来，可向国内外各种所有制企业招商。

（七）科学选定，鼓励和引导民间投资的方向

对工业、服务业等非国有企业已占据一定地位的一般性竞争项目，应着重于信息引导，避

免过度重复建设和恶性竞争；对政府垄断项目，则要视情况进行引导，应运用市场规律着重将社会投资导向建设资金需求较大的投资项目。

1. **积极利用外资，激活社会投资。**在现有利用外资模式的基础上充分研究和借鉴国际资本市场上企业购并投资模式，创造非国有企业与国际财团兼并、参股投资的方式和条件，开拓利用外资的渠道和水平，实现非国有经济向国际资本市场融资，以此来激活和带动民间投资。

2. **积极利用国内外证券市场，通过股市直接融资。**一方面我们要加快推荐非国有企业上市，另外一方面，要积极创造条件筹建二板市场，争取更多的非国有企业在二板市场直接融资。

3. **探索多种银行贷款模式，支持民营企业发展。**一是在银行尚不能开展企业信用评级贷款的条件下，尝试由政府部门或行业协会对民营企业进行信誉考核，通过政府统借，支持民营企业发展；二是引导民营企业成立股份合作公司，由股份投资公司通过上市等途径直接融资，或由股份公司担保融资；三是要大力推行和发展各种产业保险，如工程保险、经营保险等，分散银行风险。

4. **探索项目直接融资，降低融资成本。**无论是国有企业还是非国有企业，只要属于政府重点鼓励投资的项目允许以收费抵押、收益抵押、项目资产折价抵押、发行项目债券等多种方式筹资。

5. **发挥财政贴息作用，引导全社会资金投向。**财政贴息可以起到利率杠杆的作用，财政贴息要扩大到国有企业以外的各种所有制企业，引导全社会资金投向，当前可以先尝试向基础设施项目和高新技术项目投资贴息。

（八）确立“以大带小”的战略，培养一批有竞争力的非国有投资主体

1. 选择若干个有潜力的非国有投资主体进行重点支持，鼓励各种所有制经济主体之间的联合、组建股份公司，给予参与政府垄断性较强、效益较好领域投资的机会，尽快形成一批有较强竞争力的投资主体，以这些大的投资联合体来吸引和带动民间投资。

2. 推动建立以非国有大企业为主体的技术创造新体系。促使非国有大企业建立具有自身特点的技术创新体系及运行机制，要在现有的工程技术中心的基础上吸引民间社会科技力量的参与，建设服务于行业和研发基地，走企业化、市场化的路子，为民间企业提供技术创新支持，解决民间企业投资的技术障碍。

（九）加强投资信息网络建设，吸引社会资金投向

建立投资管理部门权威的投资信息网络和经常性的投资信息发布制度，引导全社会资金良性运作。

1. 在国家统一指导下，建立地方各级政府投资信息网络，结合现行的投资项目审批，将其变成地方各级政府部门不可缺少的工作工具，在此基础上，开展投资备案制度。

2. 建立权威的投资项目备选库，分层次、分行业、分地区建立项目档案，规划信息，既方便政府部门决策，也方便社会查询和民间投资。

3. 建立经常性的投资信息发布制度，做好信息服务工作。对产业投资政策、项目规划情况、社会资金供需情况、投资品价格等方面信息定期以书面、报刊或网络的形式发布有关信息，加强行业前景的预测和指导。

4. 加强对非国有企业和个体工商户的培训和学习，提高民间投资的决策质量和水平。

（十）关于拓宽个人投资渠道

1. 试点住房抵押贷款证券化，探索将房产产权抵押给金融机构获得贷款进行房地产再开发，而金融机构将这部分债权设计成小额的可流通的证券品种，供个人投资者选择；探索企业通过指定一部分资产作为债权资产，银行将其证券化后在金融市场上出售给个人投资者；在增加银行债权的流动性的基础上，降低企业的融资成本。

2. 设立产业投资基金、中外合作投资基金等新的金融创新工具，扩大吸收自然人和法人的投资，允许债券作为资本金投资设立公司，募集的资金可用于解决一部分重大基础设施项目的资本金。

3. 对个人进行国家提倡和鼓励的实业投资部分，拟给予个人出资部分适当的政策优惠。

（十一）人才流动

加快人才引进。鼓励科技人员、大中专毕业生及国有企业职工到民营企业工作，或直接申办个体私营企业。对以上人员进入个体私营企业后的养老保险及医疗保险，要通过企业统筹的办法解决。涉及上述人员户口迁移时，应在城市增容费方面给予照顾。有关部门要安排适量“农转非”指标，用于个体私营企业骨干、技术人员的“农转非”，在职称评定上，也应适当放宽评定条件。

（十二）规划

地方各级政府应把民间投资纳入中长期经济社会发展规划，落实明确的鼓励和引导的政策措施，在制订投资准入政策、税收优惠政策、投融资政策、土地政策、出口政策、简化审批手续、加强民间投资的法律保护、项目建设中的各种待遇等方面，要与国有投资一视同仁，为其在舆论、政策、法制等方面提供一个公平竞争的外部环境。真正把民间投资的发展当作地方各级政府经济发展和投资增长的一项重要工作来抓。

（十三）法制建设

1. 除了宪法对非公有经济的地位保障以外，根据地方各级政府非公有经济特点，应该逐渐制定有关非公有经济发展的地方性法律和法规并付诸实施，其中特别是《合伙企业法》、《个人独资企业法》等法律直接关系到非公有经济的培育和发展，真正创造一个非公有经济发展的法律环境。从法律上解决非公有经济受到骚扰和不公正对待，堵截向非公有经济乱收费、乱摊派的现象。

2. 加快法制建设步伐，保护民间投资者的合法权益。抓紧清理现行法律法规，凡是与宪法修正案精神不相符的原有的法律法规，都应及时进行修改或废除。政府部门要强化法律意识，严格行政执法，规范管理行为，切实保护民间投资行为。特别要重视纠正对民间投资单位的不合理收费项目和收费标准，切实减轻其负担，保护其合法权益。建议参照九届人大十一次会议通过的《中华人民共和国个人独资企业法》，出台保护私人投资及权益的地方法规。

3. 非公有经济的地位、作用在宪法上予以确定。

（十四）对国家计委的建议

1. 关于开放民间投资的建议

(1) 放宽民间投资领域，扩大民间投资的市场准入，除关系国家安全和必须由国家垄断的产业领域外，其余领域允许民间资本进入；

(2) 制订鼓励民间资本投资的产业指导和具体操作办法，明确鼓励、准许、限制和禁止民间资本进入的行业和领域，定时发布投资和产业发展信息，进行投资引导；

(3) 清理并取消对民间投资的各种限制性和歧视性政策，使民间企业在项目立项、出国审批、劳动用工、社会保障、资质评定、项目用地、自营出口等方面都享受平等的政策待遇；

(4) 允许设立投资公司(包括私营企业和自然人)，积极支持民间资本按照国家有关规定，以多种方式投资于基础设施、金融、通信和信息服务、交通、外贸、科技、教育、卫生、中介服务等领域；

(5) 对私营企业使用税后利润进行实业再投资的给予部分抵扣所得税支持，鼓励民营企业扩大再生产和加大固定资产投资；

(6) 营造良好的政策和体制环境，制定和完善促进科技创业投资的管理办法，鼓励创业，大力培育风险投资家和创业者队伍。

2. 深入研究六个方面问题

为切实推动民间投资进一步增长，建议国家计委组织对以下六个方面问题进行深入研究，制订措施和操作细则。

(1) 清理审批职能和收费

过多过滥的审批和不合理的收费负担，加重了投资的成本，增加了民间投资的难度，建议国家计委组织有关部门：

A. 对允许民间投资的领域进行清理排队，根据各个行业法律法规规定，公布禁止民间投资的领域，公布现阶段鼓励民间投资的重点领域。

B. 对工商登记中的前置审批和资质审查进行清理和重新核准，经审核无须前置审批但需行业监管的，改为登记备案，由有关备案部门实行过程监管。

C. 对民间投资项目的审批进行简化和明确审批程序。建议除规划、土地、环保必须审批外，其余部门不再设置部门审批程序，只参加投资项目的会签(会审)，不单独办理审批。

D. 对民间投资项目的收费进行清理，向社会公布允许收费的项目和标准，除此之外，不允许随意增加收费项目，提高收费标准。

E. 推行政务公开，每个部门都要公开办事程序和办事要求，提高审批透明度。

F. 降低创业门槛，适当降低投资创办企业者开业的初始条件。

通过以上工作，切实放宽民间投资的领域，营造低成本交易的投资氛围，给予民营企业平等的投资机会。

(2) 专项研究金融支持问题

民营企业大部分是小企业，尤其是在创业初期。发达国家对小企业投资给予各种融资支持。日本有金融联合会，政府向金融联合会注入资本金，通过金融联合会向一定领域的小企业在严格审批下进行贷款。美国政府的小企业管理局向小企业提供贷款担保，担保资金由联邦财政预算拨付。建议国家有关部门对小企业贷款担保等金融支持问题进行专项研究。

(3) 专项研究投资体制改革和投资补偿机制问题

基础性、公益性投资领域要向民间投资开放，必须推进投资体制改革，改革可以从三方面展开，一是引入多个投资经营者，打破行业垄断局面；二是新项目实行投资主体多元化，运用股份制引入非国有投资者；三是现有设施经营权向社会公开拍卖，改变基础设施完全由国家直接经营的局面，逐步引入“社会投资经营，国家监管”的模式。基础性、公益性投资领域要吸引民间投资，必须研究投资的补偿机制，应给予民间投资者与外商投资者一样的合理回报。对鼓励民间投资的一些扭曲的市政公用事业、社会事业服务价格进行适当调整，改革价格形成机制。投资体制和价格体制改革建议在城市基础设施建设领域先行试点。

(4) 完善投资服务体系

个人投资创业和民营企业投资发展迫切需要指导和帮助。发达国家对小企业有一套完善的咨询服务体系，美国政府发动社会力量，向投资者提供技术援助、咨询和培训，政府资助教育科研机构、退休企业经理等建立各种咨询服务中心和技术援助中心，提供免费的咨询和培训，内容涉及市场信息、技术信息、投资策划、市场营销、企业管理、资金融通、法律、会计等。政府还提供免费的网上政策和投资信息服务，让投资者知道应该找谁，通过什么程序，可以得到什么样的援助。国家应鼓励发展会员制小企业投资服务机构，政府给予这类投资服务机构一定的活动经费补助。

(5) 做好维护信用环境的基础工作

A. 请人民银行建立中小企业信用档案，健全贷款证管理制度。

B. 建立企业信用记录备案制度。建议由工商行政管理部门牵头，建立企业信用档案库，通过工商行政管理、司法、金融等相关部门提供的企业经营信用、资本信用、产品服务质量信用、完税信用和法人行为信用等情况，实行企业信用记录备案制度。

(6) 制定针对新设立企业和小企业的财税优惠政策

建议国家在加速折旧、税后利润投资税收抵免、放宽工资总额限制等财税政策的可行性方面做一些研究和测算，允许各地在采取灵活的财税措施上做一些探索。

国有企业要在市场竞争中奋起

卢以华　周鹤群

1999年是中央确定国有企业三年脱困的第二年，也是关键的一年。对现在还处于经营困难的国有企业，原因是多方面的，其中重要原因是，它们在我国经济体制由计划经济体制转为社会主义市场经济体制的大变动中，原有的经营思想、管理习惯、体制、机制等不能适应市场经济发展的要求。然而，市场经济优胜劣汰的竞争规律是无情的，在激烈的市场竞争中，优势企业就兴旺发达，劣势企业被淘汰，现在经营困难的国有企业往往就是市场竞争中的劣势企业。这些企业如何摆脱目前的困境，按照一些优势企业的经验和做法，就是要振作精神，克服困难，在市场竞争中奋起。为此，这些企业要做的工作很多，现在仅从开拓市场方面谈几个问题。

一、国有企业面临的市场环境正在发生巨大变化

要在市场竞争中取得优势，必须重视研究市场环境的变化。进入90年代以来，随着我国经济体制改革的不断深化，社会主义市场经济体制的逐步形成，市场机制对资源的配置发挥了基础性的作用，商品价格基本由市场调节，生产要素全面市场化，计划统治经济的局面已经成为历史。由此，国有企业面临的市场环境发生了很大的变化，尤为明显有以下方面：

1. **所有制结构已由单一的公有制变为公有制为主体，多种所有制并存的所有制结构。**在政府政策的支持和鼓励下，外资企业、私营企业、民营企业、个体经济得到了迅速发展，因此形成了国有企业同外资企业等非公有制企业在市场中激烈竞争的局面、这对国有企业是机遇与挑战并存，有一些国有企业把市场竞争压力变动力，抓住机遇，迎接挑战，在竞争中加快改革和发展步伐，成了竞争中的优胜者；但也有一些国有企业，既缺乏思想准备，又缺乏面向市场及时转变企业经营策略的举措，因而处境日益艰难。

2. **市场供求已由卖方市场转为买方市场。**改革开放20年，我国经济保持了高速发展水平，自1978年到1997年20年间，国内生产总值(扣除物价因素)实际增长4.7倍，年均增长9.8%，1998年已形成了3万多亿库存积压商品，市场消费品几乎没有供不应求的商品。同时，这20年间，居民的收入和消费水平明显提高，90%以上城镇居民已基本达到小康生活水平，80%左右农民接近小康生活水平。居民消费需求正处在进入一个更高层次的转折阶段。目前消费品市场上出现的彩电大战、冰箱大战、轿车大战等，都反映了买方市场条件下企业竞争更趋白热化。

3. **全方位对外开放的总体格局基本形成，经济运行方式已由封闭式的内循环、小循环，变**

• 本文刊登在《上海综合经济》1999年第10期 第10 - 11页。

为开放式的外循环、大循环。我国实行改革开放政策后，外资已经进入国民经济的大多数领域，外向型经济有了巨大发展，国际市场和国内市场日益连成一体。1997年爆发的亚洲金融危机对我国经济的影响，说明了当今世界经济正在走向全球化，我国即将加入WTO，将更加融合在国际经济大环境中。现在国内也形成了全国商品流通的大市场，12亿多人的中国市场，是国际资本看好的大市场；尤其是上海的市场，是国内外企业千方百计所争夺的对象。上海企业要在全国扩大市场空间，先要在家门口上海市场上取胜。上海企业要努力开拓国际市场，运用马克思关于同一种商品具有国际和国内两种不同的价值尺度的理论，努力开发我们具有比较优势的商品打入国际市场。

二、国有企业要面向市场，熟悉市场，加强市场调研和预测

首先，要转变观念。把国有企业推向市场，在市场竞争中求生存和发展，这里最重要的是国有企业经营者要跟上形势，在思想观念上有个很大转变。过去国有企业依赖政府补贴。但现在实行政企分开，企业自负盈亏，再也没有“皇粮”可吃了，国有企业经营亏损，扭亏无望，也要破产。政府实施《破产法》，对一部分困难的国企，构成了很大的压力，但也有利于推动国有企业转变观念，如江苏阳光集团因势利导，在全公司推行“危机管理”，这是主动转变观念的实例。

其次，国有企业要在市场竞争中取胜，一定要熟悉市场，学习和借鉴外资企业或国外企业的经验和做法，搞好市场调查和预测。

第一，重视市场调研的作用。不少国有企业对市场调研的重要性认识不足，以为市场调研只是收集分析数据的工作，只要销售上去，市场调研可有可无。外资企业则把市场调研作为制订企业经营决策的依据，是技术开发、产品开发、市场开发的先导，用市场调研指导市场销售，销售是市场调研结果的实施。

第二，全面设计市场调研的内容。国有企业只重视对产品的供求状况进行调研，忽视企业内外环境和竞争对手的分析，忽视产品的市场细分，而且往往对今后几年的市场预测偏于乐观，似乎不这样乐观，预期决策方案就难以得到批准。外资企业对市场调研的内容比较全面具体，包括企业发展内外环境，目标市场细分，市场前景的有利因素和不利因素，以及现有市场和潜在市场的风险分析等。

第三，要对市场全过程调研。有些国有企业认为，仅仅是为了新产品开发或新建项目时需要进行市场调研，对现有的老产品不必做市场调研。外资企业认为，市场调研应贯穿于从一个产品的导入、发展、成熟直至衰退的全过程，以便对产品在市场生命周期中的情况了如指掌，及时调整企业经营策略。

第四，讲究市场调研方式。国有企业做市场调研主要靠收集第二手资料，收集统计部门和行业归口部门的资料。外资企业则以实地调查为主，通过对经销商、用户或消费者的直接访问，

获取第一手资料。实际操作上，国有企业多数由自己做市场调研，工作中容易受传统观念束缚，客观性难以保证；而外资企业一般都要委托专业的市场调查公司进行，他们认为这样做比较客观。工作程序上，国有企业重视市场调研结果，而忽视市场调研的过程；外资企业注重市场调研的过程，他们认为只有确保调查过程的科学性，才能保证调查结果的可靠性，因此必须从工作的程序和方式上来的控制市场调查的质量和精度。

第五，保证市场调研费用。国有企业搞市场调研没有经费预算的，当开展市场调研时，采取一事一报审批预算。而外资企业根据年度的销售费预算，按一定比例提取市场调研费，如庄臣公司提取销售费的1%，联合利华和宝洁公司提取1.2%～1.5%用于该年度产品销售的市场调研。

三、充实加强企业市场部建设，完善销售网络

1. **不断改进企业市场部的工作。**过去国有企业习惯按上级主管部门下达计划组织生产销售，企业销售部门仅有几个销售人员搞订合同和发货工作；现在搞市场经济，而且是买方市场，企业按市场订单组织生产，订单的多少，对企业生存和发展至关重要。卖方市场时等客上门的历史早已一去不复返。因此，国有企业建立市场部，强化销售工作是十分必要的，对此，我们不应再有疑问。现在不少国有企业都初步建立了市场部，但市场部的工作同外资企业仍有差距，除了在市场调研上的差距外，其他如抓住商机开拓市场、广告宣传、售后服务等方面都有不少差距。总之，目前国有企业市场部工作仍比较薄弱，今后仍需继续完善。

2. **建立完善销售网络。**国有企业要拓展市场空间，建立销售网络是一件重要工作。我们可以看一看可口可乐等国际上著名的大公司已把销售网络无孔不入地延伸到了世界各地。在中国的外资企业也是千方百计在全国到处建立销售网络。我们国有企业在近几年才开始重视建设销售网络，工作起步慢了一点，更应急起直追，迎头赶上。要相信，我们国有企业在国内市场上仍有相当优势。国有企业销售网络要根据不同产品的特点来筹划，如民用消费类产品，可以建立专卖店、专卖柜，或进入大型连锁超市等方式拓展市场。为了在全国大中城市和广大农村建立销售网，可以采取工商联手在全国一些主要城市设立销售分公司或配货中心，如上海市在外地主要城市开设工业品配售中心，这是扩大市场覆盖面的有力措施。对机械电子等装备类产品，除了在各地建立销售中心，负责各地的销售网络管理外，还要重视配备专门的安装、维修人员，负责售后服务，并保证供应维修备件。如上海三菱电梯公司通过在全国建立销售网络，并负责电梯安装、维修等售后服务，在国内创出良好声誉，产品的市场占有率保持了全国领先水平。上海三菱电梯公司做到的事情，相信其他企业经过努力也能够做到。相信许多国有企业经过千方百计的努力，可以走出目前暂时的困境，在市场竞争中再创辉煌！

eBay: 客户至上　服务为先

罗　乐

eBay，创建于1995年，主要为网民提供一个交换货物的在线空间。所提供的服务主要包括发布出售商品，按照种类对商品进行查询，对拍卖品进行竞标，以及即时交易等。从成立之初一个名不见经传的互联网拍卖商发展到今天，eBay已经发展成为全球最大的在线拍卖商。到2003年底，eBay已经将业务拓展到全球28个国家和地区。

标准普尔曾将eBay的股票评为最高的投资等级——五星级，即买入。因为认同eBay在互联网拍卖、零售及支付等领域的卓越领导能力，以及在商品种类、地域和服务方面的日益拓展。

对于eBay的成功，人们尝试从各个角度去分析和阐述，比如独特的技术平台和基础设施(这一点连互联网巨擘亚玛逊与雅虎都无法轻易仿效)，独具特色的商业模式，积极开拓海外市场，随意、高效的工作作风等等。

在众多的成功经验中，有一点非常关键，那就是eBay始终秉承并实践着“客户至上，服务为先”的理念。尽管是个赢利性站点，但eBay从来都不仅仅关注交易额和利润。她始终信奉着“用户是上帝”这一信条，对于用户间的互动，以及用户的信息反馈尤为重视，从而使得用户对eBay的忠诚度达到了忠贞不渝的地步。标准普尔曾分析，eBay的知名度和庞大的用户群是其主要竞争优势。

一、创始之初的理念：eBay世界中，人人平等

eBay的创始人奥米耶(Pierre Omidyar)是个心存“纯民主观”的技术人员，相信买卖双方可以站在平等的立场上谈生意，市场上没有所谓的重量级人物。这个理念从一开始就深深植入到eBay的基因中，伴随着她的成长而迅速遍布到eBay所触及的世界版图中。

奥米耶后来设立论坛，让用户为买家和卖家评分。理由是他不想插手大堆用户怨言，那就让大家来评断吧！结果这成为该网站的特色之一。

二、解决客户最关心的问题，营造人气，良性循环

说起eBay的名气，这还要归功于所谓的网络效应。最初，用户被eBay站点所提供的详尽商品目录所吸引。此后，一传十，十传百，eBay很快走进千家万户。同时，买家的急剧增长使

• 本文刊登在《21世纪教育导刊》2005年第8期总二十期 第58－59页。

得大批的商品销售商闻讯赶来。这种相互促进的效应使得eBay业务急速膨胀。直至今日，这种良性循环仍在继续提升eBay的网络价值。

截至2003年12月，eBay网站的注册用户已达到9490万人，与前一年相比增长54%。标准普尔表示，eBay的知名度和庞大的用户群是其主要竞争优势。目前，在线拍卖仍是eBay的主打业务，占据了全球互联网拍卖及收入市场的绝大部分。

除了拍卖市场，eBay还始终根据客户需求，不断拓展业务范围。分析家指出，此举将进一步增加其站点收入。例如，在2001年，eBay只出售汽车一种产品，年销售额也只有10亿美元。而2003年底，所出售产品种类已经达到6种，销售额也是大幅提升。

三、让客户的消费体验更安全、更便捷、更顺畅

完善的购买选项和便捷的交易程序也是eBay吸引用户的原因所在。自从2000年收购Half.com之后，eBay便开始提供固定价格产品的“即时购买”服务。据统计结果显示，在2003年第四季度，这种固定价格商品的交易量占到了总销售额的28%。

另外，eBay还通过收购的PayPal为用户提供便捷的支付选项。它允许用户通过电子邮件实施在线支付功能，具备便捷和经济等特点。它对eBay的用户、资金流通和收入均起到积极作用。在2003年四季度，91%的商品具有PayPal功能，而有65%的交易使用了该项服务。

这种完善的购买选项和便捷的交易程序对eBay业务的发展起到了至关重要的作用。1999年，eBay60%的销售额来自代收产品，40%来自非代收产品。但自从增加了购买选项和支付手段后，80%的销售额来自非代收产品，来自代收产品的销售额降到了13%。这使得eBay在美国在线零售市场的份额从2000年的16%增加到2003年的22%。

四、“客户至上”的思想也体现在eBay企业内部的管理之中

比如，eBay首席执行官Meg Whitman的工作间是一个开放式的“小隔断”，四周是低矮的墙壁，并贴着壁纸。同时，它还被公司其他两名员工的工作间夹在中间。这在“硅谷”是一种很常见的布局。当Whitman想和首席技术官Maynard Webb谈话时，她就会隔着墙壁直接说，而当她想让Maynard Webb看某些文件时，她就会从隔断墙的上面递过去。而Whitman所做的一切，都是为了公司的利益、销售额，以及公司的2400名职员。

随意、高效的工作作风在eBay公司随处可见。每个职员都显得乐观、随意，办公室里面充满了轻松和谐的议论声；他们的办公间里摆满了“体育纪念品”、小雕像等艺术品。橱柜里面有免费提供的苏打水，另外公司还为职员提供了电动滑行车。在如此轻松的工作环境里，eBay员工却很少谈及到体育、游戏等内容，而更多的则是发展计划、体制、数字以及结果等。

所以，客户在eBay世界里体验到的轻松、便捷，根源于eBay积淀下来的企业文化和一直

倡导的人性、人本的理念。

五、案例：从 eBay 易趣与网易的合作看 eBay 客户至上的服务理念

今年年初，全球最大的中文网上交易平台 eBay 易趣与中国领先的互联网技术公司网易签署了 2005 年全面合作协议。eBay 易趣此举是为了进一步在中国市场锁定目标受众，累积品牌价值，实现营销目标的最大化，而网易所具有的众多活跃的用户群体、强大的邮箱技术、专业的网络营销服务正是其实现中国战略的优势资源。

（1）客户至上首先体现在找准目标客户：借助网易专业的网络营销平台，eBay 易趣可以有效细分用户群体，直接找出并招募到更多成熟且具有相当消费能力的注册用户。

“网易拥有众多活跃程度高、消费能力强且乐于尝试电子商务的用户，而这些用户正是 eBay 易趣的主要目标受众”，eBay 易趣在线市场部副总裁陈建豪先生表示。

（2）客户至上还体现在针对目标客户高效、精准的营销推广：网易超过 9000 万、数量居于国内首位的邮箱注册用户，也是倍受 eBay 易趣青睐的主要原因。这些邮箱使用者为 EMAIL 营销打下了坚实的基础。eBay 易趣通过网易邮箱系统进行 EMAIL 营销，可区隔不同消费习惯的用户群体，累计用户过去的购买行为，从而实现高效、精准的营销推广。

（3）客户至上更体现在 eBay 易趣对客户无微不至的关怀以及为客户提供的增值服务：在注册 eBay 易趣会员时，如果用户没有邮箱，eBay 易趣会推荐容量最高可达 2G、具有超强反垃圾邮件功能的网易 126 免费邮箱，这就有效简化用户注册的程序，从而为 eBay 易趣带来更多的会员和更高的忠诚度。

eBay 易趣与网易的合作只是其客户至上理念的一个具体体现，正是重视客户需求，致力于满足客户需求，使 eBay 取得了今天的成功，并继续稳步成长。

案例分析：企业收购的价值判断

孙 蔚　苏 立

我国市场经济不断发展完善，引发了企业并购高潮。企业并购的积极效应正在宏观层面和微观层面逐渐展露，诸如大量国有存量资产的激活，企业规模经济、协同效应的形成等等。但是，企业并购作为企业外部成长的一种方式，常常被简单地视为“低成本”扩张，这一观念误区直接导致操作的失误和损失。许多企业面对“低成本”企业的诱惑，盲目并购，致使步入“低效益”，甚至被拖垮的怪圈。而某些上市公司在并购实施前缺乏调查研究，或仅仅以此作为炒作题材和圈钱的手段，其资金利用率甚至低于同行业平均水平。因此，如何判断企业收购的价值，成为投资方和投资顾问公司必须认真思考的问题。本文将剖析一个在工作中实际操作的案例，分析并购时应该考虑的因素和判断标准。

一、 并购理论概述

（一）并购对象的标准和价值评估

对目标公司的评估，是决定价格的重要部分。从收购方观点看，目标公司价值是收购前目标公司自己的价值加上收购方赋予目标公司的增值的总和。后者可能来自于目标公司营运的改善或两家公司的协同效应。增值还可能来自变卖目标公司资产的赢利，例如一次破产接管。

对被购方的估价，要求评估总体增长的现金流量和收益。预期的增值可反映在收购方和目标公司在收购后阶段的收益和现金流量中。

评估目标公司是以估计预期利益的量和实现时间为基础的。这些利益难以预测，因而对目标公司的估价也很难准确。这样收购方就面临估价风险。该风险的程度依次取决于收购方所获得信息的质量；取决于目标公司是上市公司还是有限责任公司；收购行动是敌意还是善意；筹备收购所花时间和收购前对目标公司的审核。

（二）对目标公司的价值评估方法

评估方法以现金流量折现法较好。

1. 估计目标公司收购后在设想的收购方管理下的现金流量超出原经营水平。

2. 估计目标公司的期末价值。

• 本文刊登在《上海投资》2002年第4期 第36 - 41页。

3. 假设预期的收购后风险和资本结构，测评拨给目标公司的资金成本。

4. 通过对预估的现金流量进行贴现，再确定目标公司的价值。

5. 加上来自其他方面的现金流量，如资产变卖或业务过户。

6. 减去债务及其他费用，例如资产变卖和过户的所得税、收购成本，确定目标公司的价值。

7. 将估计的目标公司价值和其收购前单独的价值对比，确定收购产生的增值。

8. 确定应从这些增值中付出多少给目标公司股东作为控制溢价。

（三）现金流量预测

企业经营产生的营业现金流入是(公司)税后现金收益。现金流出是指来自于增加的固定资产和营运资本投资。

目标公司的税后现金流量一般预测五到十年以后。总的来说，预测时间间隔越大，准确性越差。不论预测的时间间隔是多少，在这个时期结束时，基于净现金流量(FCF)的目标公司残值也要评估。通常，公司残值是以对长期现金流量的假设为基础，长期现金流量的假设一般是预测期最后一年的经营水平。将预期净现金流量贴现后，得出目标公司的整体价值。公司价值减去债务就得出公司价值。

（四）决定购买价格

对于并购企业来说，其并购行为的收益和成本投入一般都是跨年度的，即产生投资项目(并购行为)的现金流入序列和投资成本的现金流出序列，为科学地体现资金的时间价值差异，还需要引入折现率的概念。这是投资者在资本市场上对风险等价的投资所要求的回报率。在资本市场均衡的条件下，就是该种投资回报率的期望值。目前由于我国资本市场发育不完善，难以计算投资的期望回报率，一般要考虑无风险报酬率(如国债)和行业风险及企业特殊风险等因素。企业并购的投资决策应采用收付实现制的净现值(NPV)方法。下面以上海市某上市公司收购某生物农药厂为案例，具体说明企业并购投资价值判断的主要步骤，并进行风险分析。

二、 案例分析

（一）项目概况

目标公司位于上海市郊县。该公司主导产品是生产杀菌剂纹霉清和生物杀虫剂螨虫清，1998年定单数量为纹霉清3500吨、螨虫清80吨。该公司短期内将研制开发新产品，预计在1999年将拥有四大类九个品种的产品，并考虑拓展东南亚、南非等国外市场。基于对销售情况和市场发展趋势的乐观预测，该公司考虑在现有基础上，扩大生产规模，增加50吨发酵罐两只、4

吨锅炉一台、自动包装机四台以及配套设备等，至2000年形成年产2万吨纹霉清和300吨螨虫清的生产能力。

产品和生产工艺

生物杀菌剂纹霉清是目标公司自行开发的新型生物农药，主要用于防治水稻、小麦纹枯病及真菌病害。该产品由该公司独家生产，兼具治病和增产双重功能，目前正在申请国家专利。该产品是将井冈霉素水剂和SD01、SD02等原料在发酵罐中用SD_{23}菌进行二次发酵，再经过一系列处理制成，经多年生产，工艺较为成熟。

生物杀虫剂螨虫清是上海农药研究所研制的一种抗生素杀虫剂，尤其对螨虫的防治有特效。目标公司通过技术转让已成为国内独家获得该产品全部生产技术的厂家。螨虫清的主要原料是阿维菌素，通过添加适当的助剂和溶剂配制而成。

（二）产品的市场分析

——纹霉清

1. 纹霉清的同类产品井冈霉素，在今后较长的时间内因其具有药效较好、无抗药性、价格低廉等优势仍保持在纹枯病防治中的主导地位。

2. 纹霉清作为复配产品具有井冈霉素不具备的优点，因此，在防治纹枯病菌上作为井冈霉素的一种补充有存在的理由，但在目前价格／性能比不及井冈霉素的情况下要替代井冈霉素是有一定难度的。

3. 利用目前的市场机制，有可能将市场扩大到一定的份额。

4. 纹霉清要达到原可行性报告提出的到2000年生产规模达20000吨的水平，从目标公司原销售状况看风险较大。

——螨虫清

1. 杀虫剂品种多，用量大，但低毒、低残留的生物农药是今后发展的方向。

2. 螨虫清不仅要与同类产品竞争，目前更重要的还须参与整个杀虫剂市场的竞争，特别是与价格较低的化学杀虫剂竞争。

3. 阿维菌素母液全国仅几家厂家生产，原料供应受到一定的限制，生产规模可视情况逐步扩大。

（三）投资估算

投资估算根据委托方提供的至2000年形成年产2万吨纹霉清和300吨螨虫清生产能力进行估算。总投资3300万元，其中原有设备及设施作价900万元，流动资金1420万元(按当年经营成本的50%计)。

（四）两个方案的财务效益分析

根据委托方提供的原可行性报告所设计的生产计划和本报告经综合分析所得结论，我们按不同规模测算了以下两个方案的财务效益分析(附表略):

测算方案一

分析依据及说明。

——目标公司提供的有关资料、经营设想;

——本测算仅以纹霉清和螨虫清为测算对象;

——收购后三年的生产量:

纹霉清分别为3000吨、8000吨和20000吨，并于当年全部销售;

螨虫清分别为50吨、100吨和300吨，并与当年全部销售。

——根据规定应计缴纳的有关税、费(其中：根据委托方的要求，参照地区有关规定，按大中型企业免征所得税三年计算)。

计算期:

本项目财务测算的计算期10年。

分析结果:

经测算，本项目计算期主要财务分析指标如下:

经营收入(达产年)：纹霉清收入14159.29万元;

螨虫清收入4350万元;

净利润(所得税后)1079.85万元;

财务内部收益率21.65%;

财务净现值(i=12%)3237.30万元;

投资回收期(静态)6.44年(含建设期)。

以上财务分析指标表明，如果能够达到预期的销售计划，本项目在财务上是可行的，但敏感性分析表明项目对收入和成本非常敏感。

测算方案二

分析依据。

——不新增设备设施，以原有设备设施作价900万元、第一年流动资金1319万元为投资;

——纹霉清每年生产并销售3000吨。

螨虫清前五年生产量分别为50吨、100吨、150吨、200吨和300吨，并于当年全部销售;

其余边界条件与测算方案一类似。

分析结果。

经测算，本项目计算期主要财务分析指标如下:

经营收入：纹霉清收入21230.89万元；
螨虫清收入4350万元；
净利润(所得税后)413.14万元；
财务内部收益率16.84%；
财务净现值(i=12%)631.62万元；
投资回收期(静态)7.66年。

以上财务分析指标表明，如果能够达到预期的销售计划，本项目在财务上是可行的，但敏感性分析表明本项目对收入和成本非常敏感。

（五）项目风险分析

财务分析的结果为我们提供了量化的依据，然而如果仅仅止步于此，无法得出客观的结论。我们对项目面临的风险作进一步的分析。

1. 定性风险分析

(1) 政策风险：

——市场放开的风险

政府职能部门仅进行宏观调控和行业管理，不再参与具体产品的推广，农业技术指导部门相应转变立场。与井冈霉素相比，纹霉清性能价格比不占优势，将会失去目前所依赖的推广渠道。

(2) 市场准入风险

农药行业关系到千家万户农民，历来由国家指定的机构负责推广和销售。调查可知：农药销售以农资部门为主，农技推广部门参与其中，在农药品种选择上，较多地受农技推广部门的指导。这样，农药销售实际计划分两个阶段，首先是列入植保部门的推广计划，在一般农户中建立某种产品的信誉；其次是进入农资供销渠道，使普通农户能买得到。本项目的两种产品——纹霉清、螨虫清，都已进入第一阶段，即获得植保部门的认可，部分省市将其列入1998-1999年重点推广产品。但是，从目前的情况来看，这往往取决于生产厂家的营销手段和推广力度，如果同类产品，尤其是当地出现了同类产品，厂方很难继续保持原来的市场份额，其出路只能是提高推销费用（如回扣等）或谋其他销售地。因此，在不完善的市场条件下，下列因素可能阻碍产品进入某一地区：
——行政干预；
——不正当推广手段；
——地方保护主义。

(3) 经营风险

从功能来看，纹霉清的主要竞争对手是井冈霉素。

纹霉清对水稻及小麦纹枯病有相当好的治疗效果，根据上海市植保部门的试验结果，其治疗效果比同类产品——井冈霉素提高10%。增产5%。应该指出，由于气候、管理、种子的品种、质量等偶然性因素，5%的产量波动尚属正常范围之内，一般农户不会将之归功于使用纹霉清。

在调查中专家及用户普遍认为井冈霉素到目前为止尚未发现有抗药性。因此，一旦市场完全放开，井冈霉素相对较低的价格将成为推广纹霉清的最大障碍。归根到底，产品能否在市场上站住脚，还要看其是否具备独特的优势。纹霉清的竞争风险来源于:

——增产效果不明显;

——亩用药成本比井冈霉素高出一倍左右;

——用户对原有产品的忠诚度;

——农户自主意识增强;

——信息传播更快;

——市场流通更便捷;

——农技知识更普及。

可以预见，市场放开以后，纹霉清取代井冈霉素难度更大。另外，在农村经济发达地区，其他类型的复合剂(如病虫净)因其一药多效、节省劳力日益受到欢迎。

(4) 市场需求风险

——气候因素。

病虫害的发生率与气候有着密切的联系，造成对农药的需求波动幅度较大。

(5) 原料供应风险

目标公司另一产品螨虫清的同类产品在全国已有数十家，竞争激烈，作为阿维菌素的后道产品，其生产工艺简单，不排除有更多厂家投入。而另一方面，其主要原料阿维菌素在全国范围内仅有浙江海门等五家生产厂，近几年已呈现出供不应求的趋势。因此，原料供应能否保证是螨虫清的重要风险。

(6) 财务风险

导致收入减少的因素

——市场渠道混乱;

——同类产品（其他复配剂）的冲击。

导致原料成本、销售费用上升的因素

——原料受制于人;

——营销手段单一；
——同类产品攀比；
导致财务费用上升的因素
——农药使用的季节性；
——农药生产年度不均衡性；
——农药代销制度。

农药销售目前是买方市场，一般采用代销方式，并由厂家支付推广、广告等营销费用，产品售出后，厂家才能收回货款。因此，企业正常情况下的资金占用量与其他工业企业相比要大得多。仅根据目标公司提供的资料，正常年流动资金最大为3500万元，达到新增固定资产投资的5倍、固定资产总投资的2倍。一旦产品积压，资金占用量更大。

1. 定量的风险分析

(1) 敏感性分析

通过对“目标公司”的两个产品的特点、推广使用等情况的调查研究，我们发现产品市场前景(包括产品的销售情况及产品价格等)、项目的投资规模、生产经营等方面存在着较大的不确定性因素。故选取主要并可量化的3个因素即销售收入、总投资及经营成本，进行了单因素变化的敏感性分析。当销售收入减少5%或经营成本上升5%时，内部收益率明显下降，说明项目对收入和成本非常敏感，相对而言，总投资对整个项目的效益影响不大。

(2) 概率分析

采用概率分析法，以事先估计的取值服从某种概率来估算经济评价指标如净现值的期望值，从而定量地确定项目所承担的风险。根据上述结果，我们进一步把影响收入的因素分解为价格和销售量，加上经营成本，作为概率分析选用的变量。结合专家预测、实地调研，运用主观判断法确定价格、销售量、经营成本三个因素可能发生的变化及其发生概率。

根据以上各因素发生的概率，本项目可能产生27种净现值结果，经加权求得净现值的期望值。在上述设定的条件下，本项目的期望值为−6332.97万元。

通过对项目的概率分析求出净现值大于或小于零的概率值，可以估计项目承担的风险程度，净现值大于零或等于零的概率值越接近于i，说明项目的风险越小，反之项目的风险越大。计算表明，该项目净现值(i=12%)小于零的累计概率为71%，净现值(i=12%)大于零的累计概率为29%，由此说明项目承担的风险较大。

（六）结论

纹霉清是防治纹枯病的有效药物之一，在抗菌、增产方面比井冈霉素略有优势，目前该商品处在市场导入期。而井冈霉素仍是国家防治纹枯病的大宗用药，占各种防治纹枯病用药量的90%以上，且每亩用药成本比纹霉清低50%左右，因此，纹霉清要较大量地取代井冈霉素是有一定难度的。螨虫清是一种较好的生物杀虫剂，但1%含量的同类产品在市场上相继出现，竞争相当激烈。应利用“目标公司”已具备的技术优势，开发新的制剂，同时要注意该产品原料有被垄断的可能。

本报告分别按现有规模和扩大规模进行财务测算，结果按现有规模计算内部收益率在15%以上，按扩大规模计算内部收益率在20%以上，收益较好。但从定量的风险分析来看，敏感性分析显示对经营收入和经营成本非常敏感；从概率分析看，项目净现值小于零的累计概率为71%，而大于零的累计概率仅为29%，因此，本项目是属于高收益、高风险项目。在市场前景不明朗、竞争优势不允许的条件下，迅速扩产有一定难度，也会加大企业所承担的风险。尽管从收购价格看，仅仅计算固定资产，未计入产品的无形资产、专有技术、研究费用等，收购成本较低，案例中现金流量分析也明财务内部收益率较高，但是其中两点假设(一是实现预期收入、二是实现成本控制)面临的风险较大，因此认为收购不可行。

从中海油、联想、TCL等收购案例看中国企业在跨国并购中的特点、风险和对策

王良燕　孙　蔚

一、中国企业跨国并购的特点

1. 中国企业的优势和并购目的。

中国企业的并购目的现阶段主要有两个:

第一，为了满足中国日益扩张的经济高速发展而带来的对于战略资源的渴求;

第二，我们看到更多以追求先进技术及国外市场为目的的跨国兼并收购。对于先进技术的追求往往是和占领国内或海外市场为最终目的相辅相成的。

中国的制造业综合优势如何能和具有高附加值的技术和服务结合，将是新时期中国企业界考虑的重要策略问题。

2. 中国企业跨国并购的特点。

(1) 跨国并购类型现阶段主要为水平并购(横行并购)。这是指收购方与被收购方为同一行业内。拥有的产品系列或市场基本相同或类似，这是与我国企业跨国并购的主要目的相适应的即以追求先进技术及国外市场为目的。在中海油收购案例中，由于优尼科在泰国、印尼、孟加拉国等亚洲国家拥有良好的油气区块资源，中海油收购优尼科后能够将其在亚洲的资源与中海油原先在印尼和澳大利亚的油田进行产业结合整合，并由协同效应带来成本节约。

(2) 跨国并购的主导产业行业较为集中在家电、电子产品的制造业中。这是由于我国企业自身的优势决定的，我国企业具备的较低的制造成本是其他国家无法比拟的，而在家电、电子类产品中体现得尤为突出，也使这类企业近年来得到迅速成长，企业规模和资金实力发展到可以进行跨国兼并的程度，而相对而言国外尤其是发达的欧美国家相应行业处于低迷状态，无论是投资方还是国家都有“出手”的愿望。

(3) 跨国并购的规模日益增大。联想的并购总价达到了17.5亿美元，TCL两次并购涉及金额也均超过亿美元，中海油收购尤尼科项目规模更达到185亿美元，这些都说明我国随着20多年的改革开放，国力和企业实力都得到了长足发展。

• 本文刊登在《探索》2005年第5期 第88 - 89页。

(4) 中国企业跨国并购中获得的价格不够优惠。同样是收购西方知名厂商的制造业务，与近期中国台湾厂商明基与西门子达成的交易相比，TCL和联想等内地企业获得的优惠条件要少得多。TCL和联想都通过廉价出售自己的股份收购了西方厂商业绩不佳的制造业务和销售渠道，并且联想还要支付现金和承担债务，总计17.5亿美元。西方厂商在没有产生任何支出的前提下摆脱了不能盈利的业务。IBM 则更进一步，如果联想有能力扭转其持续亏损的PC 业务，IBM也可以通过持有的股份从中获利。因此，对于西方厂商而言，它们通过讨价还价获得了自己想要的东西；而对于中国厂商来讲，这两笔交易具有赌博的意味。

这也说明中国企业由于经验不足和能力所限，在国际市场上还处于起步阶段，需要学习、时间和人才等多方面的努力来加以克服。

(5) 中国企业对于跨国并购无论是前期准备和日后的整理和经营都缺乏经验。企业走向国际时要做好充分调查研究和全方位准备。此番中海油案例将国际商战的扑朔迷离表现得淋漓尽致。事前所做的调查研究不可谓不充分，一波三折后，洋独董们聘请的诸家机构调研结论甚至比原先更好，但是这样多的美国著名机构和著名专家却谁都没有想到在全世界极力倡导市场化、商业化理念的美国会对一个商业项目大讲政治。这足以提醒我们不可以轻信任何承诺，必须在出征之前更加充分地设想问题和困难。

中海油此番通过国际资本市场进行跨国并购演练，使中国企业对国际资本市场的并购游戏规则和实质有了更加直接的体认。普遍认为此番并购操作具有国际水准，能将一个中国的垄断国企通过上市公司比较个性化地展示在美国人面前，是一次大胆而独特的亮相。中国公司未来仍然应该抓住任何可能的机会到国际市场上锤炼。但是除了熟悉和运用西方规则和手法之外，还应注重东方谋略的运用。即使我们的境外上市公司，仍然是中国公司，美国人不会因为我们用了他的语言、方式和方法，甚至模仿得和他一模一样，而把我们当成同类。

二、中国企业跨国并购的风险探析

跨国并购的风险存在两个阶段，一是前期谈判阶段：二是收购后运作阶段。

2. 并购条件上的风险。

通常情况下并购条件主要为并购条件、股权、品牌、技术等有形无形资产的定价是否合理。但从中海油事件来看，我国企业的所有制性质而造成的政治风险也将成为较为重要的一个风险因素。

中海油竞购不但令全球媒体刮目相看，也给华尔街带来极大震动。然而却出人意料地遭遇竞争对手世界级石油巨商雪佛龙打造的“政治门”和美国政界的强势介入，不但使得整个竞争过程充满了戏剧性，也为中美企业之间的未来商业交往再次蒙上了阴影。更值得注意的是，对于一个互利互惠的商业项目如此大惊小怪和大动干戈，可能使得美国多年倡导的全球化和市场化理念在全世界经受严重的信用考验，美国的双重标准不但招致发展中国家反感，也令许多亲美人士失望。也正因为如此，使得中海油竟购彰显出更加耐人寻味的意义。

2. 收购后面临的风险。包括一系列主要的风险如企业整合风险、财务风险、经营风险和资本市场的风险。

(1) 企业整合风险。对于企业而言，仅仅实现对目标企业的组织并购是远远不够的，还需要对被购企业的治理结构、经营管理、资产负债、人力资源、企业文化等所有企业要素进行进一步的整合，最终形成双方的完全融合，并产生预期的效益，才是最重要的，才算真正实现了并购的目标。而中国企业面临的难题是：中国企业与发达国家企业明显的文化差异加大了整合难度；海外被并购企业对中国企业文化的认同度低，面对企业文化和国家文化的两层差异，并购双方对彼此文化的认同和接受程度就成了文化整合的关键因素。

(2) 财务风险。财务上的风险主要因为要支付并购的资金而借贷产生的利息造成新公司的财务压力，以及如果不能达到预期的协同效应则需要增加裁员等。

(3) 经营风险。经营上的风险主要是人员流失，特别是管理层流失。收购后一般被购企业会出现人心惶惶，有能力的管理层会很快地跳槽，如果在服务业，很多客户是认人不认公司的，所以高管人员的离去会带走客户。这时候对外要对主要客户进行充分的解释，同时承诺不会因公司被收购而改变服务内容等。

(4) 资本市场风险。资本市场的风险主要来自如果没有让股东了解收购能带来的好处和战略意义，那么企业的市值会遭到市场的压迫而缩水，增加股东的不安，使企业更难达到期待的协同效应，重复一个负面的循环。

三、规避风险的对策

1. 并购前期规避风险的对策。

(1) 在收购完成前管理层应该拟定一个统合计划，准备好收购完成之后如何尽快把被收购的企业融入收购后的企业文化里。统合计划的制定和实现是在选择理想的收购对象并且妥善地回避了上述的收购风险后，最后影响收购成败的关键。投资银行等第三方的顾问通常都可以替公司选择良好的具有战略意义的收购项目，并且在执行的过程中回避收购的风险，但统合计划则基本上是企业必须依靠自己的团队制定的计划，并且又必须依靠自己的团队来执行。

(2) 在实施并购中企业要成立专门的团队，以完成必要的目标企业选择、前期调研、分析研究等工作。比如GE在进行收购时与收购相关的内容业务部门会派人员全程参加收购的工作。在收购的前期参与尽职调查的工作，同时借着尽职调查的机会很快地掌握被收购方的一切情况，这些都会仔细地画成流程图表。在收购进入后期以后，利用这些尽职调查的资料首先拟定所谓百日统合计划，目标在收购完成后的一百日内对内完成主要的组织变更，包括管理层的异动、裁员与GE的部门的统合等；对外则向被收购方的主要客户进行公关活动，让客户安心继续原有的商务关系。

(3) 必须借助国际上专业的中介公司的力量。中介机构包括金融、保险、法律、理财、审计、教育与培训以及商会等机构。从国外企业参与跨国并购的经验来看，投资银行的作用不可或缺。外脑时代是人力资源多元化的另一种说法，企业家有必要借助方方面面的外脑组成自己的核心顾问班底。

2. 整合期规避风险的对策。

(1) 财务风险规避。财务风险一般是可以在完全收购前规避的。例如企业可以尽量避免参加拍卖的出售方式。投资银行一般在协助企业出售其资产或股权时惯用拍卖的方式，即同时通知许多潜在买家，通过详细的备忘录吸引买方对出售资产或企业的兴趣，然后安排多家买家通过两轮以上的竞标来出售资产。

(2) 企业整合风险以及经营风险规避。首先，并购企业间要进行全面的沟通。在沟通过程中可以传递和反馈信息，了解两种不同的企业文化，提炼出各自的文化要素，分析其优缺点；找出两种文化矛盾冲突的主要方面和重叠方面，分析差异的缘由，制定解决措施，以便设计新的企业文化。其次，在并购双方管理层之间制造融洽的气氛。通过双方高层，尤其是在被兼并企业关键人物的沟通中了解其态度、动向，争取获得支持和留住他们。企业管理者之间的协调和沟通是使不同国家企业的不同文化得到融合、形成新的企业文化所不可或缺的。再次，充分尊重被解雇员工。通过与被兼并企业的各相关团体(员工、供应商、中间商等)的沟通，了解他们对公司的期望，以便处理好与他们的关系，获得他们在精神上和行动上的支持。最后，根据新企业的战略和组织特点，对企业原有文化进行结合调整、系统融合，构建一种新的企业文化(如思科在并购后还设有思科“文化警察”一职，负责评估并购对象的企业文化和思想文化的兼容性)。

(3) 企业资本市场风险规避。在项目的执行过程中雇用投资银行和公关公司来分别协助对机构投资者和散户投资者做公关工作是十分必要的。

“入世”后我国对外直接投资策略调整的路径

李晓飞

一、“入世”为对外直接投资发展提供了新机遇

1. “入世”后，由于对外资进入我国市场的准入限制将大大放宽，降低关税，逐步削减非关税壁垒，将有助于外商降低生产成本，优化资源配置，提高经济效益。此外，“入世”后我国将不能硬性规定在境内的外资企业的内外销比例，其产品可自由进入我国市场。“入世”一方面会由于关税的下降使得向中国出口商品变得容易，另一方面同时也使得外资进入变得更为容易，进口的增长与外资的大规模进入，会进一步加剧国内市场的竞争，国内企业将面临着更大的挑战。而国内市场竞争的加剧，将会促使国内企业发展对外投资，开辟新的市场；同时，国内企业在激烈的竞争中将会培养起核心竞争力，在竞争中生存下来的企业具有较强的竞争优势，有利于企业在国际竞争中获胜。从这两方面的因素考虑，“入世”将促进对外直接投资的发展。

2. WTO中TRIMs协议的制定和实行有利于国际生产要素，包括资金、人才、技术、管理、产品等在全球范围内更无障碍地流动，从而达到最佳生产要素资源配置，中国企业对外投资的国际环境有所改善，这为我国企业发展对外直接投资，进入他国市场创造了有利条件。因为根据对等开放的原则，我国企业可以借助TRIMs协议，充分运用鼓励性投资措施，如降低关税、放松外汇管制、增加投资方股权、扩大行业经营范围、扩大投资地区等，可以更加充分利用国内国外两种资源两种市场的双向循环优势，克服过去仅仅依靠国内资源和市场的单向循环发展经济的做法，发展我国的对外直接投资。

3. “入世”后，我国对外贸易环境大为改善，在100多个世贸组成成员中我国产品将享受多边的、无条件的和稳定的最惠国待遇，出口产品的关税将有较大幅度的下降。此外，由于我国是以发展中国家的身份加入世贸组织，“入世”后可以享受一些发达国家的“普惠制”待遇，增加我国商品在发达国家的受惠程度，也使我国商品在更多的国家受惠，有助于出口市场的多元化，这些都将对我国的出口产生积极的影响。

据估计，“入世”后我国每年的出口额将因此增加80亿~100亿美元。由于对外贸易与对外直接投资之间的正相关关系，对外贸易的增长必然导致对外直接投资的增长，入世通过对对外贸易的影响间接地促进对外直接投资的发展。

• 本文刊登在《世界经济研究》2002年第4期 第15-18，55页。

二、"入世"对我国对外直接投资提出了新要求

1. "入世"要求充分发挥对外直接投资在调整产业结构中的作用。

"入世"标志着我国开始全面融入经济全球化的大潮，我国企业和产业将面对激烈的竞争，能否提高产业国际竞争力，能否从WTO中获益，关键取决于产业结构能否顺利调整，实现产业结构的高级化、进而提高国际竞争力。

古典经济学家们(如亚当·斯密、大卫·李嘉图、赫克歇尔和俄林等)均注意到对外经济往来会使国家内部的资源配置效率和产业结构发生显著的变化。我国的对外开放对经济增长、产业结构均产生了深远影响。利用外资不仅增加了中国的投资能力，而且改善了中国的增长质量。由于跨国公司的相对比较优势，跨国投资公司对华投资倾向投资于资本技术密集型产业。虽然我国对外商直接投资制定了产业指导目录，但从投资角度看主动者是跨国公司，其投资目标与我国产业政策目标未必一致，对产业结构的影响不一定符合调整产业结构的要求。研究表明，不论与我国所有工业企业相比，还是与剔除三资企业后的我国国内企业相比，三资企业都降低了我国工业结构的整体效益，加大了我国产业结构的偏离程度。总的来看，外商直接投资促进了经济总量的增长，但在调整产业结构方面效果不佳，本质原因在于跨国公司与我国发展目标的差异，这就决定了仅仅依靠吸引外资是不利于调整产业结构，必须与其他对外开放方式结合起来。对外出口是我国调整产业结构的重要方式，通过出口，可以发挥我国产业比较优势，有利于充分利用过剩的生产能力。我国比较优势在于劳动密集型产业，产品成本相对低，边际收益相对高，国际竞争力较强，但随着发达国家反倾销行为的增加，这种优势的发挥受到了很大影响，而且过多地发展劳动密集型产业也不利于产业升级，所以，调整产业结构也不能过多依赖对外贸易。

发展中国家的经济成长到一定阶段，企业也必然进行对外投资，这对于发展中国家扩大出口贸易的规模，吸收国外先进技术等很有帮助，从而也有利于推动产业结构的调整。从国际经验来看，许多国家在加入WTO前后都积极制定和推进贸易、投资、资本自由化政策，分阶段、分重点地应地制宜地迅速参加国际分工，融入经济全球化的进程。特别是日本和韩国，在国内产业结构调整进行之中即采取各种手段鼓励企业跨国公司经营，走国际化的道路，在对外投资中带动国内产业和产品向其他国家和地区转移。

现代开放经济体系是双向开放的经济体系，利用外资、对外贸易是对外开放，对外直接投资也是对外开放。发展对外直接投资可以有效避开反倾销壁垒，有利于发挥产业政策的调控作用，有利于产业结构调整，可以与对外贸易、利用外资形成良好的互补关系，满足入世后我国尽快实现产业结构调整的要求。

2. "入世"要求通过对外直接投资促进产业升级。

当今的竞争是科技的竞争，"入世"后产业竞争力归根到底取决于产业的技术水平。"入世"后在3~5年的承诺期限过后，我国大部分产业都将面临外资的竞争。大部分外资，尤其是来

自发达国家的外资企业的技术水平都比较高，我国企业必须尽可能在较短时间内缩短同发达国家的技术差距，尽快实现产业升级，才能改善在未来竞争中的相对位置。由于“入世”将使我国更加深入地融入国际分工体系，因而只有促进产业升级才能提高我国在国际分工体系中的相对位置，培育产业竞争优势，在国际竞争中改善竞争地位，尽可能多地获得经济全球化带来的利益。

利用外资在促进产业升级方面存在不足，主要表现为：(1) 技术扩散效应不足。在上海浦东新区的80户跨国公司中，超过93%的企业在中国有技术扩散效应，但大部分企业处于浅度国产化阶段，占77.5%，有深度国产化的企业只占16.25%，而实现了技术创新的只占企业总数的6.25%。(2) 跨国公司在中国应用的技术相对于国内同类企业是先进的，但如果与国家先进水平相比，仍有较大差距，我国在实施市场换技术的战略中，技术和市场的置换不对称，合资中得到的技术一般总与世界先进水平有10～15年的差距。而这是由跨国公司的总体战略决定的，即它总要选择适合主流消费者的技术档次，这也说明利用外资难以得到世界最先进的技术。而且，跨国公司处于技术保密和技术领先的考虑，其在华研发活动多数属于适应性研发活动，真正的创新研发活动很少。入世后随着外资准入条件的放宽，外资进入将越来越多地采用独资经营方式，对我国学习其先进技术将更加不利，不利于提高我国产业的相对技术水平，因此，吸引外资难以满足产业升级对技术进步的需求。

而发展对外直接投资可以弥补利用外资的不足。通过对外直接投资吸引学习东道国有关先进技术并向投资国转移是一种有效的技术转移方式，这种类型的投资日本、韩国都曾运用过，并且获得了成功。对外直接投资是获取高新技术的快捷途径，可以实现生产和高新技术的高度结合。对外直接投资在获取新技术方面居于一定的特殊优势，主要反映在对发达国家进行直接投资不仅能获得资本利润，还能获得技术。在技术发达国家进行科研生产活动，获得技术知识的能力较强且成本较低；发达国家的基础配套资源较为丰富、技术知识吸收机制成熟，发展中国家对外投资活动获取技术知识的能力远大于国内的吸收能力；对外直接投资可以利用国际市场上技术知识转移和应用机制提高获取新技术的能力。总之，对外直接投资可以弥补利用外资在技术转移中技术水平、效率方面的不足。

三、对外直接投资策略调整的路径选择

为了适应“入世”对对外直接投资的影响，有必要对现有我国对外直接投资策略进行适当调整。调整路径应该以扩大规模、促进国内产业升级为目标，局部调整对外直接投资策略，使对外直接投资适应入世的要求。具体来讲有以下三条调整路径。

（一）调整对外直接投资产业重点，由劳动密集型产业转向资本技术密集型产业。

目前国际直接投资的趋势是以资本技术密集型产业为主，我国必须尽快适应这一趋势，将产业重点向资本技术密集型调整。因为在资本技术密集型产业的技术转移效应表现明显，其产业关联性较高，较高的前向关联性有利于国际产业结构匹配，较高的后向关联性有利于发挥向

国内技术转移效应。选择资本技术密集型产业，进行技术导向型投资，通过直接投资，结合国外先进技术进行合法的生产力转化，从而对我国产业升级发挥积极作用。

由于目前发达国家的技术水平较高，其科研、生产、人才流动都已经国际化，我国企业可根据具体技术需求，在适当区域直接投资，可在项目不同阶段切入，通过就地生产实现技术的生产力转化。对于国内某些水平较为先进，由于国内科研机制和转化体制等环境因素的制约难以顺利产业化的技术，可以通过对外直接投资，利用发达国家生产一体化环境和配套科研环境，实现国内技术的国外产业化，并按一定渠道进行产业化技术回输。这一方面可以迅速将科研成果转化为生产力，降低研发成本；另一方面可以达到接近国外市场的目的，有利于开拓国际市场，扩大企业规模，尽早收回初始研发成本，实现投资良性循环。

（二）调整对外直接投资方式重点，由绿地投资转向跨国并购。

对外直接投资方式包括绿地投资和并购两种方式:绿地投资是指在东道国创建新企业或新工厂，形成新的生产经营单位和新的生产能力。此方式的特点在于投资者能在较大方式上把握风险，资本投入较为灵活，但需要作大量筹建工作，速度慢、周期长、风险较大。并购是指企业通过购买其他企业的股权，取得对目标企业的所有权和经营管理权，把该企业直接纳入自己的经营管理组织系统。其特点在于投资者可以显著缩短项目周期，迅速进入目标市场，进入新行业成本较低，容易获得现有的经营资源，如技术、管理经验、市场网络、信息及人才等，可大大减少投资风险，可以迅速提高企业的规模经济，但是需要一次性投入大量外汇资金，企业的经营调整能力要求较高。

据Peter J. Buckley和C.S.Tseng(1999)对34家中国跨国企业的调查，只有4家是收购的，余下的30家海外企业都是新投资的。中国对外经贸大学跨国公司研究中心的一项调查也表明中国跨国公司以新投资为主，以收购为辅。据统计，截至1999年，我国企业对外直接投资中以并购方式进行的只占22%。主要原因在于：(1) 80年代以及90年代初期，中国外汇比较短缺，跨国收购难以获得足够的资金支持。(2) 中国企业对外直接投资刚刚起步，更倾向于小规模投资。(3) 跨国并购需要较快的决策，我国对外直接投资项目审批制度较为僵硬，按先行规定，凡海外投资超过100万美元以上的项目，须上报国家外经贸部审查批准。涉及混合并购的还要进行会审会签，决策审批迟缓，这增大了企业进行跨国并购的难度，不利于企业迅速捕捉跨国并购良机。

（三）调整对外直接投资促进体制，由零散化转向系统化。

国际投资要素组合理论认为，任何形式的对外直接投资都是在投资直接诱发要素和间接诱发要素的组合作用下而发生的。直接诱发要素主要指劳动力、资本、资源、技术等各类生产要素；间接诱发投资要素主要包括经济政策、法规、投资环境以及宏观经济情况等，认为投资国的鼓励性投资政策和法规、政府与东道国的协议和合作关系对本国对外直接投资有很大促进作用。

在实践中，由于世界各国的具体情况不同，因此采取的对外投资促进政策也不尽相同，但总的来看，主要做法包括提供金融支持、财政支持、海外投资保险、信息情报支持，放宽私人对外投资限制，成立专门的官方或半官方组织等，同时积极参加多边投资协议、区域投资协议，签署双边投资协议，构建对外投资的国际协调机制等。

为了促进国内对外直接投资的发展，适应对外直接投资由劳动密集型产业向资本技术密集型产业转移，以及对外直接投资方式由绿地投资向跨国并购过度的要求，必须尽快调整我国的对外直接投资促进体制，改变目前零散无序的情况，从国际和国内两个层面，考虑组织与制度两种要素，构建系统的对外直接投资促进体系。具体路径为:

1. 国内层面上，主要策略为: (1) 成立全国统一的对外投资专门管理机构，专门负责对外直接投资的审批，对外投资产业政策的制定，改变目前多头管理的状况; (2) 尽快制定对外直接投资法; (3) 制定对外直接投资产业指导目录，在这个产业指导目录中，要体现出对资本技术密集型产业的支持，当然也不能放弃劳动密集型产业的对外直接投资; (4) 设立海外投资保险制度，降低我国企业对外直接投资风险; (5) 完善对外直接投资具体促进措施，主要有: (a) 为对外直接投资提供金融支持，由专门成立的进出口银行或对外直接投资公司为对外直接投资提供优惠贷款，对于进行跨国并购的企业优先照顾; (b) 创立对外直接投资基金，对于海外发展尚处于起步阶段的企业提供资金援助; (c) 提供财政税收优惠，对对外直接投资给予税收优惠政策; (d) 放宽对外直接投资的限制，简化审批手续，尤其是要放宽对外直接投资外汇额度的限制，为跨国并购提供充足的资金; (e) 提供信息情报支持，由对外投资管理机构统一协调，建设对外投资信息网络平台，充分利用各种机构如我国驻外领事馆和银行、国际商会分支机构及国内各地区的对外投资促进中心的情报，整合对外直接投资信息资源，为企业提供翔实准确的投资信息。

2. 在国际层面上，主要考虑通过一系列的国际协议来保护我国对外投资者的利益，促进对外直接投资的发展，具体步骤为: (1) 积极签署双边投资协议，主要包括双边投资保护协议、避免双重征税协议; (2) 在区域层次上积极推进东亚投资框架的形成，目前东盟和中、日、韩间经济关系密切，合作前景良好，可以借鉴北美自由贸易区的区域投资框架，逐步推进东亚地区投资自由化进程; (3) 目前全球统一的国际投资框架尚未形成，主要的多边投资协议包括世贸组织的TRIMs、世界银行主持制定的《华盛顿公约》和《汉城公约》。我国是《华盛顿公约》和《汉城公约》的成员，已经同意遵守TRIMs协议，今后在对边层次上我国应更积极地参与国际投资框架的制定，争取主动权，因为国际经济运行框架通常是各参与方相互妥协的结果，只有积极参与构建国际投资框架，才能使我国利益在未来国际投资框架中得到体现。

探索涉外项目招商新路子

马念君

吸收与利用外资，招商工作十分重要。近几年来，我国涉外项目组团出国招商的络绎不绝，涉外招商项目会、洽谈会频繁召开，其中不乏有成功者，但从整体上看，成功率却并不高。其原因主要有以下几个方面：

1. 招商方式不合时宜

目前涉外招商有两种基本方式：一是召开招商项目洽谈会，二是组团到国外招商，有些地方的招商团由地方主要行政领导带队，几十个人甚至上百人组成，招商项目也有上百个。这种计划体制下的大轰大嗡的招商方式已不适应时代发展。

事实上外商要投资一个项目，需要做可行性研究分析，全面科学地进行论证，大到整个投资环境，小到具体投资项目的市场前景预测，投资项目所在地的土地价格、劳动力素质、建设过程、产品销售渠道、税收等等，都得作出详细分析，此外投资者还需要实地考察和研究，因此不可能在一、二天的招商会上看了招商书，与你洽谈后马上就能定下来。另外，在大规模组团赴境外招商的过程中，一些非商业性的游乐活动更使境外投资商产生一些不必要的疑虑和担忧。

2. 招商项目“包装”粗糙

当前涉外招商项目普遍存在“包装”很差的现象。如有的项目仅有经过县或市政府批准的立项报告书批准文件，连英文资料都没有；有的虽然有项目报告和英文材料，但不符合国际招商的惯例所要求必须具有的基本内容，如仅列企业有多少厂房、人员和生产能力，由此要准备扩大投资和生产规模。这种没有科学的可行性研究分析预测，使投资者很难决定是否投资。

3. 区域性、地区性招商项目缺乏一个完整的项目

从现行的招商工作情况看，一是招商工作只求数量，不求质量；二是区域性、地区性招商目前还没有形成一个完整的项目库，其主要表现在要招商的项目随意性大，招商项目数据不完整，整个招商工作系统性较差。造成这种局面的主要原因是一些地方对招商项目没有很好地规

• 本文刊登在《上海投资》1998年第3期 第38 - 39页。

划，其结果就是缺乏后备招商项目。从投资者方面来看，他们感到有些地方所提供的招商项目尚未形成一个完整的、有序的投资环境，其投资当然存在一定的风险性。

综观以往招商工作，其主要问题在于我们招商工作缺乏一个完整的项目库，缺乏整体系统的效应，招商工作没有一个整体规划，没有将其作为一项长期的经常性的工作，其结果也只能是导致企业付出较大的招商成本，而没有得到相应的招商效果。因此目前应采取一些有效措施有步骤改进招商工作。

第一，积极探索委托代理招商方式

要充分利用我国在境外的机构及国际大财团的渠道多、信息灵、经验丰富的优势，委托他们代理招商，拓宽招商引资的领域和渠道，提高利用外资的质量和效益。通过委托代理实施招商的方式，一方面可使企业经国际代理商直接进入国际市场，参与国际竞争，拓宽企业招商的发展空间和范围，另一方面可以更有效地直接利用外资，使国际资本与国内资源能得到更好的结合，从而扩大利用外资规模，提高投资效益。通过委托代理招商，可帮助外商企业与我国中小企业沟通，促进合资、合作的信息交流。

此外还可通过投资促进会、商会、投资咨询公司或其他中介机构委托代理招商，避免企业直接招商需高额成本费用，提高招商引资成功率。

第二，充分发挥国际互联网招商作用

以前外商要到中国某地进行投资，必须到当地的代理商那里了解和洽谈业务。如今境外投资商可以直接通过电脑网络了解当地的投资环境和投资项目，并能十分方便地与当地的代理商取得联系。由于网上商业日渐成熟，境外很多投资项目已开始实行网上招商。为保护和鼓励投资项目的发展，政府应该尽快制定扶持投资项目的招商措施，其中包括帮助企业系统上网招商，为投资商提供咨询服务。

随着我国经济体制改革的深入和政府职能的转变，政府通过建立投资促进会等组织，在国际互联网络上建立有知名度的投资商网址，作为外商投资信息源的发布地，发布招商项目，增加外商投资机会及提高招商项目成功率，政府还应帮助国内外中小企业网上招商，向境外中小投资商提供招商项目，这不仅可提高企业知名度，而且还可促进企业贸易发展。

第三，建立系统性招商项目库

为了便于中小项目系统招商，政府应对招商起指导作用，帮助建立鼓励外商投资项目的项目库，根据经济发展和国家产业结构调整对项目库进行动态调整。完善项目中投资招商项目的数据描述。

第四，强化项目“包装”，做好招商项目的前期工作

项目“包装”要精雕细刻，不能都是一个面孔，要有自己的特色。项目“包装”应请专门搞项目的咨询公司进行专业“包装”。项目招商的“包装”应符合国际惯例的要求，使国外投资商易于接受。尤其是在招商项目中的四个方面内容必须符合国际惯例：① 企业的财务报表 ② 公司信用评级：③ 项目产品的市场分析：④ 对整个项目动态的投资回报的预测和分析。

另外，在涉及招商的过程中必须做好招商项目的前期工作，根据项目的特点有目的地招商，应充分分析外方的优势，做到心中有数。西方发达国家的优势，一是资本市场规模大，服务行业发达：二是技术比较先进，如制药技术、航空技术、电子技术等，有些技术也乐意转让。对此，我们应做好招商项目的前期工作，有计划、有针对性地进行招商。

第五，采用多种招商形式，加大宣传力度，增进外商投资的信心

实行以商引商、以侨引商、以资源引商相结合，加大对外宣传的力度，尤其是加强投资整体环境形象的宣传，多邀请一些外商企业家到国内实地考察，增加他们对中国的感性认识，从而增强他们对我国投资的信心。此外还可以让已经在中国投资并已获得盈利或收回投资的投资商，通过研讨会、报告会等多种形式现身说法，更具说服力。

加强国内WTO/TBT信息建设突破贸易技术壁垒

王 昊

随着我国加入WTO(世界贸易组织),中国作为最大的发展中国家开始全面进入世界经济贸易舞台，按照国际通行的贸易规则，运用资源，采取与世界经济发展相适应的各种措施，扩大各种货物和服务贸易。

然而，在实际操作过程中，由于我们的一些地方政府、企业和法人对国际贸易过程中各种形形色色“合法”的贸易技术壁垒不了解，不熟悉，常常导致在国际贸易中蒙受巨额损失。例如，1999年－2000年间，欧盟、美国、加拿大等国以防止有害昆虫为由，相继采用了新的检验检疫标准，对我国出口货物的木质包装严加检测，仅此一项，就令我国价值300亿美元的出口货物直接或间接受到了影响。再如，上海第二大出口商品——纺织品，由于欧盟通过了所谓的纺织品无公害检验合格证新规定(包括禁止含有51种化学物及118种偶氮染料的纺织品进口，增加7项理化性能检测指标，以及对包装材料易于回收的规定等)就又使上海大批的纺织品和服装出口受阻或直接遭到退货损失，即使一般中小型企业也难逃贸易技术壁垒“魔手”，如我国苏南一家服装加工厂仅因拉链用材“含铅过度”就白白损失数拾万美元，最终导致企业破产。那么贸易技术壁垒到底是什么东西呢?

什么是贸易技术壁垒

在国际贸易中，影响和制约着商品自由流通的各种手段和措施，称之为贸易壁垒。这种壁垒一般可分为关税壁垒和非关税壁垒。其中:关税壁垒由于受WTO“通过互惠互利的安排，导致关税和其他贸易壁垒的大量减少……”这一宗旨限制，关税壁垒将会逐步减少。但非关税壁垒(指除关税以外的一切限制进口措施所形成的贸易障碍)，尤其是其中的贸易技术壁垒，以国家或地区的技术法规、协议、标准合格评定程序等形式出现，包括苛刻的技术标准、卫生安全法规，检查和包装、标签规定以及其他各种强制性的技术法规，对国际贸易产生重大影响，从科学技术、卫生、检疫、安全、环保、产品质量和认证等技术性指标体系入手呈现出灵活多变，名目繁多、内容广泛的规定，由于这类壁垒大量地以技术面目出现，因此常常会披上合法外衣，成为当前国际贸易中最为隐蔽、最难对付的贸易壁垒。

• 本文刊登在《上海标准化》2002年首刊 第25－26页。

如何打破各种贸易技术壁垒

为了克服技术法规、标准和合格评定程序对国际贸易而造成的负面影响，WTO/TBT协议要求各成员必须尽可能以国际标准导则和建设作为指定技术法规、标准和合格评定程序的基础，并贯彻实施透明度原则，从目前各方执行WTO/TBT协议的情况来看透明度原则基本上已得到了较好的贯彻。因此，如果出口国仍按本国惯例或进口国的原先要求生产商品，在出口时就会受阻(据统计，目前我国国家标准中等同、等效采用国际标准的比例不足24%，上海截止到2000年底已有10169项产品采用了国际标准，但还有更多的产品没有采标，难以满足国际贸易发展的需要。

因此，如果能加强采用国际标准，同时，指导国内企业生产和提供符合国际标准的商品和服务，不仅可以克服贸易技术壁垒，开拓国际市场，而且还可以通过嫁接当今世界产品和服务的先进技术，有效地缩短与发达国家的差距，增强国内企业国际市场竞争力。同时，必须及时掌握WTO其他成员方技术法规、标准和合格评定程序方面的信息，以消除因自己不掌握信息而导致重复发生出口受阻的情况。

加强国内WTO/TBT信息服务建设

加强和引导国内企业采用国际标准，最关键的是要建立一个“权威、高效、开放、便捷”的标准信息服务系统。据了解，目前国内有不少企业已认识到在商品生产和提供服务的过程中采用国际标准的重要性，但往往缺少通过相关途径去了解有关技术法规、标准和合格评定程序的信息，更匮乏专业的情报搜集和研究人员对国外技术法规标准和合格评定程序进行分析、整理。因此，加强国内WTO/TBT信息服务建设，就显得尤为重要了。通过WTO/TBT信息服务建设使政府、企业更好地了解国际经济贸易规则，合理规避国际贸易技术壁垒，促进国民经济和社会健康发展。

上海市标准化研究院是上海市进行标准化研究与标准资料专业归口的单位，主要从事WTO/TBT、国外主要工业发达国家市场准入、信息技术服务标准化、电子商务和电子政务信息安全标准化和现代农业标准化等领域的研究和标准文献服务信息服务以及质量认证服务等工作。十几年来，上海市标准化研究院利用自身优势，通过长期的标准研究和搜集，初步建立了标准文献和标准信息数据库，并形成了一定的规模，在国内具有较明显的领先优势。目前，该院正着手进行上海WTO/TBT通报与贸易技术壁垒预警信息库的建设(包括上海市地方技术法规、标准和合格评定程序数据库；主要工农业产品出口北美、欧盟、日本、韩国、新加坡、我国台湾、澳大利亚等国家(地区)TBT信息管理库)和标准信息服务网络平台的建设。

笔者以为，在当前上海经济建设进入结构调整的关键时期，集中本市专业的人力、物力等资源优势进行WTO/TBT信息的收集、整理和信息网络平台建设，对加强我国标准化技术基础工作，加强国内企业进入国际市场准入的相关技术法规、标准和合格评定程序的工作，加强上海 WTO/TBT 通报、贸易技术壁垒预警工作，全面提升国内标准化综合服务水平，协助政府开展好质量管理和质量监督工作，积极引导广大企业逐步采用国际先进标准进行产品生产和提供服务，有效地缩短我国与发达国家的差距，提高产品、服务的质量水平和整体竞争力，最大限度地减少由于贸易技术壁垒可能引发的损失，推动我国经济的持续健康发展，参与经济全球一体化有重要意义。

上海利用外资发展的形势分析和对策建议

王良燕　王寿庚　卜志明

所谓外资，就是指境外的资金和资本。利用外资、也称引进外资，是指利用境外资金来进行经济建设和从事对外经济贸易活动。利用外资分为吸收境外间接投资和境外直接投资两种。通常所讲的外商直接投资指的是境外(或海外)直接投资，英文简称是FDI(Foreign Direct Investment)，其简单含义是指境外公司到其他国家地区投资设厂、进行生产经营以获取利润。直接投资是相对于间接投资而言的，后者包括金融证券投资、股份投资、国际信贷和国际融资租赁等。外商直接投资是包括我国在内的大多数发展中国家利用外资的主要形式。

上海利用外资工作已经走过了20多年的历程，取得了令世人瞩目的成就，对促进上海经济的快速发展、产业结构的优化升级、城市面貌的改善、外贸出口的增长以及城市国际化程度的提高起到了重要的作用。新世纪初，上海正处在新一轮扩大利用外资的历史性机遇期。本文拟在总结和分析近年上海利用外资情况的基础上，对进一步扩大利用外资规模，优化利用外资结构提出对策建议。

一、近年上海吸引外资发展态势

1. 基本情况

根据上海市外资委统计，2004年7月，全市提前一年半超额完成“十五”计划确定的目标任务，其中引进合同外资金额超过111亿美元，实际到位外资金额超过8亿美元。与“九五”完成情况相比，外资项目增加3784项，增幅43.6%；引进合同外资金额增加86.98亿美元，增幅31.7%；实际到位外资金额增加4.3亿美元，增幅2.2%。到2004年5月，上海平均每平方公里吸引外资金额1255万美元，人均吸引外资5962美元，列全国第一。实际到位外资持续增长，2001年增幅高达38.9%，2002-2004年持续保持在16%以上，明显高于全国的1.4%的平均增长水平。

2. 主要特点

(1)外商独资企业迅猛发展。这是近三年的最大特色，项目数和合同外资数均占70%左右，中外合资项目数和合同数大幅减少，仅占20%左右，外商股份制项目逐步增多。

这里将近年合资、合作、独资和股份制项目数、合同外资数及所占当年全市总数比重列于

- 本文刊登在《上海投资报告2005》第171 - 176页，上海交通大学出版社2005年版。

表1。

表1 2001-2004年7月间上海吸引外资项目数据

年份	指 标	合 计	合 资	合 作	独 资	股 份
2001	项目数(个)	2458	506(占20.2%)	210(占8.5%)	1740(占70.8%)	2(占0%)
	合同外资(亿美元)	73.73	18.89(占25.0%)	9.42(占12.8%)	44.86(占60.8%)	0.57(占0.8%)
2002	项目数(个)	3012	530(占17.6%)	175(占5.8%)	2300(占76.4%)	5(占0%)
	合同外资(亿美元)	105.76	19.60(占18.5%)	10.01(占9.5%)	73.56(占69.5%)	2.579(占2.4%)
2003	项目数(个)	4321	818(占18.9%)	132(占3.0%)	3368(占77.9%)	4(占0%)
	合同外资(亿美元)	110.64	24.90(占22.5%)	5.68(占5.1%)	78.45(占70.9%)	1.61(占1.5%)
三年小计	项目数(个)	9791	1854(占18.9%)	517(占5.3%)	7408(占75.7%)	11(占0.1%)
	合同外资(亿美元)	290.12	63.39(占21.8%)	25.11(占8.6%)	196.87(占67.8%)	4.77(占1.6%)

资料来源：上海市统计局编：《上海统计年鉴2004》。

(2) 投资来源相对集中。1999年，投资上海的国家地区仅86个，2002年增至104个，当年新增11个。2003年108个。投资金额相对集中在中国香港、美国、日本、中国台湾省、西欧地区和亚洲地区，尤其是英属维尔京群岛和开曼群岛，连续多年投资上海处于领先地位。三年中名列前五名的投资国家和地区共投资189.01亿美元，占全市总数的比重达65.4%。

(3) 二、三产业高基数高速协调发展。“十五”前三年，上海在利用外资中十分重视二、三产业不断优化，产业结构不断调整，保持比较合理的外商投资结构。就实际利用外资金额而言，第一产业2003年为1200万美元，比上年增长33%，增长较快；第二产业2003年比上年下降7.2%，其中工业下降7%；第三产业增幅最大，2003年比上年增长86.3%，合同外资金额增长28.99%。第三产业中的房地产业2002年合同外资金额为12.25亿美元，实际利用外资金额为5.88亿美元，2003年比上年分别下降15.4%和11.1%。

第一产业和第三产业的较大增长以及房地产外资的下降，与国家经济宏观调控相关；第二产业增幅有所下降，与上海实施“三、二、一”产业协调发展方针，突出第三产业发展有关。

表2 各国、地区投资上海列前五名的变化情况

国别、地区 \ 年份	2001(亿美元)/(名次)	2002(亿美元)/(名次)	2003(亿美元)/(名次)	三年总计(亿美元)/(名次)
中国香港	7.80 (4)	16.81 (2)	20.28 (2)	44.89 (2)
美国	5.98 (5)	8.34 (5)	8.51 (4)	22.83 (4)
日本	13.24 (1)	10.60 (4)	12.73 (3)	36.57 (3)
英属维尔京群岛	10.20 (2)	25.44 (1)	20.78 (1)	56.42 (1)
开曼群岛		12.75 (3)		28.30 (5)
中国台湾			8.27 (5)	
瑞士	8.05 (3)			
前五名累计合同金额及其占全市总金额的比重	45.27(占61%)	73.94(占69.9%)	70.57(占63.8%)	189.01 (占三年全市总金额的65.4%)

资料来源：《上海年鉴》编纂委员会编:《上海年鉴》2002、2003、2004。

表3　世界"500强"跨国公司落户上海情况

类别 \ 年份		1999	2002	2004.7	备注
"500强"投资企业数(家)	上海	254	279	281	
	浦东		174(占全市62.4%)	194(占全市69%)	
直接投资企业数(家)	上海	144	147	180	市政府公布为166家，估计至少180家
	浦东			160(占全市80%左右)	浦东实为160家
投资的项目数(家)	上海	511	536	837	
	浦东		328(占全市61.2%)	422(占全市一半以上)	
合同外资金额(亿美元)	上海	93.65	96.33	110亿美元左右(估)	市政府公布为100亿美元，浦东实为79.02亿美元
	浦东		56.28(占全市58.5%)	79.02亿美元，(占全市71%以上)	

资料来源：上海市浦东新区外商投资协会提供资料。

(4) 大项目金额所占比重高。2001–2004年7月间上海吸引总投资1000万美元以上的外资项目1022个，年均260个以上；合同外资金额达260.49亿美元，年均达70亿美元左右，占全市年均合同外资金额的比重保持在70%以上。

(5) 跨国公司集聚上海。这是上海利用外资最为明显的特点之一，也是上海吸引外资快速增长并取得显著经济成效的关键原因。

2003年，上海市政府认定跨国地区总部40家，累计56家，其中浦东累计30家，占全市的一半以上；2004年6月，市政府新认定跨国地区总部20家，累计75家，其中浦东累计35个，占全市的47%。

在上海投资的外资投资性公司，2000年累计有54家；2001年累计67家，占全国总数的三分之一；2002年累计78家，其中9家是从北京迁至上海的；2003年新批12家，累计达90家；2004年7月新批20家，累计98家，总数超过北京市，其中浦东约占全市三分之一以上。

截止2004年7月，上海投资额超200万美元以上的外资研发中心达127家，其中浦东75家，占全市的60%以上。

(6) 外商投资企业回报率高。2000年，上海外资企业利润总额217.79亿元，比上年增长1.7倍；2003年437.1亿元，增长53.9%，其中浦东201.65亿元，增长95.4%，占全市总额的46.1%。2003年外资企业利润总额比2000年翻了一番。

2000年，上海外资企业上缴税金158.93亿元，2002年，上缴237.06亿元，2003年，上缴超过300亿元，三年翻一番。2000年，浦东新区仅上缴税金55.93亿元，2003年，上缴达129.94亿元，比上年增长54.8%，占全市的比重在35%以上。

2000年，上海外资企业产品出口金额142.61亿美元，比上年增长37.8%，2002年，出口191.57亿美元，2003年，出口308亿美元，比上年增长60.7%，占全市出口总额的63.6%。2003

年，上海外资企业进出口总额719.5亿美元，比上年增长59.9%，其中进口411.58亿美元，增长59.2%。外资企业出口贡献率达70.3%，其中高新技术产品出口贡献率达95%以上。2003年，上海达丰电脑公司出口金额52.91亿美元。松江出口区外资企业出口金额2003年比上年增长5倍，占全国出口加工区总额的54.2%。2004年上半年，上海外资企业进出口总额达501.97亿美元，同比增长60.6%，其中出口226.54亿美元，增长65.7%。

由于外商在上海利润收入较高，投资和经营环境日臻完善，近六年多来，上海每年在吸引合同外资金额中，有1/3到50%的外资是来自外商增资。1998年，外资投资企业增资15.74亿美元；1999年19.71亿美元，占全市总额的48%；2000年22.97亿美元，占35.5%；2002年40.24亿美元；2003年28.1亿美元，其中独资企业增资23.82亿美元，占62.6%；2004年1-7月25.43亿美元，占全市合同外资比重的三分之一以上。

二、上海利用外资(FDI)国内外形势分析

1. 国际经济环境逐步好转

世界经济回暖的背后是国际资本流动出现恢复性增长。按照联合国贸发会议《2004-2007年全球投资前景评估》的初步估计，2003年，国际投资总额达到6530亿美元，改变了下降的格局，呈现恢复性的增长态势。联合国贸易和发展会议《2004年世界投资报告》显示，2004年上半年，全球跨国并购同比增长3%。随着跨国并购活动的恢复以及经济增长的加速，全球投资流量将在2004年重新开始增长、预示着全球FDI流动将开始新一轮繁荣。《2004年世界投资报告》预测，2004年，全球外国直接投资总额将增长到6000亿美元，增长速度为7.1%。全球国际投资专家中超过80%预期全球外国直接投资将出现新一轮增长。对2006-2007年全球投资环境持乐观态度的比例上升至81%，预示着全球直接投资流动将开始新一轮繁荣。2005年，随着

表4 上海及浦东外资企业经营状态成绩一览表

指标 \ 年份		2000	2001	2002	2003
销售(经营)收入(亿元)	上海	3978(+32.9%)	4754.12(+19.5%)	5887.49(+23.8%)	7881.87(+33.9%)
	浦东	1728.48(+71.6%)	2073.76(+20.0%)	2335.25(+12.6%)	3262.55(+39.7%)
上缴税金(亿元)	上海	158.93(+16.93%)	191.98(+20.8%)	237.06(+12.0%)	300.43(+26.7%)
	浦东	55.93(+46.3%)	66.75(+19.3%)	83.89(+25.7%)	129.94(+54.9%)
出口创汇(亿美元)	上海	142.61(+37.8%)	159.56(+11.9%)	191.57(+20.0%)	308.00(+60.7%)
	浦东	52.06(+136.6%)	53.57(+2.9%)	68.56(+28.0%)	130.01(+89.6%)
利润总额(亿元)	上海	217.79(+1.1倍)	233.02(+7.0%)	284(+21.9%)	437.11(+33.9%)
	浦东	106.72(+1.4倍)	103.86(-2.7%)	103.2(-3.3%)	201.65(+95.4%)
年末从业人数(人)	上海	100.77(+3.1%)	105.89(+5.1%)		127.83
	浦东	18.84(+18.8%)	20.80(+10.4%)	22.69(+20.4%)	24.72(+9.0%)

资料来源：《上海统计年鉴》2002、2004；《上海浦东新区统计年鉴》2002、2004。

全球经济的平稳增长，全球跨国直接投资将进一步趋于活跃。与全球其他区域相比，亚太地区是引资前景最为乐观的地区。绝大多数投资专家预计亚太地区的引资前景将进一步改善，而中国和印度被认为是近期内亚太地区最具引资潜力的国家。在亚太地区，银行保险、商务服务、旅游、交通运输、信息及相关产业、零售批发是未来几年内引资前沿行业。

2. 当前利用外资的制约因素

(1) 我国吸引外资规模基数很大，有在中短期内见顶可能。综合国内外经济学家看法，我国吸引外资有在中短期内见顶可能，主要有四大原因：一是中国加入WTO因素引起的投资热潮(尤其是制造业方面)基本已接近尾声；二是中国台湾在过去3-4年形成的向大陆大规模生产转移后劲不足；三是电子业从其他国家移到中国，也基本告一段落；四是海外对中国房地产过热，喜中有忧，风险意识加大。目前虽仍有钱进来，据预测，2005年不大可能再能重复2002年和2003年的盛况和高潮。如果不出现新的投资热潮(如金融保险、跨国企业并购及外资介入参股上市等)，2005年很难实现大幅度增长。

(2) 外商对中国投资"过热"初显"担忧"迹象，外资企业利润增幅减少。预计会不同程度地影响其对华投资决心。有的外国经济学家认为"中国已经出现严重投资过热现象"，主要集中在：中国投资，尤其对钢铁、房地产和汽车的投资大幅度增长；中国经济增长过快；国有银行投资不良资产增多，担心中国出现金融滑坡的危险。虽然国家加大宏观经济调控，并初见成效，但最终结果，仍很难判断。国际贸易保护主义抬头，2003年国际上针对我国的反倾销及保障措施调查涉案金额是上年的3倍。此外，技术标准、知识产权等技术贸易壁垒增加。在发展的要素条件方面，电力紧张、土地供应不足、粮油食品物价上涨都会带来一定的影响。另外，出口退税政策调整从长期来说是好的，但近期对出口及吸收外资的增长产生影响，据测算，上海出口退税率下降已成定局，受到影响的出口商品占全市的63%。

三、关于上海扩大和优化利用外资的对策建议

1. 大力扩大现代服务业的利用外资，不断增强城市综合服务功能

在世界FDI流动中，投资服务业的FDI流量目前已占全球总量的一半以上，其中70%以上投向金融业、保险业和销售业。外商，特别是跨国公司正越来越多地把目光投向中国的服务业市场，这是因为我国自身发展的需要和加入WTO的承诺。积极、稳妥、有序地扩大服务领域的对外开放是我国深化改革的必然结果，也为上海在2005年更多地吸引世界现代服务的FDI资金提供了良好的国际背景。

上世纪90年代以来，上海坚持"三、二、一"产业发展方针，优先发展第三产业，服务业得到长足发展，年均13.8%的增长速度持续数年。然而从2001年到2003年，平均增长率只有8.9%。服务业占全市生产总值的比重2003年出现了上世纪90年代以来的首次下降，2003年第三产业增加值占GDP的比重从2002的51%跌至48.4%，2004上半年又跌至46.9%。自2001年

起，出现了第三产业的发展速度低于GDP的平均增速，持续至今。为此，今后应在中心城区进一补强化和扩大第三产业项目的利用外资。一是在金融、保险市场、资本市场、产权市场、商品流通市场等服务业领域进一补扩大对外开放；二是在落实港、澳CEPA方面领先一步，与港、澳地区加强现代服务业及其先进管理理念、运作规范经验和高端人才素质方面的合作；三是在外高桥转型自由贸易区功能开发上要领先一步，重点突出“境内关外，适当开放；物流主导，综合配套；统一领导，属地管理”，拓展国际中转、国际配送、国际采购和国际转口贸易等四大功能；四是借助筹办“世博会”及“黄浦江两岸综合开发”和旧城区改造，扩大利用外资，争取一批重大外资三产项目落户上海，重点突出吸引境外和国内国际会展、国际金融、保险、贸易、旅游、中介咨询以及房地产等现代服务业的知名企业落户上海；五是吸引跨国地区总部和外资研发中心等功能型外资机构聚集上海，重点突出引进和发挥跨国功能性机构的资金、先进业态、管理经验和人才、“外脑”等聚集效应。

2. 加大郊区及开发区招商引资力度，加快发展高新技术产业和现代制造业

根据上海市政府提出今后重点发展六大支柱工业：电子信息产业、汽车制造业、钢铁、石化、电站和大型成套设备以及现代生物及医药产业。在发展高科技产业方面突出微电子、软件、生物医药和新材料，抓好“硅谷”、“光谷”、“药谷”和“米谷”(纳米)的发展，以及各类相配套的制造业研发中心。

在吸引外资，推动制造业发展方面，要重点突出以下方面：

(1) 以张江高科技园区为核心，由浦东微电子产业带、漕河泾开发区和松江出口加工区，共同构成上海微电子产业基地，在进一步加快现有引进的宏茂半导体、泰隆半导体、英特尔等一批集成电路后道封装大项目建设和投产的基础上，再引进一批新项目。

(2) 以上海化学工业区为重点，在加快现已引进的拜耳、BP、赛科石油化工等投资项目建设和投产的基础上，争取2005年在公司辅助项目一体化、物流传输一体化、环境保护一体化、管理服务一体化建设方面有明显进展。

(3) 以安亭地区为中心，推动建设一座集汽车与零配件生产、汽车展示博览、汽车贸易与营销等多种功能于一体的现代化汽车产业园区，重点抓好上汽集团与韩国双龙的并购与合作等。

(4) 以上海宝山钢铁集团公司为龙头，加大对钢铁工业更新改造力度，重点抓好与世界钢铁巨头的合资合作，在建成集炼钢、铸造、轧钢和钢铁产品深加工于一体方面要有新的突破。

(5) 以上海闵行开发区新增的沿港工业区为基地，主攻装备工业，突出百万火电、百万核电、煤制油和轨道交通设备等四大重点。

(6) 以浦东外高桥、长兴岛为基地，争取与更多国际造船跨国公司联手合作，使上海的造船能力更上一步。

(7) 以吸收外资加快开发区、出口加工区建设为目标，积极构建一批现代制造业基地。提

高郊区各类开发区、工业区和出口加工区的规划、管理水平，继续重点引导投资工业大项目进入浦东新区、国家级开发区、市级工业区、加强“1+3+9”开发区建设。着力推进上海化工区、张江高科技园区、临港综合经济开发区、紫竹高科技园区及松江、漕河泾、闵行、青浦等出口加工区的建设，加快建成一批主业突出、配套条件好的制造业基地。鼓励漕河泾、闵行等国家级开发区与其他开发区通过资产重组等多种形式进行合作，将国家级开发区做大做强。

(8) 以积极促进南部奉贤、金山、南汇三个区扩大吸引外资为抓手，促成一批郊区吸收外资的新增长点。对郊区利用外资实行分类指导，点面结合、以点促面，形成郊区外向型经济全面发展的新局面。积极推进南部奉贤、金山、南汇三个区的招商引资，支持每个区引进1 ~ 2个产业关联度大的外资龙头项目。

3. 调整重点外资来源国别、地区，实现招商地区多元化

针对当前世界经济发展增速相应缓慢，全球FDI资金流量相对减少，世界外资并购大幅度下降以及港澳CEPA实施的挑战和机遇，今后上海吸引外资仍要继续抓好我国香港、美国、欧盟和日本四大重点地区的招商引资。据联合国资料显示，四大地区每年对外FDI金额占全球总量的70% ~ 80%左右。据2003年统计，我国香港、日本、美国和西欧对上海的实际投资达31.76亿美元，占上海吸引外资投资总额比重的54.3%，这是我们吸引外资地区的重中之重。

4. 调整重点投资对象，实现招商对象多元化

积极吸引境外跨国公司在上海建立地区总部、国际经营管理中心、国际采购中心和物流中心；鼓励已落户上海的外资企业增资及建立上下游产业配套企业；大力引进国际著名金融保险机构及其金融后台服务机构；充分利用世博会、黄浦江两岸开发、大小洋山深水港、浦东机场二期建设工程带进一大批关联配套项目和服务贸易类项目的企业；加大引进世界著名商贸、旅游、会展、航运、分销、会计、广告、咨询、认证、律师、建筑工程设计、专业服务等现代服务企业的力度。

5. 研究、制定利用外资的新政策

中央在浦东开发开放之初给予浦东新区的优惠政策、国家早期制定的利用外资优惠政策等绝大部分已经到期。上海应重视研究利用外资中出现的新问题、新情况、新政策，积极争取先试先行功能性政策和体制性政策方面有新的突破。一要积极向国家争取浦东最有条件试点的先试先行的功能性政策(如外高桥保税区功能)；二要紧紧围绕国家已经给予上海的政策，进一步细化和优化配套性优惠政策，如浦东现代服务五大中心政策等；三要积极研究世界FDI流入输出的新动态以及全球FDI发展平衡的新态势，与时俱进，积极制定对应政策和措施。

提高政府吸引外资服务质量和效率

卜志明

改革开放是上海经济社会发展的强大动力。中国改革开放，特别是1990年浦东开发开放以来，上海成为改革开放的先行地区，利用外资的规模不断扩大，初步形成了国资、外资、民资共同推动经济发展的格局，外资在上海GDP中的地位特别明显、突出。

“十五”期间，上海吸引外商投资项目超过18000个，吸收合同外资545.37亿美元，实际利用外资286.6亿美元。截至2005年底，上海累计吸引外资企业超过4万家，合同外资1000亿美元，实到外资600多亿美元。“十五”期间，上海实到外资占全国的比重达到1/10。

外资企业在上海社会经济发展中起到了举足轻重的作用，2005年上海实现GDP总量中外资经济贡献率达到20%以上。

2005年，全市工业总产值1.7万亿元，外资实现总产值占60%以上；

2005年，全市外贸出口完成907亿美元，占全国的1/8，外资企业出口突破600亿美元，占全市的三分之二；

2005年，全市地方财政收入超1400亿元，外资企业上缴税金389亿元，相当于地方财政收入的三分之一；

2005年底，外资企业从业人数为155万人，约占同期城镇从业人数的1/4。

“十五”期间，上海吸引外资呈现以下特点：

一是总量进一步扩大。合同外资是“九五“期间的2倍，占改革开放以来上海外资总量的一半以上。

二是结构进一步优化。第三产业外资比重平稳上升，2005年当年吸收外资比重超过50%。说明上海大力发展现代服务业取得显著效果。开发区吸引外资累计占全市50%以上，表明上海外商投资各类开发区成果明显。

三是总部进一步增多。截至2005年底，上海累计吸引跨国公司地区总部124家，投资性公司130家，研发中心170家，总部经济集聚效应开始显现。

四是领域进一步拓宽。“十五“期间，上海坚持先行先试，外资进入了汽车、金融、资产管理公司、租赁、综合性医院、教育、商业等30多个领域。

• 本文刊登在《中国工程咨询》2006年第7期 第9-10页。

从上述数据可以看出，外资经济对上海经济社会发展起到了重要的促进作用。外资参与上海的经济发展和城市建设，推动了上海的产业结构调整，提升了城市综合服务功能，创造了就业岗位，促进了上海的产业技术进步。

上海的实践充分证明，改革开放是推动经济社会发展的强大动力，是解决发展中问题和困难的根本方法，也是提高人民生活水平的重要途径。

但在外资工作取得重大成绩的同时，我们还要看到在吸引外资的质量和水平方面还存在一定差距。上海市重点突出吸引外资制造业和加工业项目较多，在第三产业方面，尤其是金融、贸易、航运、物流、会展等现代服务业项目较少，实际投入的外资比例也较小；商务成本快速增长，直接影响一般性制造业和服务业投资商的投资吸引力，也使上海吸引外资的竞争力相对降低；同时，上海的土地资源相对短缺，征用土地成本上升，办公楼、工业厂房租金上涨，电、热、气等能源及钢、煤等生产资料价格提升，劳动成本随之提高；"市场换技术"的战略实施不尽人意；加上浦东新区外资企业"双到期"(优惠政策到期、租约到期)等，这些问题值得我们冷静深思。胡锦涛总书记及时提出："要提高经济发展及吸引外资的质量和水平，增强可持续发展的后劲。"中央针对全国制造业经济发展模式"五高"，即：高粗放、高投入、高消耗、高污染、高成本以及"三低"，即：低产出、低附加值和低效益的情况，及时提出：以科学发展观统领经济发展、大力发展循环经济、构建节约型社会、转变经济增长方式、提升自主创新能力、实施品牌专利战略等，可谓及时雨。为此，笔者最近收集和整理了一些资料，提出以下建议，进一步创造一流的外资投资环境，努力提高上海吸引外资的质量和效益。

一、 重点营造六大投资环境，提高政策公信力

1. 完善法制环境，坚持依法行政，增加法律法规政策的透明度，坚持公开、公平、公正的原则；

2. 完善市场环境，打破地方保护和部门垄断，打击走私、漏税等违法活动，维护公平有序竞争；

3. 创造知识产权保护环境，进一步加大侵权、盗版等违法行为的打击力度；

4. 完善行政管理环境，进一步提高审批工作效率，改进对外资企业的服务；

5. 改善通关环境，各部门之间要加强协调，联手合作，进一步提高通关效率；

6. 进一步完善外商投诉协调环境，帮助外资企业排忧解难。

二、 重点构建六个吸引外资新机制，提高政府竞争力

1. 构建吸引外资的工作机制，完善上海市外资审批机构和协调服务体系新框架，增强人员配置，强化招商服务功能，加强对市外资工作的宏观指导、总体协调服务的能力和作用。

2. 构建优化招商引资环境的激励机制，建立市、区、功能开发区(包括城镇)、企业集团之间招商引资项目的信息共享、有偿转让制度，调动企业、个人(包括外商)、咨询中介机构等各方面招商引资的积极性。

3. 构建外资信息服务机制，积极发挥各种中介机构如咨询公司、外商企业协会、贸促会、外经贸协会的作用，整合和共享包括物流信息、采购信息、贸易信息等经贸信息资源，为上海的出口企业提供国际市场、投资环境、贸易投资政策等外资信息服务。

4. 构建外资企业保障机制。上海全市应积极推行货物贸易和服务贸易出口信用保险和“海外投资风险保险”等专门险种，对企业投保出口信用保险的保费给予一定比例的补贴，降低企业在对外贸易、对外投资中的风险；通过银行对我国企业的对外投资、对外工程承包等活动提供出口信贷、信用担保和融资担保等融资服务。

5. 构建投资与贸易争议应对机制，针对国际投资及贸易争议可能增加的趋势，市政府有关委办要与相关贸易研究机构联手，研究建立技术性贸易壁垒的预警和快速反应机制，提高外资企业对国外反倾销案件的应诉率、胜诉率。

6. 构建企业投资求助机制，充分发挥咨询公司等中介机构的政府助手作用，通过各种形式的服务，建立和完善各类企业投诉求助网络，做到“投诉有门，求助有人”。

三、重点建立和完善“六看”投资环境指标，提高政府自我监督和评价体系

以前，我们在吸引外资时，主要是靠城市基础设施(九通一平)优越条件、廉价的劳动力、丰富的土地、税收的减免等作为吸引外资的重要因素。而在目前，跨国公司对投资所在国的投资环境的要求则更看中五大新的要素：

1. 市场定位及发展空间；

2. 支持条件(银行、会计师、律师事务所、咨询机构及技术开发)；

3. 物料配件供应及价格；

4. 人力资源及成本；

5. 政府办事效率和政策畅通、服务顺达、政商沟通等综合服务能力。

为此，上海应与时俱进，在今后考核外商投资环境中要牢牢抓好“六个看”：

一是看总量外资指标。主要是看外商直接实到金额及外商间接投资的金额，包括涉外借款、上市及企业并购、金融境外融资等。

二是看四个投资基础指标。即外资企业总的净增加量、外资总额中净追加增资量以及迁出企业数和外资企业的倒闭率。

三是看外资集聚辐射功能指标。包括跨国公司国家级地区总部、投资性公司、研发中心及“世界500强”在沪投资及其溢出辐射数据。

四是看行业商务和生产成本指标。即要看外资企业资源消耗、环境保护指标包括工业生产总值能耗、电耗、废水废气排放总量比重、每平公里土地产出增加值和地方财税增收数据。

五是看外资企业对上海地区经济社会发展贡献指标。包括GDP比重、缴纳税收比重，以及就业人数比重、投资乘数。

六是看外资企业产业结构指标。包括外资先进制造业增加值、高新技术增加值、现代服务业增加值及其对上海经济社会的贡献率。

针对上述“六看”，笔者建议：

1. 市政府应结合每年外商企业联合年检时，进行外资企业经营环境分析、考核和评估；

2. 建议市外资管理部门特邀数名著名外资企业高层管理人员作为外资企业兼政府投资环境监督顾问，每年召开1～2次投资环境座谈会，年底开展一次书面投资环境征求意见工作，汇总分析外商企业投资环境情况；

3. 适时将上述分析情况对外发布和宣传，这样对上海进一步改善投资环境，强化招商引资，增加外商对上海的吸引力都会产生很好的效果。

2006年是我国“十一五”发展规划的开局之年，我们一定要坚定不移地吸引外资参与国家、上海的经济建设，利用外资为我们富有特色的社会主义建设服务。同时，我们在吸引外资的过程中，一定要坚持科学发展观，努力创造一流的投资环境，切实提高政府吸引外资的质量和效率，以增强社会经济发展后劲。

现行《公司法》中的投资问题探析

孙永康　陈宇剑

按照投资者与实际资本形成的关系，投资可以分为直接投资和间接投资。对直接投资而言，以公司法为主的企业法律制度的影响是非常显著的。笔者认为：随着知识经济的发展和生产要素的多样化，我国现行《公司法》关于出资形式和限额的规定在相当大的程度上抑制了投资，不利于形成有效的投资激励机制。因此，进一步完善《公司法》，在法律上允许动态灵活的出资形式和投资结构，是非常必要的。

一、《公司法》关于出资形式和限额的规定及限制性影响

根据现行《公司法》，关于投资者组建公司出资形式和限额的规定主要有两点：1. 可以用货币出资，也可以用实物、工业产权、非专利技术、土地使用权作价出资。2. 以工业产权、非专利技术作价出资的金额不得超过公司注册资本的20%，在设立有限责任公司时，国家对采用高新技术成果有特别规定的除外。

从以上规定可以看出，现行《公司法》对出资形式，或者说直接投资形式的限制是非常明显的，即局限于货币、实物、工业产权、非专利技术、土地使用权等五类形式，至于其他出资形式，如劳务、著作权、股权、债权、商誉、特许经营权等，则未从法律上给予确定。

除了出资形式之外，对出资限额的限制，也导致投资者难以形成科学、合理的投资结构，实现生产要素的最佳配置。工业产权、非专利技术出资占注册资本的比例不得超过20%，这在生物医药、信息技术等无形资产、技术起决定作用的新兴产业领域，明显会影响投资者或者说无形资产、技术所有者的投资积极性，造成投资资源的浪费。

以下，以劳务、著作权和商誉为例，对《公司法》关于出资形式和限额规定的限制性影响作一分析。

禁止劳务出资，主要目的是防止投资不实，侵害债权人、社会公众的利益，也防止腐败、贪污等非法行为，借助于劳务这种合法的形式进入企业。然而，这种规定的副作用是很大的，这和整个知识经济的发展并不吻合。

禁止劳务出资，不但对投资构成了障碍，而且不利于企业建立有效的激励机制。譬如当前出现的期权、职工持股等激励措施，从法律角度考察，董事、经理或职工取得公司股份的代价

• 本文刊登在《上海投资》2002年第1期 第57－59页。

只能界定为劳务，包括基于知识、经验和体力劳动等所产生的价值。但是，依据现行《公司法》的严格解释，劳务不能作为出资，期权，职工持股是难以合法化的。

当然，关于劳务出资，现行《公司法》上并不是没有出口，如《中外合作经营企业法》，允许合作双方可以就任何事项通过合同来加以确定。所以，在中外合作企业内，以劳务出资是可能的，只要合作双方在合同中明确各方占有的份额、分配比例和方式，当前，相当多的中外投资者选择成立中外合作经营企业而不是中外合资经营企业，中外合作企业的规定比较灵活应是主要原因之一。

当前，在包括我国的许多国家，计算机程序被列入了著作权保护的范畴，享受著作权法的保护。因此，严格按照现行《公司法》，计算机程序不可能进入企业形成投资，计算机程序的编写人员更不能据此获得公司股份。

同样，被国际公约列入知识产权领域的商誉，也不在《公司法》允许的出资范畴。商誉，是企业价值的最重要的体现，企业不能将自身商誉进一步作为投资，抑制了企业投资能力的发挥。譬如，对一家处于起步阶段的小企业，由于未来的发展前景很好，风险投资基金准备投入大量资本，而且获得的是不高的持股比例。这种投资和差价背后，小企业支付的代价或是劳务、或是商誉。但是，这类形式的出资不可能得到法律上的确认。这对于促进小企业的发展，扩大民间投资是不利的。

二、《公司法》对投资限制的无效性分析

在现实经济活动中，已经出现众多的做法、方式突破《公司法》关于出资形式和限额的上述限制。

1. 非法形式。公司无视法律的规定，强行实施员工持股计划，期权计划，计算机程序出资等，已屡见不鲜。这构成了对法律权威、法律观念的挑战。

2. 行政干预。行政部门通过授权、部门立法、特别性规定等方式绕开《公司法》的规定。我国没有实行对规范性文件的“抽象行政行为”的审查，或者说，没有其他国家所谓的“违宪审查权”的规定。因此，这种情况不可避免，其危害在于行政权对于立法权、司法权的侵蚀。

3. 借助于表面上的合法形式。我国的公司立法比较简单，尤其是一些重要的法律制度正在完善之中。比如对自我交易、关联交易的约束等，公司的股东、董事、经理可以通过合法的形式突破《公司法》关于出资形式和限额的限制，这种合法的形式，从根本上来说，就是通过自我交易或者关联交易的方式加以实现。

以员工持股为例，最为简单的做法，就是通过提高工资或者以奖金、津贴、公积金等其他方式，将货币的所有权赋予职工，然后，依据货币量计算职工应当或可能持有的股份。在这一做法中，员工持股就产生了以下问题。

首先，期权的激励作用消失。因此这种转化所有权的交易方式，已经将未来的收益转化为现实收益，即便是公司采取措施限制职工在完成公司的激励目标之前兑现股份或收益，公司也无法再对员工实施有效的激励。

其次，在这种转换中，产生了大量无谓的费用。公司的资本转化为工资、奖金、津贴、公积金，存在财务会计制度上限制，即便是对于私营企业而言，也会存在税收的问题。

相比之下，各国政府对于劳动者获得股份，实现股权的分散，都是不遗余力地鼓励并制定了税收优惠等支持措施。从我国立法产生的结果看，资本所有者能够获得的收益要比劳动者能够获得的收益多，并且更为方便，劳动的价值，特别是智力劳动的价值未得到完整的体现，这种情况也远离我国的基本国情和社会发展目标。

再以期权计划为例，可以通过一系列合同的安排得以实现。如三个股东，为了实现对一个经营者的激励，设立一个期权计划。这种情况下，安排第四个股东进来，以公司的名义，购买第四个股东根本不存在的产品，从而使第四个股东获得了一笔公司的财产。进而，第四个股东以这笔财产投入公司，完成了股权的转换，根本不存在实质意义上的交易。然后，所有的股东和经营者签订合同，约定经营者如果在股东安排的时间内完成指定目标，授予经营者以第四个股东持有的股份。

这个期权计划全部是通过公司、股东、经理等重要人员之间的合同交易来完成的，这类交易属于典型的自我交易和关联交易。对这类交易，我国目前几乎没有任何法律上的限制，仅财政部门在《关联方及其信息披露》会计准则中，要求上市公司对这类交易进行信息披露。从这个期权计划本身考察，存在以下问题。

首先，在期权计划中，最为危险的是经营者。因为经营者将来可能获得的激励无法得到法律的支持，按照传统法律，法院不应干涉内部的这种合同关系，如股东违约，经营者很难通过法律途径获得自己应得的报酬。

其次，第四个股东的违约风险。如第四个股东在被要求转让股份时，产生违约念头，依据公平原则要求所有的股东共同转让股份给经营者，这时，如法院不支持第四个股东的要求，也不需要审查第四个股东获得股权的由来，因为，我国的法律不同于英美法律，没有规定约因制度。如前三个股东按照不当得利请求法院支持，应在我国的诉讼时效2年内提出，由此相应的期权计划就不能超过2年，如法院支持第四个股东的要求，同样会产生不公平的现象。

第三，中小股权的权益保护问题。在最初定期权计划时，如股东之间存在分歧，大股东可以借助表决权的优势，强行通过期权计划，极有可能损害中小股东的利益。

同样，《公司法》对出资限额的规定有一定的不合理性。如在著名商标 Coca cola 作出出资的情况下，要求恪守30%的限额，对商标持有人显然是不公平的。

在现实经济活动中，这种出资限额的规定也可以采用变通的做法加以突破。如：药品的发明人可以先以现金出资，占有90%的股份，然后公司和药品发明人签订合同，公司购买药品发明人的专利，这样就合法、合理地绕开了《公司法》的规定。在这种购买的情况下，可以不要评估药品的价值，而且，这类交易可以通过董事会决议或者股东会决议的方式决定实施，这对于中小股东有相当强的约束力，但在不正当交易下，中小股东的权益难免受损。

上述分析表明，现行《公司法》关于投资者出资形式和限额的规定，无法起到实际的规范作用。相反，现实经济活动中的违法操作、行政干预和变通操作，可以绕开规定，但为实现绕开规定的目的，公司、股东、权益人需要花费大量的成本，并可能面临权益保障的风险。更重要的是，这些做法对社会经济秩序带来了相当大的负面影响。

三、允许采用动态灵活的出资形式和投资结构

现行《公司法》关于出资形式和限额的规定在现实经济活动中是无效的。主要原因在于：法律对公司和股东、董事、经理等人员之间的交易缺乏限制，即使《公司法》逐步完善，对自我交易、关联交易等行为上实行严格约束，仍然可能出现大股东操纵股东会、董事会，使得自我交易、关联交易合法化的现象。为保护中小股东的权利，设立股东的派生诉讼制度，也会产生私下和解的弊端。这些问题无法从根本上解决，因此，现行的严格的公司法定资本制度难以真正得到执行和落实。

从另一方面看，在当今人力资源和管理技术日益重要，生产要素形式日益多样化的知识经济时代，《公司法》对出资形式和限额规定的不合理一面日益明显，这是放宽规定，完善《公司法》，清除投资障碍的根本原因。

世界各国纷纷走向授权资本制，对出资形式和限额的规定，越来越宽松。我国的《公司法》，应当适应潮流，允许投资者采用动态灵活的出资形式和投资结构。只有这样，才能有效地促进直接投资，促进小企业的发展，促进知识经济的发展。

ISO9000应用于工程咨询企业的探讨

焦民　彭勇

在市场竞争日益剧烈、企业间技术差异逐渐缩小、顾客期望差异逐渐升级、国际跨国咨询公司纷纷抢滩中国市场的环境中，我国现代工程咨询企业在采取技术优势竞争策略、低价竞争策略、形象竞争策略等不同竞争策略获取市场的同时，更重要的是通过以顾客为本的服务提高企业内部服务质量，来赢得顾客满意，进而获得顾客忠诚，这才是保证企业业绩不断提升的根本。

目前，越来越多的工程咨询服务企业采用第三方认证的途径，从一定程度上消除信息不对称引起的顾客不信任，试图借助大家公认的质量认证机构来证明自身的服务过程通过了ISO9000的认证，是可靠的、专业的，而且通过认证的服务流程产生的服务产品是准确满足顾客需求的。这样的想法和做法是值得肯定和鼓励的，因为ISO9000为工程咨询企业提供一种质量控制的有效证据，并形成一种质量管理方法或程序以保证服务质量，不断提高用户的满意程度。

但是，工程咨询服务集中工程专家的个人智慧和经验，运用科学技术和工程技术以及经济、法律、管理等方面的知识，为工程项目建设和管理提供智力服务，作为这样一种特殊的服务形式，简单地通过程序化咨询服务质量方针、质量目标、咨询服务规范以及咨询服务过程质量控制方面约束不一定全部获得满意的结果。

ISO9000应用于咨询企业的益处

ISO9000是国际标准化组织(英文简称ISO)制定的国际标准，明确提出的质量管理八项原则为：以顾客为关注焦点、领导作用、全员参与、过程方法、管理的系统方法、持续改进、基于事实的决策方法、与供方的互利关系。ISO9000最早在制造企业应用，规范了制造企业生产质量管理的管理体系。工程咨询企业和咨询服务过程，作为适用目标，在企业组织内部资源通过认证的过程中，企业服务水平会得到全面的、系统化的提升。笔者认为，针对以往工程咨询企业常常存在的问题，在以下几个方面的改善比较明显：

1. 以顾客为关注焦点

服务品质的优劣，是要以顾客观点来决定服务品质的好坏，而非由服务者自我施以监管去自行判定的。“在服务系统中任何部分的不良设计，都会降低服务品质，将服务品质不良归咎

• 本文刊登在《中国工程咨询》2006年第6期 第18 - 20页。

于服务传送者是最容易的；但是究其真正的原因通常是不良的服务系统设计”。所以，以顾客为关注焦点，就是抓住了服务系统运行的根本，进行服务流程的设计和改进。在服务的过程中，如何对以顾客为本的咨询服务过程进行质量的不间断控制，并且能动态查找其中的不足之处，这就需要从顾客的需求和利益出发，在完善的服务质量体系中，将以顾客为关注焦点贯穿于业务服务前、服务中和服务后全过程，用贴心服务赢得顾客信任。

2. 全员参与

工程咨询服务质量体系建立和完善的过程，也是企业员工接受学习的过程，可以说是始于教育，终于教育的过程；同时工程咨询企业涉及决策层、管理层和执行层的所有员工提高认识和统一认识的过程，使得大家对整个服务流程和规范有明确一致的认识，有利于工作中的内部交流与协作。

3. 过程方法

工程咨询服务具备无形性、不可分离性、可变性、易消失性等服务行业普遍具有的特点，因此，面向服务产生过程的相关的资源和活动作为过程进行管理，可以更高效地得到期望的成果。工程咨询服务质量的优劣不是检查或者检验出来的，而是在过程中形成的，其效果是今后相当时期内逐渐体现出来的。只有在过程中控制质量才能够得到有效控制，同时在服务过程中赢得顾客的信任和好感能更有效 地推动业务的扩展。ISO9000强调过程控制，也就是强调“预防为主”，即通过控制工程咨询服务发生的全过程，把问题消灭在过程或者活动开始之前。相对以往在咨询报告形成之后才发现问题进行整改的做法，全过程的服务质量控制可以带来更大的效益。

4. 持续改进

持续改进是一个永恒的目标。提供工程咨询服务的过程不是一个一蹴而就的过程，是咨询师与顾客不断沟通和不断完善的过程。同时，由于很多条件的制约，在某一个服务过程中可能没有办法全部实现预先设定的方案，咨询师进行知识上和技能上的积累，在以后相似的服务中进行持续地改进，不断地优化咨询方法组合，提升个人和团队的服务能力。

ISO9000应用于咨询企业的问题

工程咨询服务本身是一个提供智能性服务产品的过程，由经过特殊训练的专家为客户提供个性化的服务。在这样具有高脑力劳动密集、高交互和定制的服务过程中，应用ISO9000系列标准进行规范化服务，使得服务流程通过第三方的认证并成为制度，并定期接受审核，确实可以在一定程度上消除专业知识所引起的服务提供方与顾客之间的信息不对称进而造成信任问题，是提高咨询服务质量的一个重要途径。但是，科技的发展以及咨询工作本身的复杂性使顾客不能只通过简单的过程节点验收来确保获得咨询服务的满意程度。

如果不根据对象的特点，笼统地套用制造企业质量管理的方式开展认证准备，可能会造成事倍功半的后果。毕竟制造企业的生产过程往往可以归纳出详细而确定的生产加工过程，在一定工艺条件下，生产流程基本保持不变，所以我们可以将这些流程规范化和制度化。但是，咨询服务强调的是个性化，面对不同的服务对象，应该采取不同的咨询方法；即使是面对相同的服务对象，由于咨询问题的不同，也应该有的放矢地选择应对策略。如果一味地追求服务流程的控制，死板地按照ISO9000系列标准认证过程中制定的程序文件、作业指导书和质量手册来提供咨询服务，那么可能会过分强调服务特征对组织的规定与要求的符合程度，限制咨询师的创新思维和工作积极性，流程的控制反而会起到负面作用，带来难以衡量的损失。要知道，技术特性不是工程咨询服务的唯一特性，工程咨询中不同细分类别具有不尽相同的特点，也就意味着ISO9000并不能完全直接适用于所有的细分类别，更多地需要改进应用。

工程咨询逐渐发展贯穿于工程项目前期准备、建设和竣工生产全过程的各个阶段，包括投资机会研究、项目建议书和可行性研究报告的编制或评估、工程勘察、造价、招标、采购、合同管理、施工监理、生产准备、竣工验收及项目建成投产后评估等，形成了包括战略咨询、工程咨询和技术咨询三个层次的服务体系。下面，通过图1咨询服务分类矩阵来详细说明ISO9000应用不同工程咨询服务的结果。在图1中，本文选取了“需求随时间变化的程度”和“交互及定制程度”两个纬度进行细分。

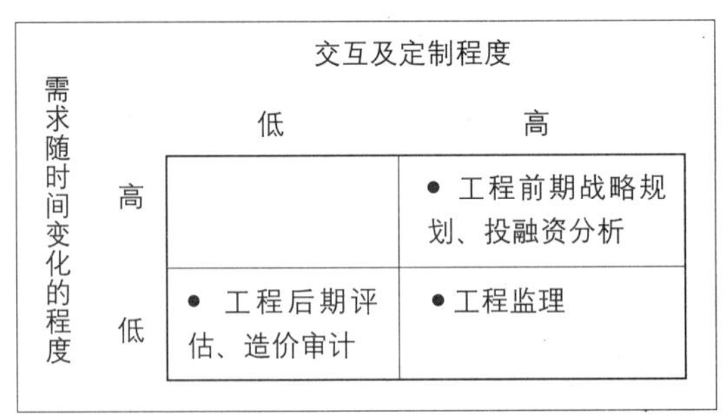

图1 工程咨询服务分类矩阵

“需求随时间变化的程度”是指顾客对类似咨询项目具体要求的变化频率，变化的程度越高说明具体要求更加具有个性化和独特性，并且随时间的变化而发生较大的变化，影响提供咨询服务过程中所采用的方法。“交互及定制程度”是指在服务过程中顾客参与的程度，换句话说就是服务提供过程需要通过顾客参与和配合完成的程度。“交互及定制程度”高的服务过程往往要求客户更多地参与到服务提供过程中，也意味着服务更具有特殊性和专有性，是根据顾客特有的需求和自身特点来有针对性地开展服务的。

比如，对于工程项目造价审计，国家有关法律法规对审计方式、内容、收费方式都有明确的规定，所以这一类的咨询需求变化程度相对较低，只是根据审计对象的不同而具体核算参数不同，甚至提供咨询报告的格式、内容安排等都是一致的；咨询师针对此类业务每次提供服务的流程和采取的咨询策略也是相对统一的。而工程前期战略规划相对变化程度较高，每个需求咨询服务的企业投资的项目是可能完全不同的，顾客需求的重点也不尽相同，这样也就要求咨询师提供全方位有效的个性化服务。同时，在相对较短的时间内，工程前期战略规划可能随市场因素变化影响工程成本、顾客需求等进而发生变化，要求咨询企业再次提供咨询服务，而前后两次服务可能不能通过完全一致的规范流程得以实现。

因此，ISO9000可以满足咨询企业规范化运作的管理模式，但是，针对不同的咨询服务对象特点，需要有更加具体的面向顾客个性化需求的服务流程，动态调整咨询服务流程和方式。

应用 QFD 方法的服务流程改进

质量功能展开QFD(Quality Function Deployment)是把顾客或市场的要求转化为设计要求、零部件特性、工艺要求、生产要求的多层次演绎分析方法，它体现了以市场为导向，以顾客要求为产品开发唯一依据的指导思想，并在不断的实践中逐步应用于服务流程的设计。2000版ISO9000系列标准要求“以顾客为关注焦点”，“确保顾客的要求得到确定并予以满足”，但是只有体系构建的大框架，对方法的规定既没有也不现实，同时，工程咨询的顾客对服务期望具有一定的隐蔽性和模糊性，企业只能根据自身的特点来决定，所以笔者将作为分析展开顾客需求的质量功能展开方法应用于ISO9000系列标准的贯彻实施中，如图2所示。

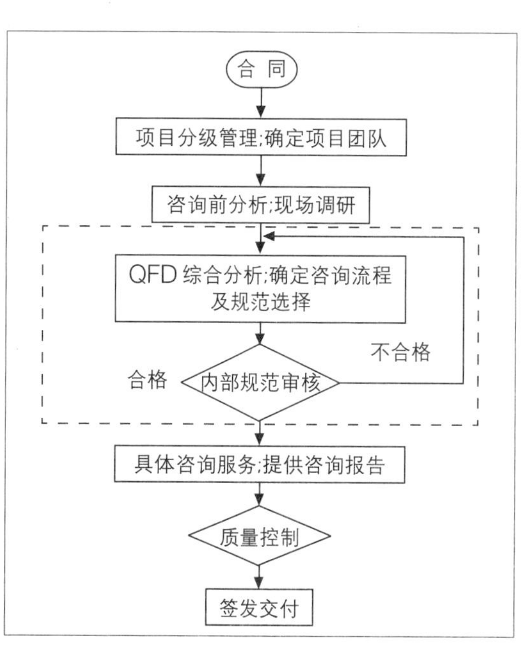

图2　应用 QFD 的改进服务流程

区别于一般的通过ISO9000认证的规范流程，改进后的过程通过应用QFD方法，增强了虚线框内的“设计——审核”过程。在针对具体咨询项目进行分级管理的基础上，组建适合的项目团队，开展项目前提分析和调研。按照前面分析的结论，针对不同的咨询服务对象特点，采用QFD方法进行分析，制定个性化的服务措施，并提交内部审核员进行审核，确保保证符合ISO9000思想。

运行改进后的服务流程，可以使咨询企业提供的服务既满足ISO9000的相关条款，又不会因为规范化的操作流程而影响服务有效性，真正体现建设质量体系过程重于建设体系结果。企业对顾客的需求理解不准确，在资源调配、服务流程设置等方面就可能会产生一系列糟糕决策，结果不能按顾客的期望提供恰当服务内容。所以在应用ISO9000进行过程控制，不仅要从过程上保证服务质量，更要从内容上提供满足顾客需求的服务，在应用QFD综合分析时可以进一步采用如图3所示的三阶段质量功能展开来实现。

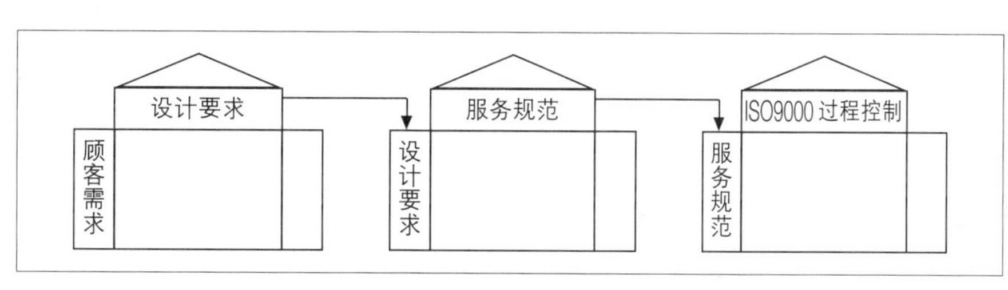

图3　三阶段的质量功能展开

第一阶段是将顾客需求转化为设计要求，顾客期望及其发展变化规律较为复杂，由于工程咨询企业与客户之间的信息不对称，对很多问题的理解和认知不一致，顾客可能会有很多难以明确表述、不现实的或者想当然的期望存在，该阶段就是要挖掘顾客需求的真实表达及侧重倾向，并转化为相对应的设计要求来约束咨询师服务的内容。第二阶段是将设计要求转化为服务规范，设计要求的实现要通过服务规范来保证，设计要求明确咨询工程师要做什么，而服务规范明确咨询工程师怎么做。第三阶段是将服务规范转化为ISO9000过程控制，服务规范的实施通过ISO9000过程控制来保证，明确相关的考核节点、考核内容和考核标准。应用三阶段的质量功能展开目的就是使服务内容和服务过程控制结合起来保证工程咨询企业提供有效的高质量的服务，同时在应用过程中要为咨询工程师提供个性化服务提供空间。

结　论

ISO9000是一套成熟的质量管理体系，在全世界范围内的很多企业都得到了有效的开展。但是，ISO9000也是一套基础性的管理体系，工程咨询企业在应用ISO9000的过程中，应该结合企业业务性质的不同而有所区分，不应该为了通过认证而进行认证，应该将通过ISO9000认证的过程看作是企业自身反思工作流程和规范的机会，努力按照ISO9000系列标准的要求规范企业的运作。同时不能忘记顾客需求的独特性，不能死板地按照一个固有程序来迎合顾客需求的变化，在执行规范的同时体现灵活性和适宜性，通过内部资源合理配置，创新服务内涵，为各群体、各层次客户提供个性化、差异化服务，为大客户提供专家级服务和综合化解决方案，竭力帮助顾客有效增值，服务向更深层次延伸。

验资实务案例探讨

计安平

出具验资报告是会计师事务所的法定业务之一，做验资报告政策性强、风险大，要求注册会计师有敏锐的分析力、高度的责任心、精益求精的业务能力，严格按照《中国注册会计师职业规范指南第3号——验资》、《独立审计实务公告第1号——验资》的要求实施必要的审验程序。由于各公司情况的复杂性，验资报告的种类繁多。根据国务院国有资产监督委员会和财政部令，企业国有产权转让还要通过产交所做产权交割，产权交割可以替代验资，但又不能全部替代验资，所以当前在开展验资业务时，我们更要对验资业务的风险高度重视，要力求不出错，少出错，防患未然。本文通过四个案例来探讨一下有关验资业务中碰到的一些问题该如何处理。

案例(1)：A公司原是一家全民所有的建筑设计单位，2004年8月份经上级主管部门同意国退民进，将全部国有股份转让给该单位的全体员工。经审计，评估后确认净资产为400万元，考虑到职工安置等众多因素，原投资方最终同意按350万元将全部股权转让给了该公司张杰等17名员工，并于2004年8月20日办理了产权交割手续。根据当时的评估报告该公司净资产是400万元，其中：注册资本300万元，资本公积55万元，盈余公积45万元。张杰等17名员工已在8月16日-18日期间先后将350万元股权转让款支付给了原投资方，原投资方已分别给17位新股东出具了收据。10月5日A公司委托我们事务所验资，要求变更注册资本为500万元，其中原来产权交割受让的股权(即公司原先的注册资本)300万元，资本公积转增50万元，9月30各位股东按原投资比例共同追加投入注册资本150万元。根据A公司要求，我们实施了验资程序，根据A公司提供的所有相关资料，我们均进行了认真审核，在审查中我们发现A公司在产权交割过程中，17个自然人新股东支付给原投资方的股权转让款350万元，其中用现金支付的是150万元，另外200万元均是用本票支付的，我们就要求A公司提供了7月31日与8月31日的银行对账单及银行日记账，经过审计我们发现，其中200万元本票确系A公司账上开出的，我们就明确告诉A公司我们无法出具这个验资报告，因为你们原来的300万元注册资本200万元抽走了，所以对原来垫付的200万元股权转让款应重新打入账户我们方能予以确认，后来他们重新打入了200万元资金，我们最终给他们出具了验资报告，由于我们能严格执行验资程序，避免了一次验资风险。

案例(2):A注册会计师接受ABC公司股东委托要求为他们出一份验资报告，ABC公司原由甲公司投入注册资本60万元占60%股权，由乙公司投入注册资本40万元占40%股权。2004年7月份乙公司将其名下的股份全部转让给了自然人张先生，根据ABC公司评估确认的净资产为150万元，按公平交易原则张先生以60万元的价款受让了乙公司原在ABC公司的40%股

• 本文刊登在《上海注册会计师》2004年第5期 第24页。

权，并于7月26日办理了资金交割手续，产交所也出具了产权交割证明。8月份根据ABC公司新股东会决议决定增资20万元，全部由张先生追加投入，变更后注册资本为120万元，其中甲公司与张先生各占50%股权。A注册会计师在验资事项中作了如下叙述："………ABC公司已在2004年7月26日办理了股权转让手续，原股东乙公司将其在公司的40%股权(40万元)全部转让给了自然人张先生，转让价款是60万元，转让方受让方已在7月26日办理了资金交割，并进行了账务处理，溢价款项20万元进了资本公积，上海产权交易所在7月26日已出具了产权交割单，………"初阅似乎很合情合理，验资事项说明交代得很清楚，但一分析问题就出来了，张先生支付的60万元股权转让款是直接支付给乙公司的，该款项通过ABC公司账上转，对ABC公司来讲仅仅是一笔暂收款，最终是支付给乙公司的，正确的账务处理是收到款项时：借银行存款60万元，贷暂收款60万元；支付款项时，借暂收款60万元，贷银行存款60万元；同时做一笔转账分录：借实收资本——乙公司、贷实收资本——张先生。通过一分析问题很清楚，对ABC公司来讲根本不存在资本公积增加20万元。这个报告最终我们在核稿时及时发现了错误，予以了纠正，避免了一起验资质量事故。

案例(3)：有家房地产企业委托我们出具一份验资报告，该企业原投资方将部分土地使用权及房地产作价追加投资。拟投资的土地使用权及房地产均已办理了产权过户手续，并委托了具有土地及房地产评估资质的资产评估机构出具了评估报告，同时也提供了投资单位的股东会决议等相关的验资资料，但在审核相关资料的过程中我们发现该企业营业执照注明是一家集体所有制的非公司法人，而原投资方已改制为有限责任公司。按现行政策规定，凡是非公司法人均应按现代公司制度进行改制，要么变更成有限责任公司，要么变更成股份有限公司，对那些尚未改制的企业是不能进行企业注册资本变更登记的。针对该企业的实际情况，我们对他们作了政策宣传、改制辅导，客户最终也理解了我们拒绝出具验资报告的原因。

案例(4)：最近有一家外商独资企业A公司前来本所验资，根据外资委批文，公司章程该公司注册为100万美元，其中60万美元现汇，40万美元进口设备。我们根据该公司提供的资本金账户的进账单、银行询证函、海关的进口设备报关单，逐一验证均无误，我们向外管局发了询证函，外管局也复了函，注册会计师李先生就给该公司出具了验资报告。谁知验资报告给某区工商局退了回来，理由是：没有商鉴证明，我们就与工商局取得了联系，根据国家外汇管理局汇发[2002]42号文，附件2实物投资验资询证审核，登记操作规程：明确对于中外合资、合作经营企业，外方以实物投资的必须要有商品价值鉴定书，但独资企业没有强调非要提供商鉴书。我们为了慎重起见，又向外管局进行了咨询，外管局再次肯定我们的观点是正确的，但工商局就是不同意，有关同志的解答是7月1日起实施的行政许可法，有些规定已发生了变化，要我们提供相关文件的证据，最后我们查阅了大量文件终于找到了1999年12月24日国家出入境检验检疫局、海关总署颁布的《国家出入境检验检疫局、海关总署关于外商投资财产价值鉴定工作有关问题的通知》，其中第四条："各地出入境检验检疫机构对外商独资企业不再进行强制性的价值鉴定。同时，加强对外商独资企业进口设备的监督管理，实行登记备案制度。"该文件生效日期是2000年1月15日，目前仍有效，我们将此信息传递给了工商局，最后取得了他们的认可，我们出的验资报告顺利通过。

阅读和评价企业会计报表的简单方法

计安平

会计报表是企业经济形势的晴雨表，是企业经营情况的综合反映，是诊断企业运作情况的脉搏。阅读会计报表，分析会计报表是经营者的一门必修课。但如何评价一个企业财务会计报表的优劣并非易事，从债权人角度、从投资者角度、从经营者角度，众说纷纭，各有各的见解。综观各类财务比率分析指标，不下几十项甚至还可细分，对此，债权人、投资者、经营者均感到无奈，报表分析有道理，但太繁琐，对这么多的指标能否简化一下，找出其中相对重要、实用的指标，既易记，又易懂，又能满足各方的需要，又能对企业进行综合评价，笔者对此提出自己的一些不成熟看法。

会计报表的财务比率分析是会计报表阅读者分析会计报表的主要方法。会计报表分析通常可从五个方面进行分析：（一）短期偿债能力分析，主要有流动比率、速动比率、现金比率、现金流量比率等指标；（二）长期偿债能力分析，主要有资产负债率、股东权益比率与权益乘数、已获利息倍数等指标；（三）盈利能力分析，主要有资产净利率、净资产收益率、销售净利率等指标；（四）资产运营能力分析，主要有总资产周转率、净资产周转率、固定资产周转率、存货周转率、应收账款周转率等指标；（五）股东投资回报率分析，主要有权益报酬率(又称净资产收益率)。其中债权人最关心的是 短期偿债能力分析指标和长期偿债能力分析指标；经营者(厂长、经理们)最关心的是盈利能力分析指标和资产运营能力分析指标 投资者最关心的是股东投资回报率分析指标。

五大指标体系可以细分指标几十项，通过分析比较我认为短期偿债能力指标体系中首推指标是流动比率，流动比率＝流动资产／流动负债。流动资产主要包括货币资金、短期投资、应收票据、应收及预付款项、其他应收款、存货、待摊费用和年内到期的长期债券投资，一般用资产负债表中的期末流动资产总额。流动负债主要包括短期借款、应付票据、应付及预收款项、其他应付款及各种应交款项、1年内即将到期的长期负债等，通常也用资产负债表中的期末流动负债总额。这个比率越高，说明企业偿还流动负债的能力越强，流动负债得到偿还的保障越大，但是，过高的流动比率也并非好现象，因为流动比率过高，可能是企业滞留在流动资产上的资金过多，未能有效地加以利用，可能会影响企业的获利能力。根据一般情况，流动比率宜选择1.5～2比较合适。其次应推的指标是现金流量比率，现金流量比率＝经营活动现金净流量／流动负债。经营活动现金净流量是现金流量表中的经营活动产生的现金流量净额(经营活动产生的现金流入－经营活动产生的现金流出)，流动负债通常也用资产负债表中的期末流动负债总额。这一比率反映本期经营活动所产生的的现金净流量足以抵付流动负债的倍数。需要说明的

• 本文刊登在《上海注册会计师》2005年第6期 第30－31页。

是，经营活动所产生的现金流量是过去一个会计年度的经营结果，而流动负债则是未来一个会计年度需要偿还的债务，二者的会计期间不同，因此，该指标是建立在以过去一年的现金流量来推测未来一年现金流量的假设基础之上的。该指标一般应大于1，表明经营活动产生的现金流量可以抵付流动负债。长期偿债能力指标体系中首推的指标是资产负债率，资产负债率＝平均负债总额／平均资产总额 × 100%。资产负债率是企业年内平均负债总额与年内平均资产总额的比率，也称为负债比率或举债经营比率[注1]，它反映企业的资产总额中有多少是通过举债而得到的。资产负债率又反映了企业偿债的综合能力，这个比率越高企业偿债能力越困难，反之偿债能力越强。该比率一般 < 50% 较适宜。资产负债率 50% 有人称其为借债安全警戒线，即负债总额超过资产总额 50% 一般不宜再借债。但是，对任何事物的看法，其角度不同，结论也会不同，从债权人角度他们最关心的是贷给企业资金的安全性，所以他们希望资产负债率低一些，对他们的出借资金安全性就越高。从企业股东的角度来看，他们不希望完全用自己的资金来运营，企业要追求利润的最大化，只要企业负债所支付的利率低于报酬率，股东就要求通过举债经营取得更多的收益，所以往往希望该比率越高越好，当然在持续经营的条件下该比率肯定 < 100%。从企业经营者(厂长、经理)的角度来看，他们既要考虑企业的盈利，又要考虑到企业所要承受的财务风险，所以主张负债应有一定的限度，不主张高负债率经营。其次应推的指标是股东权益比率与权益乘数[注2]，股东权益比率＝平均股东权益总额／平均资产总额的比率，股东权益比率的倒数就是权益乘数。股东权益比率反映了企业资产中有多少是所有者(股东)投入的，股东权益比率与资产负债率之和等于1。这两个比率是从不同的侧面来反映企业长期财务状况及偿债能力的，股东权益比率越大，企业财务风险就越小，偿还长期债务的能力就越强。权益乘数，即资产总额是股东权益的倍数，越大说明负债率越高与股东权益比率截然相反，表明企业长期偿债能力越弱。盈利能力指标体系中最为重要的指标是销售净利率，销售净利率＝净利润／销售收入 × 100%。销售净利率说明了企业净利润占销售收入的比例，它可以评价企业通过销售赚取利润的能力。销售净利润表明企业每1元销售收入可实现的净利润是多少？毫无疑问该比率越高越好。资产运营能力指标体系中最为重要的指标是总资产周转率，总资产周转率＝销售收入／平均资产总额。公式中的销售收入一般用销售收入净额，即扣除销售退回、销售折扣和折让后的净额。总资产周转率是用来分析企业全部资产的使用效率，如果该比率较低，说明企业利用其资产进行经营的效率较差，会影响企业的获利能力，企业应该采取措施提高销售收入或处置不需要的资产，以提高总资产利用率，该指标越高越好。股东投资回报率分析指标体系中最为重要的指标是权益报酬率(又称为净资产收益率)，权益报酬率＝净利润／平均股东权益 × 100%，平均股东权益是资产负债表中期初股东权益与期末股东权益的平均数。该指标又是分析整个企业经济效益情况的核心指标，股东投资的目的就是希望能取得最大的收益，净资产收益率越高，越能满足股东的期望收益。

从以上的分析可以看出阅读和评价企业会计报表重点可以考核八大指标：流动比率、现金流量比率、资产负债率、股东权益比率与权益乘数，以上五大指标均是衡量企业偿债能力的指标；第六项指标是销售净利率，是衡量企业赢利能力的指标，评价企业通过销售赚取利润的能力；第七项指标是总资产周转率，是衡量企业资产运营能力的指标，评价企业全部资产使用效率的高低；第八项指标是权益报酬率，是衡量企业能给投资者带来投资回报的能力，是评价企业整体经济效益的风向标。以上八项指标还有其内部勾稽关系值得我们注意，流动比率、现金流量比率指标其分母均是流动负债；资产负债率、股东权益比率指标其分母均是资产总额；资产负债率与股东权益比率之和等于1是互补关系 股东权益比率与权益乘数是互为倒数关系；权益报酬率(又称净资产收益率)与销售净利率、总资产周转率、权益乘数之间又构成了杜邦分析法。

杜邦分析法是杜邦公司在对各个财务比率进行分析时发现各个指标之间存在着内在联系，可以通过综合分析来评价企业财务状况，于是根据其内在的比例关系形成了一种综合财务分析方法。在企业财务报表分析的诸指标中，净资产收益率是一个非常重要的指标，它不受行业的限制，通用性强，能够综合反映企业财务效益与自有资本之间的关系，因此杜邦分析法是以净资产收益率指标为基础的。该指标反映的内容如下：

净资产收益率＝销售净利率×总资产周转率×权益乘数×100%

展开如下：

净利润／平均股东权益＝净利润／销售收入×销售收入／平均资产总额×平均资产总额／平均股东权益×100%

通过上述公式解剖可以看出，要想提高净资产收益率，可以通过提高销售净利率和扩大销售收入二个环节入手，同时如果资产报酬率大于银行贷款利率就应该充分利用财务杠杆作用多借款提高权益乘数，以获得更大的收益。

以上八个财务比率指标能比较全面系统地对企业财务状况和经营成果作出评价，同时也能进行综合财务分析。综合财务分析是将企业视作一个完整的大系统，并将企业的财务状况、经营成果和财务状况变动等融合在一个有机的整体中，全方位评价企业财务状况、经营成果和财务状况的变动，综合财务分析对判断企业的综合财务状况具有重要作用。以上八个指标也易记、易懂，能基本满足债权人、投资者、经营者对一般企业财务报表分析的要求。合理性、实用性也是企业会计核算与会计报表分析的基本要求，笔者提出以上观点也是为了普及会计报表分析的基本方法，让广大会计人员均能掌握会计报表分析的技能，提高广大会计人员的实务水平。

[注1、2] 资产负债率＝负债总额／资产总额；股东权益比率＝股东权益总额／资产总额，这二个财务比率指标是资产负债表的财务比率分析，资产负债表的数据是时点数，它是反映企业某一时点的财务状况，所以对其分析可以用某时点数与某时点数之比来说明其财务状况，因此，上述二个比例可以用期初数与期初数比，期末数与期末数比。本文作者所采用的是平均负债总额、平均资产总额、平均股东权益总额，均用其(期初数＋期末数)除2，目的主要是为了其适用综合分析(杜邦分析法)而作的修改，综合分析是对其企业年度财务状况所作的财务比率分析，所用指标均应考虑用其年度平均数为宜。

新企业会计准则和现行会计制度若干差异刍议

李永年

2006年2月15日，财政部印发了二个文件。第一个是中华人民共和国财政部第33号令，通知1992年颁布的《企业会计准则》(称基本准则)财政部已进行了修订，自2007年1月1日起施行。第二个是财政部财会[2006]3号文，印发38项具体准则。自2007年1月1日起在上市公司施行，鼓励其他企业执行。执行该38项具体准则的企业不再执行现行准则、《企业会计制度》和《金融企业会计制度》。

二个文件中没有提到《小企业会计制度》。按照逻辑推理，本人认为：如果38项具体准则是涵盖所有企业的，则执行38项具体准则的小企业也不再执行《小企业会计制度》。如果由于条件限制，众多小企业暂不执行38项具体准则，则可能还要执行《小企业会计制度》。

这次39项企业会计准则的出台，是修订了现行的17个企业会计准则，新制订了22个企业会计准则，改革范围之广，程度之深，是前所未有的。

和现行的会计制度相比较，新企业会计准则从立意上体现了四个“更加强调”：

本次会计准则体系的构建比以往更强调资产负债表对企业财务状况的真实反映，而不仅仅简单关注企业的损益情况。

更强调企业盈利模式和资产运用效率，而不仅仅是效果。效率和效果的区别在于前者要考虑投入和产出的比例。

更强调企业今后的增长潜能而不仅仅是对历史的总结。

更强调资产的质量以及揭示可能存在的风险和权利义务，而不仅仅是一个数字。

这样，新企业会计准则体系对会计人员和执行注册会计师的职业判断和综合能力的要求都大大提高。

从总体上来说，这次颁布的企业会计准则是尽量地向国际财务报告准则靠拢，准则的制订工作一直遵循与国际协调的精神，甚至是直接采用了国际财务报告准则中的相关条款，可以说是基本接轨。但从我国的国情出发，一部分企业会计准则的制订，还是贯彻了实事求是的原则，有些经济交易事项在西方发达国家已经比较普遍，但我国情况还不成熟，就没有完全照搬照套，例如公允价值，只在局部范围内适用。

● 本文刊登在《上海注册会计师》2006年第3期 第21-22页。

就实际操作的层面而言，新制订的会计准则和现行会计制度的差异有很多很多，本文仅初步例举了几个方面，并非全部。

1. 会计一般原则。新企业会计准则改为会计信息质量要求。

1992年基本准则中有12条，新准则中修改为8条。

其中保留客观性原则、相关性原则、明晰性原则、重要性原则、谨慎性原则、及时性原则6条。

把可比性原则和一贯性原则合并为可比性原则。

增加实质重于形式原则。

删除了权责发生制原则、历史成本原则、配比原则、划分收益性支出和资本性支出原则。这四条不再作为会计一般原则，而在新准则的其他地方反映。

2. 对会计要素的定义。

对资产、负债、所有者权益、收入、费用、利润六要素的定义，基本上是和《企业会计制度》定义相似。

不同之处是在“所有者权益”和“利润”要素中都引入了国际财务报告准则中的“利得”和“损失”概念。

所有者权益的来源包括所有者投入的资本，直接计入所有者权益的利得和损失，留存收益等，其中：直接计入所有者权益的利得和损失，不计入当期损益。利得是指由企业非日常活动形成的，与所有者投入资本无关，会引起所有者权益增加的经济利益流入。损失是指由企业非日常活动发生的，与所有者利润分配无关的，会引起所有者权益减少的经济利益流出。

利润要素中也包括利得和损失。直接计入当期利润的利得和损失，是指应当计入当期损益，与所有者投入资本或者利润分配活动无关。最终会引起所有者权益发出增减变动的利得或者损失。

新企业会计准则中利润表没有营业外收入和营业外支出项目，而增加了“公允价值变动损益”“资产减值损失”“非流动资产处置损益”项目。笔者认为这就是利得和损失的具体反映。

3. 突出了会计计量和属性。

现行企业会计制度规定，企业各项财产的取得应当按照实际成本计量，即历史成本原则。其后，各项财产如果发生减值，要计提相应减值准备，这里会遇到可变现净值(或可回收金额)。

新企业会计准则仍以历史成本为主要计量属性，同时在法律、行政法规和企业会计准则规定允许的情况下，也可采用重置成本、可变现净值、现值和公允价值四种会计计量基础，但要保证所确定的会计要素金额能够取得并可靠计量。

4. 存货的发出，如果是采用实际成本法，取消了后进先出法，只能采用先进先出法、加权平均法或者个别计价法确定发出存货的实际成本。

5. 企业发生的借款费用，原来只有符合资本化条件的购建固定资产专门借款所发生的借款费用才能资本化。新企业会计准则扩大了借款费用资本化的范围。

企业发生的借款费用，包括专门借款费用和一般借款费用，可直接归属于符合资本化条件的资产的购建或生产的，应当予以资本化。这里所说的符合资本化条件的资产是指需要经过相当长时间的购建或者生产活动才能达到预定可使用或者可销售状态的固定资产、投资性房地产和存货等资产。

6. 计提的各项资产减值准备不得转回。

除了存货，采用公允价值模式计量的投资性房地产、消耗性生物资产、建造合同形成的资产、金融资产等发生的减值分别适用其相关的准则外，新企业会计准则明确规定：资产减值损失一经确认，在以后会计期间不得转回。

长期股权投资所发生的减值，新企业会计准则规定，除采用成本法核算，在活跃市场中没有报价，公允价值不能可靠计量的长期股权投资，其减值是按照《企业会计准则第22号——金融工具确认和计量》处理外，其他长期股权投资发生的减值也不能转回。

7. 引进公允价值，是此次新企业会计准则的一大亮点。在西方发达国家，公允价值是比较可靠的会计计量属性。美国会计准则和国际财务报告准则都比较侧重于公允价值的应用。考虑到中国目前公允价值的计量可靠程度难以保证，所以新企业会计准则对公允价值的运用还是比较谨慎，新企业会计准则中主要在金融工具、投资性房地产、非共同控制下的企业合并、债务重组和非货币交易等方面可以采用公允价值。

8. 债务重组收益，现行企业会计制度是计入资本公积。新企业会计准则规定，对债务人而言，不论是现金清偿债务、非现金资产清偿债务、修改其他债务条件，原有债务的账面价值与实际支付现金、与转让非现金资产的公允价值、与修改债务条件后的债务的入账价值之间的差额都计入当期损益。

9. 新企业会计准则对无形资产定义为：企业拥有或者控制的没有实物形态的可辨认非货币性资产。与现行会计制度相比，剔除了商誉不可辨认无形资产。企业自创商誉，内部产生品牌、报刊名等不确认为无形资产。

企业内部研发项目的支出，现行会计制度规定除注册费、律师费等费用可以资本化外，其他开发费用确认为当期损益。新企业会计准则对此分为研究阶段支出与开发阶段支出。研究阶段支出于发生时计入当期损益，开发阶段支出符合资本化条件的确认为无形资产。

对于无形资产的摊销，新企业会计准则删除了现行企业会计制度中具体规定的摊销年限，把无形资产分为使用寿命有限的无形资产和使用寿命不确定的无形资产。

使用寿命有限的无形资产在使用寿命内合理摊销，使用寿命不确定无形资产不摊销。

10. 合并财务报表。

新企业会计准则对合并报表范围的确定以控制的存在为基础，更关注实质性控制。新企业会计准则强调：母公司应当将其全部子公司纳入合并财务报表的合并范围。这是否意味着即使所有者权益为负数的子公司，也应纳入合并范围。

新企业会计准则的颁布，对我们所有的执业注册会计师都有一个学习和理解的问题。由于时间匆忙，以上仅是粗浅的几点体会，欢迎批评指正。

司法会计鉴定程序问题探讨

方少华　郝　明

随着我国司法制度的日益完善，社会中介司法鉴定机构越来越多地介入了各种诉讼案件的司法鉴定。司法会计鉴定更是近年来社会中介机构突飞猛进地介入的鉴定类别之一。与笔者一样，社会中介司法会计鉴定人员多来自原财务审计人员，因此尤需注意司法会计鉴定与财务审计的区别，正确把握司法会计鉴定的原则、程序、特点和方法，从而更好地为社会主义法制服务。

在司法鉴定中，程序问题非常重要。鉴定程序有广义和狭义两种含义。广义的鉴定程序是指进行鉴定工作从开始到结束的鉴定工作步骤和顺序，司法部颁布的《司法鉴定程序通则(试行)》中所讲的程序即属于广义的程序，同样适用于司法会计鉴定，但还存在一些具体的问题；狭义的鉴定程序是指在实施鉴定的具体工作中所采取的鉴定方法和鉴定内容的结合，和财务审计程序有一定的共同之处，但也有显著的不同之处。在本文中，笔者根据自己在从事司法会计鉴定实践中的一些体会，专对司法会计鉴定中的部分程序问题作一探讨，愿与同行们共研，互以为勉。

一、 司法会计鉴定与其他类别的司法鉴定相比较，有其自身的特点，因此应增加符合自身特点的鉴定步骤的程序

1. 其他类别的司法鉴定如法医学鉴定、文书鉴定、痕迹鉴定等，都可由委托人将委托鉴定的检材直接交给鉴定人，由鉴定人对所接受的检材进行鉴定即可。但司法会计鉴定的检材如账册、会计凭证、资料等在民事、行政诉讼案件中，往往不是由委托的司法机关直接提供，而是由鉴定机构向一方或双方当事人收集这些检材。因此，民事、行政诉讼案件的司法会计鉴定，往往不是收到检材并进行审核后才决定是否受理，而是受到委托书后即予受理，再收集检材。这里就产生两个问题:

(1) 当事人提交检材的期限。在司法会计鉴定实践中，往往存在有的当事人不愿意积极提供相关检材、甚至拒绝提供相关检材的情况。当司法鉴定形成结论后，部分当事人即以所依据的检材不真实、不全面为由对鉴定结论提出异议。民事、行政诉讼法中都提到了举证期限，因此笔者建议在司法会计鉴定程序中，增加当事人提供检材期限的相应规定。具体建议如下:

① 委托鉴定的司法机关在出具鉴定委托单的同时，向当事人双方发出向鉴定机构送交检

• 本文刊登在《中国司法鉴定》2005年9月1增刊 第15 -16页。

材的书面通知，按照“谁主张，谁举证”的证据规则，明确规定在指定的期限内无正当理由拒不提供相关检材的，应当对事实承担举证不能的法律后果。

② 在举证期限过后，当事人又提供新的检材的，是否可作为鉴定的依据，鉴定机构应当取得委托的司法机关的许可。

③ 在鉴定过程中，鉴定机构认为需要当事人补充提供检材的，应提出要求补充检材和清单，通过委托的司法机构向当事人发出补充送交检材的书面通知书，同样应规定补充检材的期限。

上述书面通知书也可由鉴定机构发出，但需经委托的司法机构书面授权，一事一授为宜。

（2） 鉴定时限。《司法鉴定程度通则(试行)》规定了司法鉴定从受理之日起的鉴定时限。委托的司法机关通常以鉴定机构签收到鉴定单的日期为受理之日。由于司法会计鉴定往往是先受理后收集检材，因此对司法会计鉴定的鉴定时限宜从送交检材的书面通知书中规定的举证期限期满之日起计算。

2. 其他类别的司法鉴定，通常是“就事论事”，根据鉴定结果即可出具司法鉴定书。但司法会计鉴定中的检材如账册、凭证、资料等，通常都是一方当事人记载和保管，记载是否正确、保管是否完善，决定了鉴定结论是否最大限度地符合客观事实的程度；根据现行的会计制度和准则，会计政策和会计假设在很大程度上由建账单位在允许范围内自主决定；再者，当事人提供的检材是否虚假，是否全面，鉴定人员有的可以识别，有的则难以识别。因此无论是依据所提供的账册、凭证、资料所作出的鉴定结论，或是对发现的记账错误进行修正，或是根据案情对会计政策、会计假设作必要的调整，都可能引起一方或双方当事人对鉴定结论的异议。

鉴定结论反映是对检材进行检验和认证后反映出来的法律事实，鉴定人也只对法律事实负责，但鉴定结论应当力求能反映出客观事实。根据笔者的实践，除在司法会计鉴定书中必须写明当事人对提供检材的真实性、完整性负责等的文字，以自我保护外，在鉴定结论初步作出后，最好先向双方当事人或委托的司法机关发出司法会计鉴定书的征求意见稿，听取双方当事人和司法机关的意见（包括认可意见和异议意见）和依据，供在作出正式鉴定结论时的参考。向当事人发出征询意见稿，最好是通过委托的司法机关发出，并限期作出回复意见。逾期不回复的，视为放弃质询权利。

发出征求意见稿不必是司法鉴定的法律程序，但鉴于司法会计鉴定的特点，在司法会计鉴定中增加此一程序减少了出现鉴定差错的可能性，简缩了在法庭质询中所提的问题和质询的时间，有益于作出公正、客观的司法会计鉴定结论。因此笔者建议由鉴定人根据委托事项的内容和具体情况，决定是否出具征求意见稿。

二、 司法会计鉴定必须采用详查法，而不适用抽样法和推理法

司法会计鉴定必须采用详查法，这是由于对司法会计的鉴定结论必须是具体而明确的金额

的要求而决定的。而财务审计根据审计项目的分类可以采用详查法，也可以采用抽样法，以合理推断会计报表是否不存在重大错报。即使发现有重大错报，也只是举出重大错报之处，发表保留意见或否定意见，重点在定性而不在定量。这与司法会计鉴定要求具体、明确的金额结论是不一样的，因此司法会计鉴定不能采用抽样法和推理法。换言之，即使是几角几分，在司法会计鉴定中，也要定而有据。

通过详查法取得的数据，必须在司法鉴定书中一一列明数据来源和确认的依据。可以使用汇总性数据，但必须制作明细汇总表。各种数据，包括明细汇总表上的各初始数据，都必须有相应的会计凭证资料相对应。这些会计凭证资料，应作为鉴定依据，装订于司法鉴定书的附件之中。

三、要充分了解案情，但鉴定不能受案情的支配

在民事、行政诉讼案件中司法会计鉴定所涉及的财务会计和经济活动往往是双方当事人共同行为产生的结果，刑事诉讼案件中的司法会计鉴定所涉及的财务会计和经济活动则往往是被告和受害单位双方共同行为产生的结果。财务会计资料所反映的经济活动是否真实反映了经济活动行为人的实际的经济活动情况，双方往往存在意见上的冲突。因此不搞清楚经济活动的来龙去脉，单纯地仅就所提供的财务会计资料作出鉴定，容易出现错鉴。例如：在某一贪污、挪用案件中，从会计账上反映，被告从公司取走的款项截止案发之日还有若干万元未还，但被告辩解大多数款项已归还给公司，会计账上为何没有反映，自己不懂账，也不知为何没有反映。鉴定人员若单纯的以账册没有反映、凭证没有体现属于被告的还款而作出相应的鉴定结论，很可能对尚未归还的金额出现错鉴。因此，在司法会计鉴定中，了解案情十分重要。笔者在实际工作中的具体做法是：

1. 要求委托的司法机关提供相关的预审、庭审、谈话笔录和证词，以了解民事、行政诉讼案件中双方争议的焦点及依据、刑事诉讼案件中被告的辩解及其辩护律师的辩护依据，根据从中所了解的案情，理出能进一步证实案情的证据或否定案情的依据线索，以便对财务会计资料作进一步的检验、鉴定。

2. 在刑事诉讼案件鉴定过程中发现疑点，应及时向司法机关侦察人员反映，提请侦察人员向嫌疑人或证人查讯。在民事、行政诉讼案件鉴定过程中发现疑点，可向当事人询问，作好询问笔录。

3. 了解案情，但不能被案情所左右。在刑事诉讼案件鉴定中，不能以被告的陈述或其他证人的证词作为鉴定的证据。在民事、行政诉讼案件鉴定中，只有符合证据规则中的规定的、可作为证据使用的当事人、代理人的陈述、代理词等可以作为鉴定的证据。

四、第一鉴定人要关注对鉴定书及附件的复核校对

复核核对是出具司法会计鉴定书前的最后一项必经程序。但在鉴定实践中，有可能出现重

视对鉴定依据是否充分、合理、恰当的审核和对文字的校对审核，而容易忽视对鉴定的文书中数据以及鉴定书附件是否齐全的仔细校对审核。笔者认为，对数据的核对审核非常重要。对鉴定书底稿要核对底稿中的数据与所附件会计凭证资料所反映的数据是否一致，汇总、分列的数据计算是否正确，各项数据之间的勾稽关系是否无误；对打印出的鉴定书正稿要与底稿核对是否在打印中出现了差错，这些都必须认真仔细地进行校对审核。鉴定书附件很少出现不齐全的情况，但在复印、装订时确有漏印、漏订的可能性。在校对中万一发生差错，极易被当事人及律师作为没有认真进行鉴定的籍口而对鉴定结论提出否定性的异议。

校对审核通常不是第一鉴定人的工作，但若第一鉴定人不关注此项程序，不亲自把关，在出庭时被当事人、律师质询此类差错时会非常难堪。笔者对此有过教训，因此将此一程序特别提出，自引为戒。

五、正确对待质询程序，积极应对质询

我国的刑、民、行三部诉讼法都明确规定，鉴定结论为诉讼证据的类型之一。鉴定人应当出庭接受质询，证据未经质证，不能作为认定事实的依据。

财务审计不存在接受质证的问题。因此部分审计出身的司法会计鉴定人员对出庭接受质询有一种畏惧感。笔者认为，只要司法会计鉴定人员在进行鉴定时，牢牢把握“科学、客观、独立、公正”的原则，对每一项鉴定，只要认真全面地收集和检验检材严格执行鉴定程序，论证依据事实和法律、法规而写，则在接受质询时完全可以是“怎么做、怎么答”，不必有所畏惧。当然，由于法庭审理案件是按程序法进行的，因此司法会计鉴定人员学习三部诉讼法及有关的司法解释(如证据规则等)、学习答辩技巧等是非常必要的。在出庭前，对可能提出的质询问题要有个事先的估计和准备。在庭中注意倾听发问方提出问题的论点、论据，抓住其中的关键和自相矛盾之处，有针对性地作出答复。多出庭几次，答询能力自然会得到磨炼和提高。

认清鉴定目的
为法院审判提供正确的鉴定结论

郝 明 方少华

2002年12月28日，上海某物流发展有限公司(以下简称被告方)与某省装饰总公司(以下简称原告方)签订了一份《建筑装饰工程施工合同》(以下简称施工合同)，由原告方承包被告方的办公楼、餐饮中心楼及两栋宿舍楼的室内装饰工程(以下简称系争工程)。施工合同约定，这项工程总造价为人民币7,436,584.80元(以下均为人民币计价)。可工程竣工后，原告方提供的工程结算单反映的工程总造价为10,806,930.50元，即增加了造价3,370,345.70元。被告方对增加的造价大部分不认可，并拒付相应的款项。为此，2004年4月，原告方以被告方未付清工程款为由，诉至上海市普陀区人民法院，要求被告方付款。法院在审理中，委托上海市上咨会计师事务所(以下简称上咨所)对系争工程所增加的造价进行司法鉴定。

研究案情　认清鉴定目的

上咨所接受委托后，组成了由司法鉴定会计师和注册造价工程师共3人参加的鉴定小组，通知双方当事人提供工程合同、施工图、报价单、竣工图、验收单等工程资料，并分别听取了双方当事人对有关事实及争议问题的介绍。鉴定小组通过对送鉴资料的初步审查和听取介绍后发现，本案的工程项目已经验收，被告方并未对实际增加了多少工程量、工程定额是否符合标准、费率及单价的计算是否有误等提出异议，但被告方认为，原先约定的造价是合同闭口价，除加上经被告签证确认的追加造价外，其他增加的工程并未得到被告方的事先同意或事后认可，根据双方签订的《建筑装饰工程施工合同》中有关条款，所增的造价应由原告方自负其责，不应由被告方承担。原告方则认为，所增加的工程项目及工程量都已得到被告方的事先同意或事后认可，增加的造价应由被告方承担。因此本案的争议焦点是，增加的工程项目及工程量有无得到被告方的事先同意或事后认可的依据。若有，所增加的造价应由被告方承担；若无，被告方则不应承担所增加的造价。

根据上述所了解到的案情，鉴定小组认为：法院的委托本意并非要求对本案实际增加的工程量所发生的新增造价进行鉴定，而是对其中被告方实际同意增加的工程量所发生的新增造价进行鉴定。上咨所将对鉴定目的的这一认识向法院作了汇报，得到了法院的认可。根据鉴定目的，上咨所制定了相应的鉴定方案。

• 本文刊登在《法苑》2006年2月刊 第38－39页。

对症下药　实施鉴定程序

1. 鉴定小组先对双方当事人提供的书证材料进行全面、详细的查证，以确认原告方所增加的工程量是否已得到被告方的事先同意或事后认可。凡无被告方事先同意或事后认可的书面证据的，即使原告方实际进行了施工，根据合同的约定，也不增加造价；凡有被告方事先同意或事后认可的书面证据的，应作为合同造价的增加，由此作出初步鉴定结果。

2. 将初鉴结果提供给双方当事人。当事人对初鉴结果若有异议，双方愿意协商解决的，可以协商解决；若无法协商解决或协商解决不了的，鉴定小组再就异议部分进行现场勘查，作出鉴定结论。

在鉴定小组根据鉴定方案作出初鉴结果后，被告方对增加的工程项目不再有异议，但对其中部分项目所增加的工程量提出了异议。鉴定小组随即会同原、被告双方的诉讼代理人及工程师，共同到现场进行了勘查，并就异议部分应确认的工程量达成了协商一致的意见，三方共同签署了《会商纪要》。之后，鉴定小组根据《会商纪要》确认的工程量，对初鉴结果进行了修正，出具了《司法会计鉴定书》，鉴定结论为：“系争工程的新增造价净额为2,741,477.30元”。比较原告方提出的新增造价3,370,345.70元，减少了628,874.40元。

法院定案　当事双方服判

当事双方收到《司法会计鉴定书》后，法院继续开庭审理本案。庭审中，被告方又提出了上咨所作出的《司法会计鉴定书》因超越鉴定范围，应视为无效的异议。普陀区人民法院经审理后认为，上咨所具有司法会计鉴定和建设工程造价咨询资质，本案鉴定的目的在于确认应由被告方承担的新增造价金额，鉴定依据是有无被告方同意、认可新增工程量及计价方法的法定依据，这些证据属于会计核算资料，对此进行司法会计鉴定并无不当；又经向上海市司法鉴定管理机关咨询，答复是本案司法鉴定的程序合法，并未超越司法会计鉴定范围。因此，法院对上咨所出具的《司法会计鉴定书》予以采信，在原、被告双方未能调解的情况下，依据《司法会计鉴定书》中的鉴定结论，作出了一审判决。判决书下达后，双方当事人均未提出上诉，一审判决生效。

总结经验　鉴定尚有瑕疵

1. 在本案鉴定中，上咨所的鉴定人员先认真了解案情，从本案的争议焦点中，抓住了本案的审计目的不是为了向法院提供实际增加的工程量及其相应的新增造价金额，而是提供由被告方承担的新增造价金额的鉴定结果，从而为制定正确的鉴定方案提供了依据，为得出法院审理案件所需要的鉴定结论少走了不必要的鉴定程序。

2. 因被告方人员变动较大，许多变更签订的资料未能查见，仅根据已查见的资料认可部分新增的工程量和造价，因此其他部分的新增造价得到被告方事先同意、事后认可的举证责任就落到了原告一方。但原告方住所不在本市，又因搬过家，部分证据资料也未能及时提供。上咨所为使法律事实尽可能符合客观事实，要求原告方在规定期限内将能够提供的证据资料尽可能齐全地提供。之后，鉴定人员根据原告方提供的证据，与被告方不同意增加的项目和工程量一一明细地对照制表列示，使原、被告方当事人都没有对鉴定所依据的证据资料和鉴定结果提出反证或异议，最终服从了一审法院依据上咨所《司法会计鉴定书》所作出的判决。

3. 据了解，至今为止，上海司法行政部门尚未将涉案建设工程造价的鉴定单独列为司法鉴定的一个类别。市司鉴委《上海市司法会计鉴定专家委员会工作暂行办法》(沪司鉴办字[2001]第5号)规定："司法会计鉴定的业务范围主要是对涉案的会计核算资料进行鉴定判断，包括经济犯罪和经济纠纷以及部分民事、行政争议案件。"在市司鉴委、市司法局和市法学会合编的《司法鉴定实用指南》中，将"涉案建设工程造价的司法鉴定"归类于司法会计鉴定之中。因此，在市司法行政部门未将涉案建设工程造价的司法鉴定单列为一个类别之前，具有司法会计鉴定资质的鉴定机构和鉴定人可以从事涉案建设工程造价的司法鉴定业务。

值得注意的是，在进行司法鉴定业务中，往往会涉及到鉴定人员光靠自己的专业知识还不能作出完整、正确判断的其他专业上的问题，这就需要依法聘请具有其他专业知识的专业人士协助鉴定。因此，上咨所在进行涉案建设工程造价的司法鉴定时，都有注册造价工程师参加，但在鉴定书上签字的司法鉴定人则对鉴定的结果负责。

因为本市的造价工程师目前都无司法鉴定人执业证，因此参加本案鉴定小组的造价工程师没有在鉴定书上参与签字。对本案被告方对此提出的异议，上咨所的有关人士认为也是个提醒。现在看来，这一问题是本案鉴定书上的一个瑕疵，尽管这不影响本案鉴定的合法性，但如果有注册造价工程师参与签字的话，则被告方对程序问题提出的异议或许可以避免。